Testtrainer Mathematik

Dr. Rosemarie Benke-Bursian
Kurt Guth
Marcus Mery

Testtrainer Mathematik

Sicher rechnen im Eignungstest und Einstellungstest

Dr. Rosemarie Benke-Bursian · Kurt Guth ·
Marcus Mery
Testtrainer Mathematik: Sicher rechnen im
Eignungstest und Einstellungstest

Ausgabe 2017

2. Auflage

Herausgeber: Ausbildungspark Verlag,
Gültekin & Mery GbR, Offenbach, 2017

Umschlaggestaltung: s. b. Design
Layout: bitpublishing / s. b. Design

Bildnachweis: Archiv des Verlages
Illustrationen: bitpublishing
Grafiken: bitpublishing
Lektorat: Judith Bischof

Bibliografische Information der Deutschen
Nationalbibliothek –
Die Deutsche Nationalbibliothek verzeichnet
diese Publikation in der Deutschen National-
bibliografie; detaillierte bibliografische Daten
sind im Internet über http://dnb.dnb.de
abrufbar.

Gedruckt auf chlorfrei gebleichtem Papier

© 2017 Ausbildungspark Verlag
Bettinastraße 69, 63067 Offenbach am Main
Printed in Germany

Satz: bitpublishing, Schwalbach
Druck: Druckerei Sulzmann, Obertshausen

ISBN 978-3-95624-027-0

Das Werk, einschließlich aller seiner Teile, ist
urheberrechtlich geschützt. Jede Verwertung
außerhalb der engen Grenzen des Urheberrechtsgesetzes ist ohne Zustimmung des
Verlages unzulässig und strafbar. Das gilt
insbesondere für Vervielfältigungen, Übersetzungen, Mikroverfilmungen und die Einspeicherung und Verarbeitung in elektronischen
Systemen.

Inhaltsverzeichnis

Vorwort: Keine Panik vor Mathematik 8
    Mathematik im Einstellungstest 8
    Zum Umgang mit diesem Buch 9

Zur Auffrischung 13
    Mathematische Ausdrücke und Operationen 13
    Rechenregeln 14
    Können Sie noch schriftlich rechnen? 19

Kapitel 1: Grundrechenarten 22
    Die Rechenaufgaben 22
    Lösungen 25

Kapitel 2: Vertauschte und fehlende Operatoren 29
    Die Rechenaufgaben 29
    Lösungen 32

Kapitel 3: Umformen und Ergänzen (Rechnen mit Variablen I) 34
    Äquivalenzumformungen 34
    Die Rechenaufgaben 35
    Lösungen 38

Kapitel 4: Negative Zahlen 44
    Rechnen mit negativen Zahlen 45
    Die Rechenaufgaben 47
    Lösungen 51

Kapitel 5: Kettenrechnen 55
    Die Rechenaufgaben 55
    Lösungen 58

Kapitel 6: Bruchrechnen 64
    Darstellung und Definition 64
    Brüche erweitern und kürzen 65

Der größte gemeinsame Teiler (ggT) 66
Das kleinste gemeinsame Vielfache (kgV) 68
Rechnen mit Brüchen 69
Die Rechenaufgaben 73
Lösungen 80

Kapitel 7: Potenzen und Wurzeln 95
Was ist eine Potenz? 95
Die Umkehrung: Wurzeln 95
Rechnen mit Potenzen 97
Die Rechenaufgaben 100
Lösungen 103

Kapitel 8: Maße und Einheiten umrechnen 110
SI-Einheiten und andere Maße 110
Geläufige Vorsätze für Maßeinheiten 110
Die Rechenaufgaben 111
Lösungen 115

Kapitel 9: Gleichungen (Rechnen mit Variablen II) 122
Einfache Gleichungen lösen 122
Gleichungen mit mehreren Variablen lösen 122
Definitionen 123
Die Rechenaufgaben 124
Lösungen 127

Kapitel 10: Prozentrechnen 136
Prozentangaben umwandeln 137
Die Prozentformel 137
Prozentpunkt ≠ Prozentsatz 139
Die Rechenaufgaben 139
Lösungen 145

Kapitel 11: Zinsrechnen 155
Die Zinsformel 155

Lineare und exponentielle Verzinsungen 156
Der Zinsfaktor 158
Die Rechenaufgaben 158
Lösungen 163

Kapitel 12: Schätzen, runden und vergleichen 179
Die Rechenaufgaben 179
Lösungen 185

Kapitel 13: Geometrie 195
Von Fläche bis Volumen: Geometrische Größen und ihre Definition 195
Von Kreis bis Pyramide: Geometrische Formen und Formeln 196
Die Rechenaufgaben 205
Lösungen 208

Kapitel 14: Textaufgaben und Datenanalyse, Rechnen
mit Dreisatz 216
Schritt für Schritt zur richtigen Lösung 216
Die Dreisatz-Methode 217
Die Rechenaufgaben 218
Lösungen 227

Kapitel 15: Zahlenreihen, Symbolrechnen und
ähnlich Kniffliges 236
Die Rechenaufgaben 236
Lösungen 245

Prüfungssimulationen 260
Prüfung 1 261
Lösungen Prüfung 1 265
Prüfung 2 271
Lösungen Prüfung 2 278
Prüfung 3 285
Lösungen Prüfung 3 294

Vorwort: Keine Panik vor Mathematik

„Versetzung gefährdet": So fasste die Stiftung Rechnen 2013 die Ergebnisse ihrer Studie „Bürgerkompetenz Rechnen" zusammen, die ungeahnte Schwächen in den Rechenkünsten der Bevölkerung offenbarte. Vor allem Textaufgaben, Diagramme und mathematische Alltagsprobleme sorgten für Kopfzerbrechen. Mehr als die Hälfte der Teilnehmer schaffte es nicht, Schaubilder korrekt auszuwerten. Nur jeder Dritte kannte den Zusammenhang von Würfelvolumen und -kantenlänge. Und nicht einmal jeder Vierte wusste, wie sich die Fahrzeit verlängert, wenn man auf einer Strecke von 240 Kilometern statt mit 120 km/h mit Tempo 100 fährt.

Auch im Einstellungstest gelten Mathematikaufgaben als hohe Hürde. Doch den ersten Schritt zum Erfolg haben Sie bereits gemacht: Sie bereiten sich vor. Das heißt, Sie nehmen den Test ernst und überlassen die Stellenzusage nicht dem Zufall – und haben damit etwas Wesentliches mit dem Einstellungsbetrieb gemein! Immer mehr Unternehmen nutzen heute standardisierte Auswahltests, um das Leistungsvermögen ihrer Bewerber schnell, objektiv und mit überschaubarem Aufwand zu vergleichen. Und das nicht nur im mathematischen Bereich: Je nach Position geht es in den Tests auch um Sprachbeherrschung, Fach- und Allgemeinwissen, logisches und visuelles Denkvermögen, Konzentrationsvermögen und Kreativität.

Mathematik im Einstellungstest

Mathematik ist aus dem Alltag nicht wegzudenken. Zahlensicherheit braucht man am Bankschalter und im Café, beim Kochen und beim Einkaufen. Auch im Einstellungstest bringt rechnerische Fitness Vorteile – Mathematik gehört fast immer zum Prüfungskanon. Kein Wunder: In nahezu allen Branchen muss man mit Zahlen umgehen können. Kaufleute erstellen Lohnabrechnungen, Statistiken und Bilanzen. Techniker hantieren mit Drehmomenten, Stromstärken und Materialgewichten. Verkäufer bestimmen Preisrabatte, Chemiker Stoffmengen und Logistiker den Platzbedarf eines Lagerguts.

Um die Rechenkompetenz in all ihren Facetten zu testen, stehen den Prüfern verschiedene Aufgabentypen zur Verfügung. Die Palette reicht von einfachen Plus-und-Minus-Rechnungen über Zins- und Prozentaufgaben bis zu anspruchsvollen Gleichungen mit Symbolen oder Variablen. Über die bloßen Rechenkünste hinaus kommt es oft darauf an, Zahlenverhältnisse richtig zu interpretieren: zum Beispiel bei Diagramm-Analysen, oder wenn unbekannte Werte per Dreisatz zu ermitteln sind. Der Schwierigkeitsgrad der Tests orientiert sich in erster Linie nach der jeweils vorausgesetzten Bildungsqualifikation, das heißt nach den erworbenen Schul- bzw. Berufsabschlüssen. Je höher die Anforderungen, desto komplizierter die Aufgaben.

Zum Umgang mit diesem Buch

Um die Auswahlprüfung zu bestehen, muss Mathe nicht zu Ihren erklärten Lieblingsfächern gehören: Die Lösungsstrategien lassen sich in der Regel sehr gut trainieren. Hat man erst einmal verstanden, wie ein Aufgabentyp funktioniert, verlieren ähnlich aufgebaute Rechnungen schnell ihren Schrecken. Mit diesem Buch können Sie sich auf den Mathematikteil im Einstellungstest effektiv vorbereiten. Sie frischen den testrelevanten Schulstoff auf, lernen klassische und viele ungewöhnliche Aufgabentypen kennen und machen sich mit der Prüfungssituation vertraut.

Jedes der 15 Hauptkapitel behandelt einen mathematischen Themenbereich und gliedert sich in drei Abschnitte: Der Kapitelanfang bietet einen kompakten, verständlichen Überblick über die jeweiligen mathematischen Grundlagen. Daraufhin können Sie Ihre Fähigkeiten mithilfe von Übungsaufgaben testen und verbessern. Der abschließende Lösungsteil liefert nicht nur die richtigen Ergebnisse, sondern schlüsselt auch die unterschiedlichen Lösungswege auf. Zu guter Letzt können Sie am Ende dieses Buchs einen mathematischen Einstellungstest unter Prüfungsbedingungen simulieren.

Wir wünschen Ihnen viel Erfolg für Ihre Prüfung!

Ihr Ausbildungspark-Team

Sicher durch den Einstellungstest!

Der Testtrainer zur optimalen Vorbereitung auf alle Arten von Einstellungstests, Eignungs- und Fähigkeitstests. Mit über 2.500 Aufgaben aus allen Kategorien.

Testerfolg ist keine Glückssache!

Testtrainer
548 Seiten • ISBN 978-3-941356-03-0
19,95 €

Kontakt

Ausbildungspark Verlag
Kundenbetreuung
Bettinastraße 69
63067 Offenbach am Main

Telefon 069–40 56 49 73
Telefax 069–43 05 86 02
E–Mail: kontakt@ausbildungspark.com
Internet: www.ausbildungspark.com

10 Tipps für eine erfolgreiche Prüfung

▶ **Gut vorbereiten.**
Beginnen Sie rechtzeitig mit der Vorbereitung, portionieren Sie den Lernstoff in kleine Einheiten, planen Sie Pausenzeiten ein. Wer sich in den letzten Tagen vor dem Test zu viel zumutet, läuft Gefahr, das Gelernte weder zu verstehen noch zu behalten.

▶ **Vorab informieren.**
Fragen Sie frühzeitig nach: Welche Hilfsmittel (z. B. Taschenrechner) dürfen Sie benutzen? Welche Materialien (Stift, Papier, Lineal ...) müssen Sie mitbringen, welche werden Ihnen gestellt?

▶ **Entspannungshilfen suchen.**
Eignen Sie sich Entspannungstechniken an, zum Beispiel Atemübungen oder autogenes Training. Am Prüfungstag lassen sich Denkblockaden damit leichter überwinden.

▶ **Aufgeräumt ankommen.**
Erscheinen Sie ausgeschlafen und pünktlich, achten Sie auf Ihren äußeren Eindruck – die Prüfer tun es auch.

▶ **Lieber einmal mehr fragen.**
Nutzen Sie die Möglichkeit, den Testleitern Fragen zu stellen, um Unklarheiten auszuräumen.

▶ **Aufgabenstellungen aufmerksam lesen.**
Studieren Sie die Fragen und Bearbeitungshinweise sorgfältig. Manchmal sind kleine Finten eingebaut, die den unkonzentrierten Teilnehmer entlarven.

▶ **Nicht verrückt machen lassen.**
Der Test ist in der vorgegebenen Zeit beim besten Willen nicht zu schaffen? Dieser Eindruck kann völlig richtig sein. Viele Prüfungen sind so konzipiert, dass kaum jemand im vorgegebenen Zeitrahmen alle Aufgaben korrekt lösen kann. So wird zugleich das Arbeitsverhalten unter Druck getestet.

▶ **Zügig arbeiten.**
Teilen Sie sich Ihre Zeit gut ein und versuchen Sie, möglichst viele Fragen zu beantworten. Oft steigt das Schwierigkeitsniveau innerhalb einer Kategorie zum Ende hin an. Eventuell hilft es, zuerst in jeder Kategorie die einfachen Aufgaben zu lösen.

▶ **Nicht festbeißen.**
Anstatt minutenlang an einer Aufgabe zu verzweifeln, gehen Sie lieber zur nächsten über. Mit den übersprungenen Fragen können Sie sich – begonnen mit der leichtesten – noch später beschäftigen. So manch kniffliger Fall entpuppt sich als leichte Übung, wenn die erste Anspannung überwunden ist.

▶ **Zur Not einfach raten.**
Die schlechteste Antwort ist meistens keine Antwort: Falsche Lösungen werden nur selten mit Punktabzügen bestraft. Bei Multiple-Choice-Aufgaben mit mehreren Antwortvorschlägen lässt sich das richtige Ergebnis einkreisen, indem man falsche Lösungen eliminiert.

Zur Auffrischung

Sie wissen noch genau, was es mit dem Assoziativgesetz, der Punkt-vor-Strich-Regel und den Klammerregeln auf sich hat? Und Begriffe wie Term, Operand oder Divisor entlocken Ihnen nur ein müdes Lächeln? Dann dürfen Sie ruhigen Gewissens zu den Hauptkapiteln weiterblättern. Ansonsten können Sie sich auf den nächsten Seiten einen Überblick über mathematische Grundbegriffe und -regeln verschaffen.

Mathematische Ausdrücke und Operationen

- **Die Grundbausteine: Terme**

Ein Term ist ein sinnvoller mathematischer Ausdruck, eine sinnvolle mathematische Zeichenreihe, die aus Variablen, Zahlen, Rechenzeichen und Klammern bestehen kann. Auch die einzelnen Elemente dieser Reihe können als Term bezeichnet werden: So ist der Ausdruck $2 + \frac{3}{5} - x$ einerseits als Gesamtheit ein Term, andererseits sind Bestandteile wie 2, $2 + \frac{3}{5}$, $\frac{3}{5}$ und x ebenfalls wiederum Terme.

- **Die Äquivalenzzeichen**

Häufig wird ein Term hinter einem Gleichheitszeichen in einen Ergebniswert aufgelöst oder über ein anderes Äquivalenzzeichen in Bezug zu einem weiteren Term gesetzt. In diesem Buch kommen folgende Äquivalenzzeichen vor:

Zeichen	Bedeutung	Aussage
=	gleich	Die Terme auf beiden Seiten des Zeichens haben den gleichen Wert.
≠	ungleich	Die Terme auf beiden Seiten des Zeichens haben nicht den gleichen Wert.
≈	ungefähr/fast gleich	Die Terme auf beiden Seiten des Zeichens haben einen annähernd gleichen Wert.

■ Operationen, Operanden und Operatoren

Jede Grundrechenart beinhaltet eine bestimmte Rechenvorschrift, die durch Rechenzeichen – die **Operatoren** – ausgedrückt wird: Bei der Addition durch das Pluszeichen (+), bei der Subtraktion durch das Minuszeichen (−), bei der Multiplikation durch das Malzeichen (×) und bei der Division durch das Geteiltzeichen (÷). Die beteiligten Partner, auf die der Operator angewendet wird, heißen **Operanden**. Den Rechenvorgang nennt man **Operation**, das Ergebnis heißt Summe (Addition), Differenz (Subtraktion), Produkt (Multiplikation) oder Quotient (Division).

Operation	Operand	Operator	Operand		Ergebnis
Addition	a Summand	+ plus	b Summand	= gleich	c Summe
Subtraktion	a Minuend	− minus	b Subtrahend	= gleich	c Differenz
Multiplikation	a Faktor	× mal	b Faktor	= gleich	c Produkt
Division	a Dividend	÷ durch	b Divisor	= gleich	c Quotient

Rechenregeln

Nur die Grundrechenarten zu beherrschen, reicht selten aus. Zu welchem Ergebnis führt beispielsweise die Differenz 9 − 3 − 2? Die Operatoren schreiben vor, dass zweimal subtrahiert werden muss: 9 − 3 ergibt 6, zieht man davon 2 ab, erhält man das Endergebnis 4. Rechnet man jedoch 3 − 2 zuerst aus und zieht den erhaltenen Wert 1 von 9 ab, lautet das Endergebnis 8.

Um Mathematikaufgaben eindeutig lösen zu können, bedarf es also weiterer Rechenregeln.

- Kommutativgesetz

$a + b = b + a$
$a \times b = b \times a$

Laut dem Kommutativgesetz – oder auch Vertauschungsgesetz – können bei Additionen und Multiplikationen die Operanden vertauscht werden, ohne dass sich das Ergebnis ändert.

Beispiele

$5 + 3 = 3 + 5 = 8$
$3 \times 4 = 4 \times 3 = 12$

Dass die Operanden bei einer Addition oder Multiplikation gleichwertig sind, zeigt auch ihr Name: Alle heißen Summanden bzw. Faktoren.

- Assoziativgesetz

$a + (b + c) = (a + b) + c$
$a \times (b \times c) = (a \times b) \times c$

Das Assoziativgesetz (Verknüpfungsgesetz) besagt: Bei reinen Additionen und reinen Multiplikationen kann man die Summanden oder Faktoren beliebig einklammern – das Ergebnis bleibt immer gleich.

Beispiele

$(2 + 3) + 4 = 2 + (3 + 4) = 2 + 3 + 4 = 9$
$(2 \times 3) \times 4 = 2 \times (3 \times 4) = 2 \times 3 \times 4 = 24$

- Distributivgesetz

$a \times (b \pm c) = a \times b \pm a \times c$
$(a \pm b) \times c = a \times c \pm b \times c$
$(a \pm b) \div c = a \div c \pm b \div c$

Das Distributivgesetz kennt man auch als Verteilungsgesetz. Wird eine Summe (oder eine Differenz) mit einer Zahl multipliziert (bzw. durch eine Zahl dividiert), muss jedes einzelne Glied der Summe (oder Differenz) mit dieser Zahl multipliziert (bzw. durch sie dividiert) werden.

Mithilfe des Distributivgesetzes kann man Klammerausdrücke bilden, um längere Terme zu vereinfachen, in denen mehrmals mit dem gleichen Faktor (oder Dividend oder Divisor) gerechnet wird.

Beispiele

$2 \times 7 + 4 \times 2 + 2 \times 9 = 2 \times (7 + 4 + 9) = 2 \times 20 = 40$

$30 \div 3 - 9 \div 3 = (30 - 9) \div 3 = 7$

Auch in der Gegenrichtung – zum Klammern auflösen – kann man das Distributivgesetz anwenden. Nicht immer wird die Rechnung dadurch überschaubarer. Doch insbesondere bei Gleichungen mit Variablen muss man häufig distributiv umformen, um die Unbekannte zu bestimmen (zum Rechnen mit Variablen vgl. Kapitel 3).

Beispiel

$2 \times (3 + 4) = 2 \times 3 + 2 \times 4 = 6 + 8 = 14$ (Rechnung wird nicht einfacher)

$2 \times (x + 4) = 10 \Rightarrow 2 \times x + 2 \times 4 = 10 \Rightarrow 2 \times x + 8 = 10 \Rightarrow 2 \times x = 2 \Rightarrow x = 1$

- **Punkt-vor-Strich-Regel**

$a + b \div c - d \times e = a + (b \div c) - (d \times e)$

Die Punkt-vor-Strich-Regel ist eine Vorrangregel, die den Rechenoperationen unterschiedliche Stellenwerte zuweist: Die Punktrechnungen Multiplikation und Division gelten als Operationen der ersten Stufe, die Strichrechnungen Addition und Subtraktion sind nachrangig. Unabhängig davon, an welcher Position die Operanden stehen, führt man die Punktrechnungen grundsätzlich vor den Strichrechnungen aus.

Beispiel

$3 + 2 \times 4 = 3 + (2 \times 4) = 3 + 8 = 11$

- **Rechnen mit Klammern**

Addition und Subtraktion

Steht ein Pluszeichen vor einer eingeklammerten Addition oder Subtraktion, kann man die Klammer einfach entfernen. Steht ein Minus davor, drehen sich die Vorzeichen in der Klammer beim Auflösen um.

$a + (b + c) = a + b + c$
$a + (b - c) = a + b - c$
$a - (b + c) = a - b - c$
$a - (b - c) = a - b + c$

Beispiele

$6 + (3 + 2) = 6 + 3 + 2 = 11$
$6 - (3 + 2) = 6 - 3 - 2 = 1$
$6 - (3 - 2) = 6 - 3 + 2 = 5$

Multiplikation und Division

Steht ein Multiplikationszeichen vor einer eingeklammerten Multiplikation oder Division, kann man die Klammer einfach entfernen. Steht ein Geteiltzeichen davor, kommt es innerhalb der Klammer zu einem Vorzeichenwechsel.

$a \times (b \times c) = a \times b \times c$
$a \times (b \div c) = a \times b \div c$
$a \div (b \times c) = a \div b \div c$
$a \div (b \div c) = a \div b \times c$

Beispiele

$6 \times (2 \times 3) = 6 \times 2 \times 3 = 36$
$6 \div (2 \times 3) = 6 \div 2 \div 3 = 1$
$6 \div (2 \div 3) = 6 \div 2 \times 3 = 9$

Vorrangregel

Beim Rechnen mit Klammern gilt eine Vorrangregel: Eingeklammerte Rechenausdrücke müssen immer zuerst berechnet werden. Diese Vorschrift bricht sogar die Punkt-vor-Strich-Regel, die natürlich für Rechnungen innerhalb der Klammer unverändert wirksam bleibt.

Beispiel

$5 \times (4 + 2) = 5 \times 6 = 30$

Klammern können auch zu mehreren ineinander geschachtelt werden. Zum Ausrechnen löst man sie dann nacheinander von innen nach außen auf. Der besseren Lesbarkeit wegen nutzt man für die äußere Klammer gelegentlich die eckige Form.

Beispiel

$[((4 - 3) + (6 - 3)) - 1] = [(1 + 3) - 1] = 4 - 1 = 3$

- Die Zahl 0 und die Zahl 1

Die Zahl Null ist eine besondere Zahl, für die besondere Regeln gelten:

- Addiert bzw. subtrahiert man eine 0, entspricht die Summe bzw. Differenz dem ersten Summanden bzw. dem Minuenden: $1 + 0 = 1$; $1 - 0 = 1$.
- Wird bei einer beliebig langen Multiplikation mit Null multipliziert, ist der Wert des Produkts Null: $5 \times 390 \times 1.537 \times 0 \times 798 \times 3 = 0$.
- Tritt die Null als Dividend auf, ist der Quotient immer Null: $0 \div 573 = 0$.
- Als Divisor ist die Zahl Null verboten, durch Null kann und darf man nicht teilen. Die Division durch Null führt zu keinem Ergebnis. Andernfalls würde das Ergebnis mit 0 multipliziert den ursprünglichen Divisor ergeben, was der vorangegangenen Regel widerspräche.

Auch die Zahl 1 hat besondere Eigenschaften:

- Die Multiplikation mit 1 verändert den Wert eines Faktors bzw. Produkts nicht ($432 \times 1 = 432$).
- Bei einer Division durch 1 entspricht der Quotient dem Dividenden ($12 \div 1 = 12$).

Kommazahlen

Mit Kommazahlen haben wir andauernd zu tun: Das Taschenbuch kostet 9,95 Euro, das Einkaufszentrum liegt 4,5 Kilometer entfernt, die Melone wiegt 2,3 Kilogramm usw. Auch im Einstellungstest kommen häufig Kommazahlen vor, wobei die richtige Platzierung des Kommas oft Probleme bereitet.

Bei schriftlichen Additionen und Subtraktionen notiert man die Zahlen so, dass die Kommas genau untereinander stehen. Multiplikationen lassen sich zunächst hilfsweise ohne Kommas durchführen. Am Ende erhält das Ergebnis so viele Stellen hinter dem Komma, wie die Faktoren ursprünglich zusammen hatten.

Beispiele

$1,5 \times 1,5 \Rightarrow 15 \times 15 = 225 \Rightarrow$ zwei Nachkommastellen dazu $= 2,25$

$2,5 \times 2 \Rightarrow 25 \times 2 = 50 \Rightarrow$ eine Nachkommastelle dazu $= 5,0 = 5$

Wenn Sie mit oder durch Kommazahlen dividieren, können Sie zur Erleichterung das Komma um so viele Stellen nach rechts „verschieben", dass es verschwindet. Damit das richtige Größenverhältnis erhalten bleibt, wird dem anderen Operanden die gleiche Zahl an Nullen angehängt.

Beispiel

$9,54 \div 4,5 = 954 \div 450 = 2,12$ (um zwei Stellen verschoben)

Können Sie noch schriftlich rechnen?

Für Rechnungen mit Stift und Papier gibt es verschiedene Verfahren, die sich im Einzelnen mehr oder weniger stark unterscheiden. Im Folgenden finden Sie vier eingängige, geläufige Methoden.

Schriftlich addieren

Zur Addition notiert man die Summanden so, dass Einer unter Einer, Zehner unter Zehner, Hunderter unter Hunderter usw. stehen. Nun addiert man – beginnend bei den Einern – die einzelnen Stellen Spalte für Spalte. Erhält man dabei eine Zahl, die kleiner ist als 10, schreibt man sie direkt in die Ergebniszeile. Bei zweistelligen Ergebniswerten schreibt man die Einer-Ziffer in die Ergebniszeile und zählt die Zehner-Ziffer als Übertrag zur nächsten Spalte hinzu.

Beispiel

```
        1 3 5 3 8
     +      4 4 4
     +         8 7
```
Übertragszeile   *1 1 1*
Ergebniszeile = 1 4 0 6 9

- **Schriftlich subtrahieren**

Auch beim schriftlichen Subtrahieren platziert man die Operanden so, dass Einer, Zehner, Hunderter usw. jeweils untereinander stehen. Man beginnt in der rechten Spalte, zieht den Einer des Subtrahenden vom Einer des Minuenden ab und schreibt den erhaltenen Wert in die Ergebniszeile. Falls die obere Ziffer kleiner sein sollte als die untere, muss man sie vor dem Subtrahieren um einen Zehner vergrößern, den man sich von der Zehner-Ziffer des Minuenden „leiht". Dieser „geliehene" Zehner wird als Übertrag vermerkt und beim nächsten Schritt zur Zehner-Ziffer des Subtrahenden hinzugezählt. Auf diese Weise verrechnet man alle Stellen nacheinander.

Beispiel

```
        1 2 5 9
     -    3 4 7
```
Übertragszeile   *1*
Ergebniszeile =   9 1 2

- **Schriftlich multiplizieren**

Um zu multiplizieren, schreiben Sie die Rechnung in eine Zeile und ziehen darunter einen Strich. Unter diesem Strich lassen Sie Raum für so viele Zeilen, wie der rechte Faktor Stellen hat. Nun multiplizieren Sie die erste Stelle des rechten Faktors nacheinander mit allen Stellen des linken Faktors. Die einzelnen Produkte notieren Sie in der ersten Zeile unterhalb der jeweils benutzten Stelle des rechten Faktors, wobei Sie eventuelle Überträge mit einbeziehen. Verrechnen Sie auf diese Weise sämtliche Stellen des rechten Faktors mit denjenigen des linken Faktors und addieren Sie zum Schluss die Teilergebnisse.

Beispiel

$$12 \times 25$$
$$240$$
$$+60$$

Ergebniszeile 300

- **Schriftlich dividieren**

Dividend, Operand und Divisor stehen nebeneinander in einer Zeile. Prüfen Sie nun, wie oft der Divisor vollständig in die vorderste Ziffer des Dividenden passt. Falls der Divisor größer sein sollte als diese Ziffer, ziehen Sie die nächste(n) Stelle(n) des Dividenden hinzu. Das Ergebnis kommt als erste Stelle des Endergebnisses hinter das Gleichheitszeichen. Anschließend multiplizieren Sie diesen Wert mit dem Divisor und schreiben das Produkt unter die verwendete(n) Ziffer(n) des Dividenden. Daraufhin notieren Sie unter einem waagerechten Strich die Differenz beider Werte, ziehen die nächste noch nicht verwendete Ziffer des Dividenden direkt dahinter und beginnen wieder beim ersten Schritt.

Auf diese Weise verfahren Sie, bis Sie alle Stellen des Dividenden abgearbeitet haben. Wenn die letzte Differenz Null ergibt, ist die Rechnung beendet. Andernfalls multiplizieren sie diese Differenz mit 10, setzen in der Ergebniszahl ein Komma und wiederholen die Arbeitsschritte. Ob Ihr Endergebnis wirklich stimmt, zeigt die Probe: Das Ergebnis multipliziert mit dem Divisor muss den Dividenden ergeben.

Beispiel

$4671 \div 3 = 1557$
$\underline{3}$
16
$\underline{15}$
17
$\underline{15}$
21
$\underline{21}$
0

Kapitel 1: Grundrechenarten

Die vier Grundrechenarten bilden das Fundament der Mathematik. Wie schnell und sicher sind Sie im Addieren, Subtrahieren, Multiplizieren und Dividieren?

Die Rechenaufgaben

Lösen Sie die folgenden Aufgaben ohne Taschenrechner und in möglichst kurzer Zeit.

1a) $97 - 35 + 72 =$

1b) $531 + 692 - 348 =$

1c) $423 + 1.798 - 327 =$

1d) $3.485 - 1.002 - 908 + 6.783 =$

1e) $13.538 + 444 - 2.705 - 9.862 + 87 =$

2a) $25 \times 7 + 87 - 165 =$

2b) $398 + 34 \times 3 =$

2c) $105 \times 12 + 12 \times 3 - 234 =$

2d) $4.766 - 175 + 5 \times 605 - 2.688 =$

2e) $12.473 - 3.568 + 7 \times 12 - 45 =$

3a) $9 + 7 - 12 \div 4 =$

3b) $7 - 4 + 3 \times 8 - 6 \div 2 =$

3c) $34 + 173 - 54 \div 6 + 351 \times 11 =$

3d) $678 \div 3 + 213 \times 6 - 1.045 =$

3e) $4.672 \times 2 - 531 + 156 \div 12 - 2.817 - 43 \times 3 =$

4a) $43 \times 2 + 137 - 12 \times 5 \div 3 =$
4b) $64 \div 8 \times 5 - 6 \times 14 \div 3 \div 7 + 8 =$
4c) $175 \times 3 \div 5 + 986 - 91 \div 13 \times 45 - 218 =$
4d) $112 \div 4 \div 4 \times 3 + 405 \div 9 \div 5 - 14 \times 15 \div 7 =$
4e) $374 \times 6 \div 4 + 4.671 \div 3 - 1.590 \times 2 \div 12 =$

5a) $(4 + 5) \times 2 - (8 - 2) \div 3 =$
5b) $(86 - 34) \div 2 + (14 + 18) \times 3 - (25 + 3) \div 4 =$
5c) $219 - 4 \times (3 + 12) + 67 - (44 + 102) \div 2 + 4 =$
5d) $((2.442 + 1.257) \div 9 + 7.524) \div 5 - 963 =$
5e) $(13.655 - 3 \times 28) - ((14 + 25 \times 4 \div 2) \div 8 + 4.578) \times 2 =$

6a) $11,4 + 12,3 - 3,8 =$
6b) $23,12 - 17,19 + 120,23 =$
6c) $426,9 + 352,71 - 81,33 =$
6d) $1.345 - 743,8 + 299,01 - 12 =$
6e) $677,2 + 3.765,4 - 2.000,98 + 454 =$

7a) $37.456,23 - 498,1 + 34 - 0,2 =$
7b) $87.324 - 32.865,8 - 344,02 + 751 =$
7c) $9.573,1 - 76,21 + 26.999,88 - 0,04 + 10.073,3 =$
7d) $181.367,5 - 89.520,09 + 53,1 - 5.432 =$
7e) $0,97 + 13.432,2 - 0,33 + 87.226,8 - 79.324,04 =$

8a) $5,7 \times 3,2 - 0,5 + 1,34 =$
8b) $25,2 - 3,8 \times 2 + 0,5 \div 2 =$
8c) $134,4 \times 2 - 231,05 + 692 \div 5 - 7,34 =$
8d) $5.062,3 \times 10 - 37.222,49 - 0,66 \div 3 =$
8e) $455 \div 5 \times 12,6 - 47,06 + 22.768,5 \div 3 \times 2 =$

Kapitel 1: Grundrechenarten

9a) $9 + (3{,}2 + 6 - 8) \div 2 + 0{,}4 =$

9b) $245{,}4 - 5{,}2 \times 5 + (72 - 43{,}5) \times 2 =$

9c) $456{,}3 + (7{,}4 + 4 \div 2{,}5) \times 2 - 261 \div 9 \times 2{,}4 =$

9d) $4.890{,}25 \times 3 - (3 \times (634{,}12 - 0{,}3) - 584{,}06) \div 2 =$

9e) $((27.911{,}83 - 11.326{,}21) \times 0{,}5 + 8{,}2 \div 4 + 0{,}02) \div 16 =$

10. Welche Antwort stimmt:
$542{,}64 - 8 \times 4 + 3 \times (18 - 3{,}5) =$

A. 154,23

B. 553,8

C. 1.342,12

D. 602,14

E. Keine Lösung ist richtig.

Lösungen

1 a) 134 b) 875 c) 1.894 d) 8.358 e) 1.502

2 a) 97 b) 500 c) 1.062 d) 4.928 e) 8.944

3 a) 13 b) 24 c) 4.059 d) 459 e) 5.880

4 a) 203 b) 44 c) 558 d) 0 e) 1.853

5 a) 16 b) 115 c) 157 d) 624 e) 4.399

6 a) 19,9 b) 126,16 c) 698,28 d) 888,21 e) 2.895,62

7 a) 36.991,93 b) 54.865,18 c) 46.570,03 d) 86.468,51 e) 21.335,6

8 a) 19,08 b) 17,85 c) 168,81 d) 13.400,29 e) 16.278,54

9 a) 10 b) 276,4 c) 404,7 d) 14.012,05 e) 518,43

10 E) Keine Antwort ist richtig.

Aufgabenblock 1

Beispiel 1a) 97 − 35 + 72 = ?

Überschaubare Aufgaben wie diese sollten sich im Kopf lösen lassen. Eventuell fällt das leichter, wenn man die Zehner- und Einerstellen getrennt betrachtet:

Zehner: 9 − 3 + 7 = 13 (eigentlich 90 − 30 + 70 = 130)

Einer: 7 − 5 + 2 = 4

Macht zusammen: 130 + 4 = 134

Bei unübersichtlicheren Zahlen führen Sie die Teilrechnungen nacheinander aus.

Beispiel 1e) 13.538 + 444 − 2.705 − 9.862 + 87 = ?

Schritt 1: 13.538 + 444 = 13.982

Schritt 2: 13.982 − 2.705 = 11.277

Schritt 3: 11.277 − 9.862 = 1.415

Schritt 4: 1.415 + 87 = 1.502

Alternativ können Sie zunächst die positiven und die negativen Zahlen separat addieren, um anschließend die Summe der negativen Zahlen vom Gesamtwert der positiven Zahlen abzuziehen.

```
  1 3 5 3 8        2 7 0 5
+     4 4 4      + 9 8 6 2
+         8 7    ─────────
─────────────── 
  1 4 0 6 9  -  1 2 5 6 7  =  1 5 0 2
```

> **Tipp**
> Prüfen Sie, ob sich Operanden zu Stufenzahlen wie 100 oder 1.000 zusammenfassen lassen. Dadurch können Sie sich die Rechnung erleichtern.
>
> 368 − 55 + 632 = 1.000 − 55
>
> 137 + 53 + 18 − 37 = 100 + 53 + 18

Aufgabenblöcke 2–4

In diesen Aufgabenblöcken ist die Punkt-vor-Strich-Regel anzuwenden.

Beispiel 2e) 12.473 − 3.568 + 7 × 12 − 45 = 12.473 − 3.568 + (7 × 12) − 45 = 12.473 − 3.568 + 84 − 45 = 8.944

Beispiel 3e) 4.672 × 2 − 531 + 156 ÷ 12 − 2.817 − 43 × 3 = (4.672 × 2) − 531 + (156 ÷ 12) − 2.817 − (43 × 3) = 9.344 − 531 + 13 − 2.817 − 129 = 5.880

Beispiel 4e) 374 × 6 ÷ 4 + 4.671 ÷ 3 − 1.590 × 2 ÷ 12 = (374 × 6 ÷ 4) + (4.671 ÷ 3) − (1.590 × 2 ÷ 12) = 561 + 1.557 − 265 = 1.853

Aufgabenblock 5

Hier ist neben der Punkt-vor-Strich-Regel auch der Umgang mit Klammern zu beachten: Eingeklammerte Ausdrücke werden zuerst berechnet, ineinander geschachtelte Klammern löst man von innen nach außen auf.

Beispiel 5e) (13.655 − 3 × 28) − ((14 + 25 × 4 ÷ 2) ÷ 8 + 4.578) × 2 = ?

Innere Klammer: 14 + 25 × 4 ÷ 2 = 14 + 100 ÷ 2 = 14 + 50 = 64

Eingesetzt: (13.655 − 3 × 28) − (64 ÷ 8 + 4.578) × 2 = ?
Verbleibende Klammer 1: 13.655 − 3 × 28 = 13.655 − 84 = 13.571
Verbleibende Klammer 2: 64 ÷ 8 + 4.578 = 8 + 4.578 = 4.586
Eingesetzt: 13.571 − 4.586 × 2 = 13.571 − 9.172 = 4.399

Aufgabenblöcke 6–9

Nun machen Kommazahlen die Rechnung noch ein bisschen schwerer.

Beispiel 9e) ((27.911,83 − 11.326,21) × 0,5 + 8,2 ÷ 4 + 0,02) ÷ 16 = ?
Innere Klammer: 27.911,83 − 11.326,21 = 16.585,62
Eingesetzt: (16.585,62 × 0,5 + 8,2 ÷ 4 + 0,02) ÷ 16 = ?
Verbleibende Klammer: 16.585,62 × 0,5 + 8,2 ÷ 4 + 0,02 = 8.292,81 + 2,05 + 0,02 = 8.294,88
Eingesetzt: 8.294,88 ÷ 16 = 518,43

Aufgabe 10

Diese Aufgabe folgt dem in Einstellungstests sehr beliebten Multiple-Choice-Schema: Ihnen stehen mehrere Antwortmöglichkeiten zur Verfügung, und Sie müssen sich für die richtige entscheiden. Diese können Sie zum einen direkt berechnen:

542,64 − 8 × 4 + 3 × (18 − 3,5) = 554,14

Zum anderen lassen sich Multiple-Choice-Aufgaben häufig auch nach dem Ausschlussprinzip lösen, indem Sie die falschen Antworten eliminieren:

A. 154,23   B. 553,8   C. 1.342,14   D. 602,72

Dass die Vorschläge A und C in falschen Größenordnungen liegen, zeigt ein schneller Überschlag mit großzügig gerundeten Werten: 542,64 − 8 × 4 + 3 × (18 − 3,5) ≈ 540 − 40 + 50. Antwort B entfällt, da hier nur eine Nachkommastelle auftritt – die Rechnung enthält aber eine Zahl mit zwei Nachkommastellen, die sich nicht wegrechnen. Die zweite Nachkommastelle der ersten Zahl bleibt sogar auf dem gesamten Rechenweg erhalten. Und das bedeutet schließlich, dass auch Vorschlag D mit der zweiten Nachkommastelle 2 nicht stimmen kann.

> **Tipp**
>
> Für Multiple-Choice-Aufgaben gibt es grundsätzlich zwei Lösungsstrategien: Sie können direkt die korrekte Antwort bestimmen oder die falschen Vorschläge im Ausschlussverfahren herausfiltern. Häufig funktioniert das durch ein schnelles Überschlagsrechnen (vgl. Kapitel 12).

Kapitel 2: Vertauschte und fehlende Operatoren

Alle Aufgaben dieses Kapitels stammen aus dem Bereich der Grundrechenarten. Allerdings werden Ihnen ein paar Steine auf den Rechenweg gelegt: Im ersten Aufgabenteil erhalten die Operatoren eine andere Bedeutung, im zweiten Teil müssen Sie sie selbst eintragen, um eine korrekte Rechnung aufzustellen.

Die Rechenaufgaben

Lösen Sie die Aufgaben ohne Taschenrechner und in möglichst kurzer Zeit.

Vertauschte Operatoren

Bei den folgenden Aufgaben gilt:
$+$ bedeutet $-$ | $-$ bedeutet $+$

1a) $17 - 9 =$
1b) $83 + 7 =$
1c) $20 - 15 - 37 =$
1d) $54 + 12 + 4 =$
1e) $24 - 7 + 22 - 8 =$

Bei den folgenden Aufgaben gilt:
$\times$ bedeutet $\div$ | $\div$ bedeutet $\times$

2a) $7 \div 8 =$
2b) $32 \times 4 =$
2c) $12 \div 3 \div 2 =$
2d) $54 \times 9 \times 3 =$
2e) $42 \times 7 \div 8 \times 12 =$

Bei den folgenden Aufgaben gilt:
$+$ bedeutet $-$ | $-$ bedeutet $+$
$\times$ bedeutet $\div$ | $\div$ bedeutet $\times$

3a) $7 \div 4 + 9 =$
3b) $35 \times 5 + 3 =$
3c) $11 - 6 - 10 \times 5 =$
3d) $8 \times 2 - 4 \div 3 =$
3e) $21 \times 3 + 40 \times 10 - 15 =$

Bei den folgenden Aufgaben gilt:
$+$ bedeutet $\times$ | $\times$ bedeutet $+$
$-$ bedeutet $\div$ | $\div$ bedeutet $-$

4a) $2 + 5 \times 5 =$
4b) $8 - 2 \div 3 =$
4c) $13 \times 6 - 2 =$
4d) $66 \div 33 + 1 =$
4e) $72 - 8 \times 14 + 2 =$

Bei den folgenden Aufgaben gilt:
+ bedeutet ÷ | − bedeutet +
× bedeutet − | ÷ bedeutet ×

5a) $15 + 5 \div 9 =$

5b) $6 \div 8 \times 32 =$

5c) $17 - 4 \div 4 =$

5d) $63 - 39 + 13 =$

5e) $52 + 2 \times 4 \div 5 =$

Bei den folgenden Aufgaben gilt:
+ bedeutet ÷ | − bedeutet ×
× bedeutet + | ÷ bedeutet −

7a) $(5 \div 3) - 6 =$

7b) $29 \div 2 - (7 \times 4) =$

7c) $(32 + 4) \times 7 \div 5 - 2 =$

7d) $(11 \times 7) + 6 \times 2 - (82 \div 79) =$

7e) $5 - (4 \times (9 \div 7)) + 3 =$

Bei den folgenden Aufgaben gilt:
+ bedeutet ÷ | − bedeutet ×
× bedeutet + | ÷ bedeutet −

6a) $144 + 12 + 3 =$

6b) $5 - 15 \div 23 =$

6c) $124 \div 8 - 8 =$

6d) $4 - 6 \div 3 - 8 \times 453 =$

6e) $153 \div 9 - 11 \times 8 + 2 =$

Operatoren ergänzen

In den folgenden Aufgaben fehlen die Rechenzeichen. Bitte setzen Sie die richtigen Operatoren in die Leerstellen ein, damit sich eine korrekte Gleichung ergibt. In den Blöcken 8–14 gibt es für jede Aufgabe genau eine richtige Lösung.

8a) $6 \bigcirc 3 = 3$

8b) $25 \bigcirc 5 = 5$

8c) $30 \bigcirc 15 = 45$

8d) $6 \bigcirc 7 = 42$

8e) $7 \bigcirc 5 \bigcirc 6 = 6$

9a) $5 \bigcirc 9 \bigcirc 10 = 24$

9b) $14 \bigcirc 3 \bigcirc 2 = 9$

9c) $12 \bigcirc 3 \bigcirc 2 = 13$

9d) $43 \bigcirc 27 \bigcirc 8 = 24$

9e) $51 \bigcirc 1 \bigcirc 26 \bigcirc 1 = 27$

10a) 6 ☐ 4 ☐ 9 = 33
10b) 9 ☐ 3 ☐ 1 = 4
10c) 7 ☐ 2 ☐ 4 = 10
10d) 8 ☐ 2 ☐ 4 = 4
10e) 12 ☐ 6 ☐ 7 = 14

11a) 2 ☐ 4 ☐ 5 = 22
11b) 9 ☐ 2 ☐ 3 = 3
11c) 10 ☐ 8 ☐ 4 = 12
11d) 15 ☐ 4 ☐ 2 = 7
11e) 25 ☐ 5 ☐ 4 = 5

12a) 17 ☐ 5 ☐ 3 = 2
12b) 7 ☐ 2 ☐ 4 = 18
12c) 15 ☐ 3 ☐ 6 = 12
12d) 12 ☐ 2 ☐ 4 = 24
12e) 18 ☐ 9 ☐ 3 = 15

13a) 48 ☐ 16 ☐ 4 = 28
13b) 42 ☐ 7 ☐ 8 = 48
13c) 96 ☐ 8 ☐ 43 = 55
13d) 32 ☐ 4 ☐ 5 = 52
13e) 45 ☐ 18 ☐ 2 = 36

14a) 7 ☐ 9 ☐ 8 ☐ 2 = 6
14b) 9 ☐ 2 ☐ 7 ☐ 1 = 12
14c) 3 ☐ 5 ☐ 6 ☐ 2 = 18
14d) 35 ☐ 5 ☐ 3 ☐ 4 = 19
14e) 26 ☐ 2 ☐ 3 ☐ 9 = 23

Die folgenden Aufgaben haben zwei mögliche Lösungen.

15a) 3 ☐ 3 ☐ 3 = 12
15b) 8 ☐ 2 ☐ 2 = 4
15c) 3 ☐ 2 ☐ 3 = 9
15d) 20 ☐ 4 ☐ 6 = 30
15e) 16 ☐ 2 ☐ 3 = 11

Lösungen

Nicht vergessen: Es gilt die Punkt-vor-Strich-Regel, außerdem sind gegebenenfalls Klammerregeln zu beachten. Und haben Sie in Block 15 jeweils beide Lösungen gefunden?

1 a) $17 + 9 = 26$ b) $83 - 7 = 76$ c) $20 + 15 + 37 = 72$
d) $54 - 12 - 4 = 38$ e) $24 + 7 - 22 + 8 = 17$

2 a) $7 \times 8 = 56$ b) $32 \div 4 = 8$ c) $12 \times 3 \times 2 = 72$
d) $54 \div 9 \div 3 = 2$ e) $42 \div 7 \times 8 \div 12 = 4$

3 a) $7 \times 4 - 9 = 19$ b) $35 \div 5 - 3 = 4$ c) $11 + 6 + 10 \div 5 = 19$
d) $8 \div 2 + 4 \times 3 = 16$ e) $21 \div 3 - 40 \div 10 + 15 = 18$

4 a) $2 \times 5 + 5 = 15$ b) $8 \div 2 - 3 = 1$ c) $13 + 6 \div 2 = 16$
d) $66 - 33 \times 1 = 33$ e) $72 \div 8 + 14 \times 2 = 37$

5 a) $15 \div 5 \times 9 = 27$ b) $6 \times 8 - 32 = 16$ c) $17 + 4 \times 4 = 33$
d) $63 + 39 \div 13 = 66$ e) $52 \div 2 - 4 \times 5 = 6$

6 a) $144 \div 12 \div 3 = 4$ b) $5 \times 15 - 23 = 52$ c) $124 - 8 \times 8 = 60$
d) $4 \times 6 - 3 \times 8 + 453 = 453$ e) $153 - 9 \times 11 + 8 \div 2 = 58$

7 a) $(5 - 3) \times 6 = 12$ b) $29 - 2 \times (7 + 4) = 7$ c) $(32 \div 4) + 7 - 5 \times 2 = 5$
d) $(11 + 7) \div 6 + 2 \times (82 - 79) = 9$ e) $5 \times (4 + (9 - 7)) \div 3 = 10$

8 a) $6 - 3 = 3$ b) $25 \div 5 = 5$ c) $30 + 15 = 45$ d) $6 \times 7 = 42$
e) $7 + 5 - 6 = 6$

9 a) $5 + 9 + 10 = 24$ b) $14 - 3 - 2 = 9$ c) $12 + 3 - 2 = 13$
d) $43 - 27 + 8 = 24$ e) $51 + 1 - 26 + 1 = 27$

10 a) $6 \times 4 + 9 = 33$ b) $9 \div 3 + 1 = 4$ c) $7 \times 2 - 4 = 10$
d) $8 \times 2 \div 4 = 4$ e) $12 \div 6 \times 7 = 14$

11 a) $2 + 4 \times 5 = 22$ b) $9 - 2 \times 3 = 3$ c) $10 + 8 \div 4 = 12$
   d) $15 - 4 \times 2 = 7$ e) $25 - 5 \times 4 = 5$

12 a) $17 - 5 \times 3 = 2$ b) $7 \times 2 + 4 = 18$ c) $15 + 3 - 6 = 12$
   d) $12 \div 2 \times 4 = 24$ e) $18 - 9 \div 3 = 15$

13 a) $48 - 16 - 4 = 28$ b) $42 \div 7 \times 8 = 48$ c) $96 \div 8 + 43 = 55$
   d) $32 + 4 \times 5 = 52$ e) $45 - 18 \div 2 = 36$

14 a) $7 + 9 - 8 - 2 = 6$ b) $9 \times 2 - 7 + 1 = 12$ c) $3 \times 5 + 6 \div 2 = 18$
   d) $35 \div 5 + 3 \times 4 = 19$ e) $26 + 2 \times 3 - 9 = 23$

15 a) $3 \times 3 + 3 = 12; 3 + 3 \times 3 = 12$ b) $8 - 2 - 2 = 4; 8 - 2 \times 2 = 4$
   c) $3 \times 2 + 3 = 9; 3 + 2 \times 3 = 9$ d) $20 + 4 + 6 = 30; 20 \div 4 \times 6 = 30$
   e) $16 - 2 - 3 = 11; 16 \div 2 + 3 = 11$

Kapitel 3: Umformen und Ergänzen (Rechnen mit Variablen I)

Nun bekommen Sie es mit unvollständigen Rechnungen zu tun, die einen Platzhalter – mathematisch ausgedrückt: eine **Variable** – enthalten. In Lehrbüchern werden Variable oft mit den Buchstaben x oder y gekennzeichnet, in Eignungstests stehen an ihrer Stelle oft einfach nur Leerfelder. Ihre Aufgabe: Bestimmen Sie den gesuchten Wert und füllen Sie die Lücke.

Äquivalenzumformungen

Gleichungen mit Variablen können im Rahmen einer **Äquivalenzumformung** („gleichwertigen Umformung") umgestellt werden, ohne dass sie ihren Wahrheitswert verlieren. Dabei muss auf beiden Seiten der Gleichung dieselbe Änderung vorgenommen werden: Erlaubt ist unter anderem, beidseitig denselben Wert zu addieren, denselben Wert zu subtrahieren, durch denselben Wert zu teilen oder mit demselben Wert zu multiplizieren. Ziel der Umformung ist es, die Variable auf einer Gleichungsseite zu isolieren, um sie anhand der bekannten Werte berechnen zu können.

Beispiele

$267 + \square = 301$

Zugegeben, an dieser Stelle ist die Lösung leicht zu erkennen. Doch für unhandlichere Werte sollte man den systematischen Rechenweg parat haben. Im angegebenen Beispiel lässt sich der Platzhalter isolieren, indem man auf beiden Gleichungsseiten 267 subtrahiert:

$267 + \square - 267 = 301 - 267 \Rightarrow \square = 301 - 267 \Rightarrow \square = 34.$

Aus Übersichtsgründen notiert man die umgeformten Gleichungen normalerweise zeilenweise untereinander. Die beidseitig durchzuführende Rechenoperation steht neben einem senkrechten Strich.

$267 + x = 301 \quad | -267$ (auf beiden Seiten wird 267 subtrahiert)
$x = 34$

Ergänzungs- und Umformaufgaben treten in diversen Varianten auf. Sie könnten zum Beispiel gebeten werden, zu einer vorgegebenen Zahl einen Wert hinzuzufügen, um eine bestimmte Stufenzahl (z. B. den nächsthöheren Hunderter) zu erreichen. Oder Sie erhalten die Aufgabe in Textform. Am mathematischen Prinzip und am Lösungsweg ändert sich dadurch nichts.

Die Rechenaufgaben

Ergänzen Sie in den folgenden Aufgaben die fehlende Zahl. Verwenden Sie keinen Taschenrechner.

1a) $7 + \square = 15$

1b) $23 + \square = 41$

1c) $267 + \square = 1.009$

1d) $14.301 + \square = 16.925$

1e) $387 + \square + 13 = 863$

2a) $59 - \square = 46$

2b) $723 - \square = 641$

2c) $5.403 - \square = 4.475$

2d) $12.053 - \square - 7.130 = 4.512$

2e) $634 - \square + 277 = 861$

3a) $3 \times \square = 27$

3b) $6 \times \square = 48$

3c) $7 \times \square = 84$

3d) $14 \times \square = 70$

3e) $12 \times \square \times 2 = 120$

4a) $42 \div \square = 7$

4b) $88 \div \square = 8$

4c) $169 \div \square = 13$

4d) $238 \div \square = 14$

4e) $84 \div \square \div 7 = 6$

5a) $24 \div \square \times 5 = 40$

5b) $12 \times \square \div 6 = 8$

5c) $23 \times 4 \div \square = 46$

5d) $63 \div 9 \times \square = 119$

5e) $54 \div 6 \times \square \div 6 = 6$

6a) $32 \div \square + 2 = 10$

6b) $18 \times \square - 9 = 45$

6c) $67 + 2 \times \square = 77$

6d) $23 - 7 \times \square = 9$

6e) $\square \div 6 + 3 \times 7 = 23$

Ergänzen Sie zum nächsthöheren Tausender:

7a) 755 + ☐ =

7b) 12 + ☐ =

7c) 4.816 + ☐ =

7d) 12.309 + ☐ =

7e) 446.988 + ☐ =

Addieren Sie zum nächstgrößeren bzw. subtrahieren Sie zum nächstkleineren Hunderter:

8a) 1.543 − ☐ =

8b) 47.897 − ☐ =

8c) 4.638.013 − ☐ =

8d) 741 + 298 + ☐ =

8e) 27.565 + 837 − ☐ =

Bilden Sie die Gleichung und berechnen Sie die unbekannte Zahl:

9a) Summand: 71; Summand: ☐; Summe: 314

9b) Minuend: 287; Subtrahend: ☐; Differenz: 89

9c) Faktor: 231; Faktor: ☐; Produkt: 924

9d) Dividend: 136; Divisor: ☐; Quotient: 17

9e) Faktor: 18; Faktor: ☐; Summand: 621; Summe: 711

Bestimmen Sie x:

10a) $54 \div x + 2 = 11$

10b) $15 \times x - 21 = 54$

10c) $83 + x \times 12 = 131$

10d) $74 - 6 \times x = 32$

10e) $x \div 7 + 6 \times 8 = 60$

11a) (12.625 − (2.977 + 8.133)) ÷ x = 303

11b) (168 × 87 + 13 + 87 × 832) × x = 87.013

11c) 17.000 ÷ (124 + x) = 136

11d) (162 + 25) × 4 − x × 12 = 700

11e) 432 × 588 − (58 × x) = 252.160

12a) 35 + x = 63,3

12b) 72 − x = 32,3

12c) 26 × x = 369,2

12d) 17 ÷ x = 8,5

12e) 4,7 × 8,5 − (11,7 + 52,3) ÷ x = 31,95

13a) Von welcher Zahl muss 2.468 subtrahiert werden, um 643 zu erhalten?

13b) Welche Zahl muss zu 1.357 addiert werden, um 97.531 zu erhalten?

13c) Mit welcher Zahl muss man 287 multiplizieren, um 2.009 zu erhalten?

13d) Welche Zahl muss man durch 223 dividieren, um 9 zu erhalten?

13e) Durch welche Zahl muss man 434 dividieren, um 31 zu erhalten?

Lösungen

1. a) 8 b) 18 c) 742 d) 2.624 e) 463

2. a) 13 b) 82 c) 928 d) 411 e) 50

3. a) 9 b) 8 c) 12 d) 5 e) 5

4. a) 6 b) 11 c) 13 d) 17 e) 2

5. a) 3 b) 4 c) 2 d) 17 e) 4

6. a) 4 b) 3 c) 5 d) 2 e) 12

7. a) 245 b) 988 c) 184 d) 691 e) 12

8. a) 43 b) 97 c) 13 d) 61 e) 2

9. a) $71 + 243 = 314$ b) $287 - 198 = 89$ c) $231 \times 4 = 924$
   d) $136 \div 8 = 17$ e) $18 \times 5 + 621 = 711$

10. a) $x = 6$ b) $x = 5$ c) $x = 4$ d) $x = 7$ e) $x = 84$

11. a) $x = 5$ b) $x = 1$ c) $x = 1$ d) $x = 4$ e) $x = 32$

12. a) $x = 28{,}3$ b) $x = 39{,}7$ c) $x = 14{,}2$ d) $x = 2$ e) $x = 8$

13. a) $3.111 - 2.468 = 643$ b) $1.357 + 96.174 = 97.531$
    c) $287 \times 7 = 2.009$ d) $2.007 \div 223 = 9$ e) $434 \div 14 = 31$

Aufgabenblock 1

Zu 1e) Haben Sie es bemerkt? Der erste und der dritte Summand ergeben zusammen 400. Durch Umstellen können Sie die Aufgabe vereinfachen:
$387 + \square + 13 = 863 \Rightarrow \square + 400 = 863 \Rightarrow \square = 863 - 400 = 463$

Lösungen

> **Tipp**
>
> Prüfen Sie bei mehrgliedrigen Aufgaben, ob Sie sich die Arbeit durch geschicktes Zusammenfassen erleichtern können. Die Bausteine einer Summe oder Differenz dürfen grundsätzlich umgeordnet werden – unter Mitnahme des Rechenzeichens und Beachtung der Punkt-vor-Strich-Regel!

Aufgabenblock 2

Wenn die isolierte Variable ein negatives Vorzeichen trägt, können Sie es durch eine Multiplikation mit -1 loswerden (siehe auch Kapitel 4 zu den negativen Zahlen).

Beispiel 2a)

$59 - \square = 46 \Rightarrow -\square = 46 - 59 \Rightarrow -\square = -13 \Rightarrow \square = 13$

Aufgabenblock 3

Nach den Gesetzen der Äquivalenzumformung lässt sich der zweite Faktor auf der Seite des Platzhalters „wegdividieren".

Beispiel 3a)

$3 \times \square = 27 \quad | \div 3$

$\square = 27 \div 3$

$\square = 9$

Aufgabenblock 4

Wenn die unbekannte Zahl als Dividend auftritt, ist es meist ratsam, sie aus dieser Funktion herauszuholen. Dazu werden beide Gleichungsseiten mit der Variablen multipliziert: So wandert sie von der einen auf die andere Seite und wird dabei vom unbequemen Divisor zum leicht handhabbaren Faktor.

Beispiel 4a)

$42 \div \square = 7 \quad | \times \square$

$42 = 7 \times \square \qquad | \div 7$

$6 = \square$

Zu 4c) Haben Sie es erkannt? 169 ist die Quadratzahl von 13.

> **Tipp**
> Prägen Sie sich die Quadrat- und Kubikzahlen und das kleine Einmaleins vor der Prüfung noch einmal gut ein – während des Tests können Sie dadurch möglicherweise viel Zeit sparen. Eine Liste der Quadrat- und Kubikzahlen bis 1.000 finden Sie im Kapitel „Potenzen und Wurzeln".

Aufgabenblock 5

Beispiel 5a)

$24 \div \square \times 5 = 40 \qquad | \div 5$

$24 \div \square = 8 \qquad | \times \square$

$24 = 8 \times \square \qquad | \div 8$

$3 = \square$

Beispiel 5b)

$12 \times \square \div 6 = 8 \qquad | \div 12$

$\square \div 6 = 8 \div 12 \qquad | \times 6$

$\square = 6 \times 8 \div 12$

$\square = 4$

Aufgabenblock 6

Beispiel 6a)

$32 \div \square + 2 = 10 \qquad | - 2$

$32 \div \square = 8 \qquad | \times \square$

$32 = 8 \times \square \qquad | \div 8$

$4 = \square$

Beispiel 6b)

18 × ◯ − 9 = 45 | + 9

18 × ◯ = 54 | ÷ 18

◯ = 3

Aufgabenblock 7

Beispiel 7a)

755 + ◯ = 1.000 | − 755

◯ = 1.000 − 755

◯ = 245

Zu 7b) 12 + 988 = 1.000

Zu 7c) 4.816 + 184 = 5.000

Zu 7d) 12.309 + 691 = 13.000

Zu 7e) 446.988 + 12 = 447.000

Aufgabenblock 8

Zu 8a) 1.543 − 43 = 1.500

Zu 8b) 47.897 − 97 = 47.800

Zu 8c) 4.638.013 − 13 = 4.638.100

Bis hierhin ließen sich die nächstgelegenen Hunderter leicht ablesen. Die folgenden Aufgaben erfordern jedoch etwas Vorarbeit, damit sich die Zielrechnung aufstellen lässt.

Beispiel 8d)

Der nächstgrößere Hunderter ist 1.100 (741 + 298 = 1.039). Die Rechnung lautet also:

741 + 298 + ◯ = 1.100

1.039 + ◯ = 1.100 | − 1.039

◯ = 61

Beispiel 8e)

Der nächstkleinere Hunderter ist 28.400 (27.565 + 837 = 28.402). Die Rechnung lautet also:

27.565 + 837 − ☐ = 28.400

28.402 − ☐ = 28.400 | + ☐

28.402 = 28.400 + ☐ | − 28.400

2 = ☐

Aufgabenblock 9

Zu 9a) 71 + ☐ = 314 (⇒ ☐ = 243)

Zu 9b) 287 − ☐ = 89 (⇒ ☐ = 198)

Zu 9c) 231 × ☐ = 924 (⇒ ☐ = 4)

Zu 9d) 136 ÷ ☐ = 17 (⇒ ☐ = 8)

Zu 9e) 18 × ☐ + 621 = 711 (⇒ ☐ = 5)

Aufgabenblöcke 10–12

Beispiel 10e)

$x \div 7 + 6 \times 8 = 60$

$x \div 7 + 48 = 60$ | − 48

$x \div 7 = 12$ | × 7

$x = 84$

Beispiel 11a)

$(12.625 - (2.977 + 8.133)) \div x = 303$

$(12.625 - 11.110) \div x = 303$

$1.515 \div x = 303$ | × x

$1.515 = 303 \times x$ | ÷ 303

$5 = x$

Beispiel 11e)

432 × 588 − (58 × x) = 252.160

254.016 − (58 × x) = 252.160 | − 254.016

−(58 × x) = −1.856 | ÷ 58

−x = −32 | × −1

x = 32

Sie haben es sicher gemerkt: Hier war die Klammer unnötig.

Beispiel 12e)

4,7 × 8,5 − (11,7 + 52,3) ÷ x = 31,95

39,95 − 64 ÷ x = 31,95 | + 64 ÷ x

39,95 = 31,95 + 64 ÷ x | − 31,95

8 = 64 ÷ x | × x

8 × x = 64 | ÷ 8

x = 8

Aufgabenblock 13

Damit Sie die Lösung berechnen können, müssen Sie aus den Textangaben zuerst eine mathematische Gleichung formen.

Zu 13a) Von welcher Zahl muss 2.468 subtrahiert werden, um 643 zu erhalten?

Als Gleichung: x − 2.468 = 643 (⇒ x = 3.111)

Zu 13 b) Welche Zahl muss zu 1.357 addiert werden, um 97.531 zu erhalten?

Als Gleichung: 1.357 + x = 97.531 (⇒ x = 96.174)

Zu 13c) Mit welcher Zahl muss man 287 multiplizieren, um 2.009 zu erhalten?

Als Gleichung: 287 × x = 2.009 (⇒ x = 7)

Zu 13d) Welche Zahl muss man durch 223 dividieren, um 9 zu erhalten?

Als Gleichung: x ÷ 223 = 9 (⇒ x = 2.007)

Zu 13e) Durch welche Zahl muss man 434 dividieren, um 31 zu erhalten?

Als Gleichung: 434 ÷ x = 31 (⇒ x = 14)

Kapitel 4: Negative Zahlen

Jede Zahl – abgesehen von der neutralen Null – besteht aus zwei Teilen: Das **Vorzeichen** (+ oder –) zeigt, in welcher Richtung die Zahl von vom Scheitelpunkt Null aus betrachtet liegt, und der **Betrag** gibt an, wie weit die betreffende Zahl von Null entfernt ist. Bei positiven Zahlen spart man sich das Pluszeichen meist; Zahlen ohne Vorzeichen sind also grundsätzlich positiv. Negative Zahlen erkennt man am vorangestellten Minuszeichen. Sie werden mit wachsendem Betrag kleiner: –100 ist kleiner als –10, und –10 ist kleiner als –1. Positive und negative Zahlen mit dem gleichen Abstand zur Null nennt man **Gegenzahlen** (z. B. 1 und –1).

Negative Zahlen im Alltag

Thermometer: Leichte Jacke oder dicker Mantel? Das Vorzeichen sagt Ihnen, ob die Betragsangabe „20 Grad" für klirrende Kälte oder Frühlingstemperaturen steht.

Stockwerke: Die Untergeschosse in Hochhäusern und Tiefgaragen werden oft mit –1, –2, –3 usw. angegeben. Je höher der Betrag des Kellergeschosses, umso tiefer liegt es – und umso länger brauchen Sie, um mit dem Aufzug vom Erdgeschoss (dem 0. Stock) dorthin zu kommen.

Zeitrechnung: Die christliche Zeitrechnung setzt das Geburtsjahr Christi als Scheitelpunkt und trennt in die Zeit vor und nach Christi Geburt (v. Chr. und n. Chr.). Bei Jahreszahlen v. Chr. bedeutet ein höherer Betrag einen früheren Zeitpunkt: Julius Caesar lebte von 100 v. Chr. bis 44 v. Chr.

Sport: Um Punkt- oder Tordifferenzen anzuzeigen, verwendet man negative Zahlen: Eine Fußballmannschaft mit der Tordifferenz –10 hat 10 Treffer weniger erzielt als gegnerische Tore erhalten.

Bankkonto: Ein Kontostand von –100 Euro bedeutet, dass Sie mit 100 Euro im Minus sind. Um das Konto auszugleichen, müsste Ihnen die Gegenzahl in Euro gutgeschrieben werden, also +100 Euro.

Rechnen mit negativen Zahlen

- Addition

Die Addition einer negativen Zahl führt zu ihrer Subtraktion:

$a + (-b)$ oder $a + -b = a - b$
$-a + (-b)$ oder $-a + -b = -a - b$

Manche können sich folgende Faustregel besser merken: Um zwei Zahlen mit dem gleichem Vorzeichen zu addieren, zählen Sie die Beträge zusammen und behalten das Vorzeichen bei. Tragen die Summanden unterschiedliche Vorzeichen, bilden Sie die Differenz der Beträge und verleihen dem Ergebnis das Vorzeichen der Zahl mit dem höheren Betrag.

- Subtraktion

Die Subtraktion einer negativen Zahl führt zu ihrer Addition:

$a - (-b)$ oder $a - -b = a + b$
$-a - (-b)$ oder $-a - -b = -a + b$

- Multiplikation

Die Multiplikation mit einer negativen Zahl führt zu einem negativen Ergebnis, wenn der andere Faktor positiv ist. Sind beide Faktoren negativ, ist das Ergebnis positiv:

$a \times b = c$ („plus mal plus ergibt plus")
$(-a) \times (-b)$ oder $-a \times -b = c$ („minus mal minus ergibt plus")
$a \times (-b)$ oder $a \times -b = -c$ („plus mal minus ergibt minus")
$(-a) \times b$ oder $-a \times b = -c$ („minus mal plus ergibt minus")

> **Tipp**
>
> Aus den Multiplikationsregeln ergibt sich: Eine Multiplikation mit dem Faktor −1 dreht die Vorzeichen um, ohne die Beträge zu verändern. Dadurch können Sie beispielsweise bei der Rechnung mit Variablen unerwünschte Minuszeichen entfernen (siehe Kapitel 3).

- Division

Die Multiplikationsregeln können auf die Division übertragen werden. Haben Divisor und Dividend gleiche Vorzeichen, ist das Ergebnis positiv. Sind die Vorzeichen unterschiedlich, ist das Ergebnis negativ:

> $a \div b = c$ („plus durch plus ergibt plus")
>
> $(-a) \div (-b)$ oder $-a \div -b = c$ („minus durch minus ergibt plus")
>
> $a \div (-b)$ oder $a \div -b = -c$ („plus durch minus ergibt minus")
>
> $(-a) \div b$ oder $-a \div b = -c$ („minus durch plus ergibt minus")

- Klammern auflösen

Für das Addieren oder Subtrahieren eingeklammerter Terme gelten die Klammerregeln, die Sie bereits im Kapitel „Zur Auffrischung" am Anfang dieses Buchs kennen gelernt haben. Zur Erinnerung: Steht ein Pluszeichen vor der Klammer, kann man sie einfach entfernen. Steht ein Minus davor, drehen sich die Vorzeichen der eingeklammerten Operanden beim Auflösen um.

> $a + (b + c) = a + b + c$
>
> $a + (b - c) = a + b - c$
>
> $a - (b + c) = a - b - c$
>
> $a - (b - c) = a - b + c$

Die Rechenaufgaben

Lösen Sie die folgenden Aufgaben ohne Taschenrechner und in möglichst kurzer Zeit.

1a) $6 + (-3) =$
1b) $(-15) + 7 =$
1c) $(-9) + (-4) =$
1d) $(-12) + 21 =$
1e) $(-125) + (-13) + (+13) =$

2a) $(-3) \times 4 =$
2b) $5 \times (-7) =$
2c) $(-8) \times (-4) =$
2d) $(-12) \times (+6) =$
2e) $(-14) \times (-3) + (-40) =$

3a) $(-9) \div 3 =$
3b) $77 \div (-7) =$
3c) $(-56) \div (-8) =$
3d) $168 \div (-14) =$
3e) $(-255) \div (+17) + (+17) =$

4a) $(-524) + 46 + (3 \times 5) =$
4b) $28 \div (-4) + 7 \times 2 =$
4c) $45 \times (-3) - 5 \times 13 =$
4d) $(-6) \div (-3) - (+8) =$
4e) $3.225 \div (+5) + (-45) =$

Kapitel 4: Negative Zahlen

5a) $12{,}4 - 8{,}2 - 5{,}1 =$

5b) $-3{,}5 + 13{,}12 - (-1) =$

5c) $-6{,}9 + (-4) + (-2) \times 2{,}5 =$

5d) $-9{,}3 \div (-3) - (+5{,}7) \times 17 =$

5e) $14{,}5 \times (-4) \div (-2{,}5) + (-12{,}23) =$

6a) $-63 + [(-4) + (-2)] \times 2 =$

6b) $15 \times (-3) - [7 + (-6)] \div (-1) =$

6c) $[156 + (-793) - (+63)] \div (-70) + 1.749{,}5 =$

6d) $-25 \div \{89 + [(-3) \times (-7)] \times [(-2) + (-2)]\} =$

6e) $-12{,}4 \div [3 + (-1)] + (-185) \div [(-24) - (-61)] =$

7a) $3 + \square = -10$

7b) $-17 + \square = 23$

7c) $12 \times \square = -48$

7d) $-35 \div \square = -7$

7e) $\square - 12 + (-5) = -67$

Bilden Sie die Gleichung:

8a) Summand: 53; Summand: $\square$; Summe: −456

8b) Minuend: −124; Subtrahend: $\square$; Differenz: −39

8c) Faktor: $\square$; Faktor: 18; Produkt: −342

8d) Dividend: $\square$; Divisor: −16; Quotient: 208

8e) Faktor: 14; Faktor: 7; Subtrahend: $\square$; Differenz: −16

9. $(-14) - (+1) \times (-1) = ?$

A. +13
B. −14
C. −13
D. −15
E. Keine Antwort ist richtig.

Lösen Sie:

10a) Welche Zahl muss zu −1.253 addiert werden, damit Sie 76.428 erhalten?

10b) Von welcher Zahl müssen Sie 4.312 subtrahieren, damit Sie −3.641 erhalten?

10c) Mit welcher Zahl muss −34 multipliziert werden, damit Sie −408 erhalten?

10d) Welche Zahl müssen Sie durch −15 dividieren, um 17 zu erhalten?

10e) Durch welche Zahl müssen Sie 368 dividieren, um −23 erhalten?

Guthaben und Schulden

Gutscheine werden addiert, Schuldscheine subtrahiert. Beachten Sie bei jeder Aufgabe die Wertigkeit der Scheine. Das Ergebnis ist als Guthaben (positive Zahl) oder Schulden (negative Zahl) anzugeben.

Beispiele

2 Gutscheine und 1 Schuldschein (alle Werte 1): $2 \times 1 - 1 \times 1 = 2 - 1 = 1$

1 Gutschein und 2 Schuldscheine (alle Werte 2) : $1 \times 2 - 2 \times 2 = 2 - 4 = -2$

11a) 6 Gutscheine und 4 Schuldscheine (alle Werte 1) =

11b) 3 Gutscheine und 8 Schuldscheine (alle Werte 2) =

11c) 5 Schuldscheine, 3 Gutscheine und 1 Schuldschein (alle Werte 1) =

11d) 12 Gutscheine und 4 Schuldscheine weniger 2 Schuldscheine (alle Werte 2) =

11e) 7 Schuldscheine (Wert 3), 4 Gutscheine (Wert 2) und 3 Schuldscheine (Wert 1) =

Kleine Alltagsaufgaben

12a) Der Wetterbericht kündigt an, dass es tagsüber 5 °C warm werden und die Temperatur nachts um 20 °C abstürzen soll. Welche Tiefsttemperatur ist demnach zu erwarten?

12b) Jasmin befindet sich im Untergeschoss (–U1) eines Kaufhauses und sucht die Sportbekleidung. Eine Verkäuferin sagt ihr, dass die gesuchte Abteilung 3 Etagen höher zu finden ist. In welches Stockwerk muss Jasmin?

12c) Emily macht Urlaub am Toten Meer, das 422 Meter unter dem Meeresspiegel liegt. Am ersten Tag geht sie vormittags ins Wasser und taucht 1 Meter tief. Am Nachmittag besucht sie die Bergfestung Masada, die 33 Meter über dem Meeresspiegel liegt. Wie viele Höhenmeter hat Emily vom tiefsten bis zum höchsten Punkt überwunden?

12d) Jakob hat ein Bankguthaben von 83,14 Euro. Die nächste Tankrechnung über 56,71 Euro begleicht er per EC-Karte. Anschließend lädt er seine Prepaid-Karte (Restguthaben 57 Cent) mit 15 Euro auf, die direkt von seinem Bankkonto abgebucht werden. Daraufhin geht er Pizza essen und zahlt die fälligen 12,20 Euro ebenfalls mit seiner EC-Karte, weil er nur noch 9,76 Euro Bargeld im Portemonnaie hat. Von seinem Bargeld gibt er 80 Cent Trinkgeld. Beim Essen hat er sich außerdem 3 neue Apps zu je 1,99 Euro auf sein Smartphone geladen und eine 11 Cent teure SMS verschickt – diese Beträge gehen von seinem Prepaid-Guthaben ab. Wie viel Geld hat Jakob am Ende des Tages jeweils an Bargeld, auf der Prepaid-Karte und auf dem Bankkonto übrig? Welcher Betrag steht ihm insgesamt noch zur Verfügung?

12e) Bei einem Fußballturnier sind die Heimmannschaft (H) und das Team des Nachbarorts (N) am Ende punktgleich. Beide haben 4 Spiele gewonnen und 2 verloren; gegeneinander haben H und N 1:1 gespielt. Nun soll die Tordifferenz über den Sieger entscheiden. Die Ergebnisse waren im Einzelnen:

H: 4:1, 1:0, 1:0, 1:0, 0:3, 2:7, 1:1
N: 2:1, 3:2, 1:0, 2:3, 1:5, 2:1, 1:1

Wie lauten die Tordifferenzen von H und N? Wer gewinnt das Turnier?

Lösungen

1   a) 3   b) –8   c) –13   d) 9   e) –125

2   a) –12   b) –35   c) 32   d) –72   e) 2

3   a) –3   b) –11   c) 7   d) –12   e) 2

4   a) –463   b) 7   c) –200   d) –6   e) 600

5   a) –0,9   b) 10,62   c) –15,9   d) –93,8   e) 10,97

6   a) –75   b) –44   c) 1.759,5   d) –5   e) –11,2

7   a) ☐ = –13   b) ☐ = 40   c) ☐ = –4   d) ☐ = 5   e) ☐ = –50

8   a) 53 + –509 = –456   b) –124 – –85 = –39   c) –19 × 18 = –342
    d) –3.328 ÷ –16 = 208   e) 14 × 7 – 114 = –16

9   C) –13

10   a) 77.681   b) 671   c) 12   d) –255   e) –16

11   a) 2   b) –10   c) –3   d) 20   e) –16

12   a) –15 °C   b) 2. Stock   c) 456 m
    d) 17,68 € gesamt (–0,77 € Bank; 9,49 € Prepaid-Karte; 8,96 € Bargeld)
    e) –2 und –1; N gewinnt

Aufgabenblock 1

Zu 1e) Hier können Sie sich die Arbeit sehr leicht machen: Die Gegenzahlen +13 und –13 heben sich auf.

Aufgabenblock 6

Zu 6a) –63 + [(–4) + (–2)] × 2 = –63 + [–6] × 2 = – 63 + (–12) = –63 – 12 = –75

Zu 6b) 15 × (−3) − [7 + (−6)] ÷ (−1) = −45 − [7 − 6] ÷ (−1) = −45 − 1 ÷ (−1) = −45 − (−1) = −45 + 1 = −44

Beachten Sie die Vorzeichenwechsel bei den einzelnen Rechenschritten.

Zu 6c) [156 + (−793) − (+63)] ÷ (−70) + 1.749,5 = [156 − 793 − 63] ÷ (−70) + 1.749,5 = [−700] ÷ (−70) + 1.749,5 = 10 + 1.749,5 = 1.759,5

Zu 6d) −25 ÷ {89 + [(−3) × (−7)] × [(−2) + (−2)]} = −25 ÷ {89 + [21] × [−2 − 2]} = −25 ÷ {89 + [21] × [−4]} = −25 ÷ {89 + [−84]} = −25 ÷ {89 − 84} = −25 ÷ {5} = −5

Zu 6e) −12,4 ÷ [3 + (−1)] + (−185) ÷ [(−24) − (−61)] = −12,4 ÷ [3 − 1] + (−185) ÷ [−24 + 61] = −12,4 ÷ [2] + (−185) ÷ [37] = −6,2 + (−5) = −6,2 − 5 = −11,2

Aufgabenblock 7

Schwierigkeiten beim Umformen der Gleichungen? Ein Blick in Kapitel 3 hilft.

Aufgabenblock 8

Zu 8a) 53 + ☐ = −456 (⇒ ☐ = −509)

Zu 8b) −124 − ☐ = −39 (⇒ ☐ = −85)

Zu 8c) ☐ × 18 = −342 (⇒ ☐ = −19)

Zu 8d) ☐ ÷ −16 = 208 (⇒ ☐ = −3.328)

Zu 8e) 14 × 7 − ☐ = −16 (⇒ ☐ = 114)

Aufgabe 9

(−14) − (+1) × (−1) = −14 − (−1) = −14 + 1 = −13

Aufgabenblock 10

Zu 10a) Welche Zahl muss zu −1.253 addiert werden, damit Sie 76.428 erhalten?

Als Gleichung: −1.253 + x = 76.428 (⇒ x = 77.681)

Zu 10b) Von welcher Zahl müssen Sie 4.312 subtrahieren, damit Sie −3.641 erhalten?

Als Gleichung: $x - 4.312 = -3.641$ ($\Rightarrow x = 671$)

Zu 10c) Mit welcher Zahl muss −34 multipliziert werden, damit Sie −408 erhalten?

Als Gleichung: $-34 \times x = -408$ ($\Rightarrow x = 12$)

Zu 10d) Welche Zahl müssen Sie durch −15 dividieren, um 17 zu erhalten?

Als Gleichung: $x \div -15 = 17$ ($\Rightarrow x = -255$)

Zu 10e) Durch welche Zahl müssen Sie 368 dividieren, um −23 erhalten?

Als Gleichung: $368 \div x = -23$ ($\Rightarrow x = -16$)

Aufgabenblock 11

Zu 11a) $6 - 4 = 2$

Zu 11b) $3 \times 2 - 8 \times 2 = 6 - 16 = -10$

Zu 11c) $-5 + 3 + (-1) = -2 - 1 = -3$

Zu 11d) $12 \times 2 - (4 - 2) \times 2 = 24 - 4 = 20$

Alternativ können Sie zuerst die Gesamtzahl der Schuldscheine bestimmen und sie anschließend mit den Gutscheinen verrechnen:

Schuldscheine (Wert 2): $4 \times 2 - 2 \times 2 = 8 - 4 = 4$

$24 - 4 = 20$

Zu 11e) $-(7 \times 3) + 4 \times 2 - 3 \times 1 = -21 + 8 - 3 = -16$

Aufgabenblock 12

Zu 12a) Nachts soll es −15 °C kalt werden.

$5 - 20 = -15$

Zu 12b) Jasmin findet die Sportkleidung im 2. Stock.

$-1 + 3 = 2$

Zu 12c) Emily hat 456 Höhenmeter überwunden.

$33\text{ m} - (-422\text{ m} - 1\text{ m}) = 456\text{ m}$

Den tiefsten Punkt hat Emily in 1 Meter Wassertiefe im Toten Meer erreicht, also in 423 Metern unter dem Meeresspiegel: −422 m − 1 m = −423 m. Die Differenz zum höchsten Punkt auf dem Plateau von Masada (33 Meter über dem Meeresspiegel) beträgt: 33 m − −423 m = 456 m.

Zu 12d) Jakob hat 8,96 Euro Bargeld und 9,49 Euro Prepaid-Guthaben übrig, sein Bankkonto ist mit 77 Cent im Minus. Insgesamt stehen ihm 17,68 Euro zur Verfügung.

Jakobs Bankguthaben beträgt 83,14 Euro. Abzuziehen sind die Tankstellenrechnung (56,71 Euro), die Aufladung der Prepaid-Karte (15 Euro) und die Pizzeria-Rechnung (12,20 Euro). Am Ende des Tages ist er mit 77 Cent im Minus: 83,14 − 56,71 − 15 − 12,20 = −0,77.

Das Guthaben auf Jakobs Prepaid-Karte beträgt zu Beginn 0,57 Euro. Anschließend lädt er die Karte mit 15 Euro auf. Abzuziehen sind die 3 Apps zu je 1,99 Euro und die SMS zu 0,11 Euro. Übrig bleibt ein Restbetrag von 9,49 Euro: 0,57 + 15 − (3 × 1,99) − 0,11 = 9,49.

Von den 9,76 Euro Bargeld in Jakobs Portemonnaie gehen 80 Cent Trinkgeld ab. Übrig bleiben 8,96 Euro: 9,76 − 0,80 = 8,96.

Nun können Sie alle drei Teilergebnisse zusammenrechnen:
−0,77 + 9,49 + 8,96 = 17,68.

Zu 12e) Team H hat eine Tordifferenz von −2, Team N eine Tordifferenz von −1. Team N gewinnt das Turnier.

Die Tordifferenzen können Sie auf zwei Wegen ermitteln. Die erste Möglichkeit: Sie bestimmen für jedes Spiel die positive oder negative Tordifferenz und rechnen die einzelnen Werte zusammen.

H: (4 − 1) + 1 + 1 + 1 − 3 − (2 − 7) = 3 + 1 + 1 + 1 − 3 − 5 = −2
N: (2 − 1) + (3 − 2) + 1 + (2 − 3) + (1 − 5) + (2 − 1) = 1 + 1 + 1 − 1 − 4 + 1 = −1

Die zweite Möglichkeit: Sie bestimmen die Gesamtzahl der Tore und die Gesamtzahl der Gegentore getrennt und verrechnen die Werte anschließend miteinander.

H: (4 + 1 + 1 + 1 + 2 + 1) − (1 + 3 + 7 + 1) = 10 − 12 = −2
N: (2 + 3 + 1 + 2 + 1 + 2 + 1) − (1 + 2 + 3 + 5 + 1 + 1) = 12 − 13 = −1

Kapitel 5: Kettenrechnen

Bei Kettenrechnungen reihen sich Operanden und Operatoren wie Kettenglieder aneinander. Meist müssen die einzelnen Teiloperationen stur der Reihe nach abgearbeitet werden: Das Ergebnis der vorausgegangenen Teilrechnung wird zum Ausgangswert der nächsten Operation. **Die Punkt-vor-Strich-Regel gilt bei Kettenrechnungen normalerweise nicht.** Außerdem dürfen Sie in der Regel keine Hilfsmittel benutzen – es zählen allein Ihre Kopfrechenkünste. Fragen Sie im Zweifelsfall nach, wie Sie in Ihrer Prüfung vorgehen sollen.

Auf den ersten Blick sehen Kettenaufgaben oft nicht besonders schwer aus, doch sie erfordern höchste Konzentration.

Die Rechenaufgaben

Lösen Sie die folgenden Aufgaben im Kopf, ohne Taschenrechner und schriftliche Unterstützung. Die Punkt-vor-Strich-Regel gilt hier nicht.

1a) $9 + 5 + 3 - 5 + 4 =$
1b) $7 - 3 + 10 - 9 + 4 =$
1c) $7 + 3 + 7 - 4 - 6 =$
1d) $91 - 17 - 5 + 123 - 86 =$
1e) $287 + 156 - 77 - 12 + 341 =$

2a) $7 - 1 - 4 \times 4 - 1 =$
2b) $10 - 5 - 1 \times 2 + 9 =$
2c) $11 - 6 \times 4 - 9 - 8 =$
2d) $6 - 3 \times 5 - 6 \times 2 =$
2e) $4 \times 8 - 7 \times 3 + 5 =$

Kapitel 5: Kettenrechnen

3a) $19 - 9 \div 2 + 11 \div 4 =$
3b) $23 - 17 \div 2 + 2 \times 2 =$
3c) $18 - 14 \times 4 + 9 \div 5 =$
3d) $22 + 34 \div 8 - 2 \times 7 =$
3e) $35 - 19 \div 4 + 14 \div 2 \times 6 =$

4a) $10 + 6 \div 4 + 6 \div 2 + 7 - 10 \times 5 + 3 =$
4b) $11 - 4 - 2 \times 4 \div 5 + 5 - 6 \times 3 \times 4 =$
4c) $12 + 3 \div 5 + 9 - 2 \div 2 \times 3 + 6 \div 7 =$
4d) $15 - 10 - 2 \times 4 - 10 \times 8 \div 4 + 7 \times 11 =$
4e) $26 + 3 + 7 \div 6 \times 7 - 25 - 5 \times 4 \div 8 + 3 =$

5a) $16 - 9 \times 2 - 10 \times 6 - 12 \div 6 + 34 \div 6 + 19 \div 5 + 5 + 7 =$
5b) $23 - 7 \div 4 + 4 \div 4 + 12 \div 2 - 1 + 6 \div 6 + 12 - 4 \div 2 =$
5c) $17 + 12 - 25 \div 2 + 1 \times 7 - 11 - 8 \times 5 - 6 \times 7 - 7 \div 7 =$
5d) $2 \times 6 + 15 - 20 \times 7 - 21 \div 7 \times 3 + 8 - 16 \times 3 - 9 + 13 =$
5e) $6 \div 2 + 33 \div 6 - 2 \times 7 - 22 \times 2 + 30 \div 7 + 5 + 5 \div 8 + 19 \div 3 =$

6a) $24 - 21 \times 8 + 20 - 41 \times 3 + 47 \div 7 + 16 \div 8 + 34 - 32 \times 4 =$
6b) $58 - 51 \times 7 - 17 \div 8 + 4 \times 7 - 38 \div 3 + 4 \div 2 + 18 + 24 =$
6c) $48 \div 8 + 32 - 29 \times 3 - 25 \times 6 + 6 \div 3 + 19 + 31 \div 8 + 63 =$
6d) $81 \div 9 + 3 \div 4 + 1 \times 5 + 20 - 32 \times 7 - 26 \div 6 + 67 \div 9 =$
6e) $46 + 8 \div 6 + 15 \div 3 + 12 \div 5 + 31 \div 5 + 12 + 57 \div 4 - 28 =$

7a) $60 \div 6 - 4 \times 7 - 39 \times 8 - 1 - 18 \times 2 + 28 - 33 \times 5 - 2 + 37 =$
7b) $55 - 30 + 63 - 78 \times 7 + 38 \div 12 + 32 - 16 \div 5 + 29 + 74 \div 9 =$
7c) $24 \div 6 + 56 \div 5 + 17 - 18 \times 10 - 102 \times 10 + 49 - 117 \times 12 \div 2 \div 9 =$
7d) $12 \times 3 - 29 \times 2 + 10 \times 3 - 11 - 48 + 46 - 52 \times 2 - 12 \times 12 + 41 - 53 =$
7e) $54 \div 9 + 84 \div 10 + 12 \div 3 \times 11 - 5 \div 12 \div 2 \times 25 + 73 \div 4 =$

8a) 127 − 57 ÷ 5 + 212 + 10 − 216 ÷ 4 − 17 + 241 + 20 =
8b) 39 ÷ 3 + 1 × 10 − 137 × 2 × 12 + 63 ÷ 5 =
8c) 248 − 216 ÷ 4 + 36 ÷ 4 − 1 × 4 + 170 ÷ 14 =
8d) 14 × 7 − 95 × (−4) × (−13) − 117 ÷ 3 × 15 − 10 ÷ 5 =
8e) 240 + 164 + 82 − 471 × 12 − 160 ÷ 10 + 94 ÷ 6 ÷ 4 × 35 ÷ 7 =

9a) 859 − 774 ÷ 5 + 19 ÷ 3 − 1 × 12 + 168 ÷ 15 =
9b) 689 − 657 ÷ 8 + 15 × 14 + 480 − 728 × 10 + 908 =
9c) 309 − 301 × 17 − 46 ÷ 9 + 9 × 7 + 866 =
9d) 114 ÷ 6 + 218 − 139 ÷ 14 × 17 + 377 ÷ 4 =
9e) 20 × 19 + 252 − 463 ÷ 13 + 122 ÷ 15 + 51 ÷ (−5) =

10a) 21 × 18 − 314 ÷ 4 + 464 ÷ 20 − 7 × 7 =
10b) 1.491 − 1.302 ÷ 21 + 1.381 − 1.165 ÷ 9 + 1.298 + 2.444 − 2.415 =
10c) 180 ÷ 12 − 67 ÷ (−4) + 1.252 − 1.259 × 4 + 1.077 − 923 =
10d) 440 ÷ 22 + 25 ÷ 5 + 343 ÷ 22 + 5 ÷ 3 + 1.328 =
10e) 23 × 17 − 1.554 + 1.766 − 578 × 7 + 1.186 + 1.267 ÷ 2 ÷ (−3) =

Kapitel 5: Kettenrechnen

Lösungen

1 a) 16   b) 9   c) 7   d) 106   e) 695

2 a) 7   b) 17   c) 3   d) 18   e) 80

3 a) 4   b) 10   c) 5   d) 35   e) 54

4 a) 13   b) 36   c) 3   d) 121   e) 9

5 a) 17   b) 5   c) 3   d) 16   e) 7

6 a) 20   b) 47   c) 70   d) 8   e) –9

7 a) 60   b) 12   c) 8   d) 12   e) 37

8 a) 249   b) 27   c) 15   d) 37   e) 20

9 a) 20   b) 1.088   c) 999   d) 124   e) –12

10 a) 119   b) 1.352   c) 178   d) 1.335   e) –438

Hier müssen Sie gelegentlich mit negativen Zahlen rechnen. Wie das funktioniert und worauf Sie dabei achten sollten, können Sie in Kapitel 4 nachschlagen.

Aufgabenblock 1

Zu 1a) $9 + 5 = 14 \Rightarrow 14 + 3 = 17 \Rightarrow 17 - 5 = 12 \Rightarrow 12 + 4 = 16$

Haben Sie es bemerkt? Die Werte +5 und –5 können Sie miteinander verrechnen und herausstreichen. Damit verstoßen Sie zwar gegen das Prinzip, der Reihe nach vorzugehen, doch das ist an dieser Stelle erlaubt: Bestandteile von Summen oder Differenzen dürfen unter Mitnahme ihres Vorzeichens umgeordnet werden, das Ergebnis ändert sich dadurch nicht (Siehe Kapitel 3).

Zu 1b) $7 - 3 = 4 \Rightarrow 4 + 10 = 14 \Rightarrow 14 - 9 = 5 \Rightarrow 5 + 4 = 9$

Zu 1c) $7 + 3 = 10 \Rightarrow 10 + 7 = 17 \Rightarrow 17 - 4 = 13 \Rightarrow 13 - 6 = 7$

Zu 1d) $91 - 17 = 74 \Rightarrow 74 - 5 = 69 \Rightarrow 69 + 123 = 192 \Rightarrow 192 - 86 = 106$

Zu 1e) $287 + 156 = 443 \Rightarrow 443 - 77 = 366 \Rightarrow 366 - 12 = 354 \Rightarrow 354 + 341 = 695$

Aufgabenblock 2

Zu 2a) 7 − 1 = 6 ⇒ 6 − 4 = 2 ⇒ 2 × 4 = 8 ⇒ 8 − 1 = 7

Zu 2b) 10 − 5 = 5 ⇒ 5 − 1 = 4 ⇒ 4 × 2 = 8 ⇒ 8 + 9 = 17

Zu 2c) 11 − 6 = 5 ⇒ 5 × 4 = 20 ⇒ 20 − 9 = 11 ⇒ 11 − 8 = 3

Zu 2d) 6 − 3 = 3 ⇒ 3 × 5 = 15 ⇒ 15 − 6 = 9 ⇒ 9 × 2 = 18

Zu 2e) 4 × 8 = 32 ⇒ 32 − 7 = 25 ⇒ 25 × 3 = 75 ⇒ 75 + 5 = 80

Aufgabenblock 3

Zu 3a) 19 − 9 = 10 ⇒ 10 ÷ 2 = 5 ⇒ 5 + 11 = 16 ⇒ 16 ÷ 4 = 4

Zu 3b) 23 − 17 = 6 ⇒ 6 ÷ 2 = 3 ⇒ 3 + 2 = 5 ⇒ 5 × 2 = 10

Zu 3c) 18 − 14 = 4 ⇒ 4 × 4 = 16 ⇒ 16 + 9 = 25 ⇒ 25 ÷ 5 = 5

Zu 3d) 22 + 34 = 56 ⇒ 56 ÷ 8 = 7 ⇒ 7 − 2 = 5 ⇒ 5 × 7 = 35

Zu 3e) 35 − 19 = 16 ⇒ 16 ÷ 4 = 4 ⇒ 4 + 14 = 18 ⇒ 18 ÷ 2 = 9 ⇒ 9 × 6 = 54

Aufgabenblock 4

Zu 4a) 10 + 6 = 16 ⇒ 16 ÷ 4 = 4 ⇒ 4 + 6 = 10 ⇒ 10 ÷ 2 = 5 ⇒ 5 + 7 = 12 ⇒ 12 − 10 = 2 ⇒ 2 × 5 = 10 ⇒ 10 + 3 = 13

Zu 4b) 11 − 4 = 7 ⇒ 7 − 2 = 5 ⇒ 5 × 4 = 20 ⇒ 20 ÷ 5 = 4 ⇒ 4 + 5 = 9 ⇒ 9 − 6 = 3 ⇒ 3 × 3 = 9 ⇒ 9 × 4 = 36

Zu 4c) 12 + 3 = 15 ⇒ 15 ÷ 5 = 3 ⇒ 3 + 9 = 12 ⇒ 12 − 2 = 10 ⇒ 10 ÷ 2 = 5 ⇒ 5 × 3 = 15 ⇒ 15 + 6 = 21 ⇒ 21 ÷ 7 = 3

Zu 4d) 15 − 10 = 5 ⇒ 5 − 2 = 3 ⇒ 3 × 4 = 12 ⇒ 12 − 10 = 2 ⇒ 2 × 8 = 16 ⇒ 16 ÷ 4 = 4 ⇒ 4 + 7 = 11 ⇒ 11 × 11 = 121

Zu 4e) 26 + 3 = 29 ⇒ 29 + 7 = 36 ⇒ 36 ÷ 6 = 6 ⇒ 6 × 7 = 42 ⇒ 42 − 25 = 17 ⇒ 17 − 5 = 12 ⇒ 12 × 4 = 48 ⇒ 48 ÷ 8 = 6 ⇒ 6 + 3 = 9

Aufgabenblock 5

Zu 5a) 16 − 9 = 7 ⇒ 7 × 2 = 14 ⇒ 14 − 10 = 4 ⇒ 4 × 6 = 24 ⇒ 24 − 12 = 12 ⇒ 12 ÷ 6 = 2 ⇒ 2 + 34 = 36 ⇒ 36 ÷ 6 = 6 ⇒ 6 + 19 = 25 ⇒ 25 ÷ 5 = 5 ⇒ 5 + 5 = 10 ⇒ 10 + 7 = 17

Zu 5b) 23 − 7 = 16 ⇒ 16 ÷ 4 = 4 ⇒ 4 + 4 = 8 ⇒ 8 ÷ 4 = 2 ⇒ 2 + 12 = 14 ⇒ 14 ÷ 2 = 7 ⇒ 7 − 1 = 6 ⇒ 6 + 6 = 12 ⇒ 12 ÷ 6 = 2 ⇒ 2 + 12 = 14 ⇒ 14 − 4 = 10 ⇒ 10 ÷ 2 = 5

Zu 5c) 17 + 12 = 29 ⇒ 29 − 25 = 4 ⇒ 4 ÷ 2 = 2 ⇒ 2 + 1 = 3 ⇒ 3 × 7 = 21 ⇒ 21 − 11 = 10 ⇒ 10 − 8 = 2 ⇒ 2 × 5 = 10 ⇒ 10 − 6 = 4 ⇒ 4 × 7 = 28 ⇒ 28 − 7 = 21 ⇒ 21 ÷ 7 = 3

Zu 5d) 2 × 6 = 12 ⇒ 12 + 15 = 27 ⇒ 27 − 20 = 7 ⇒ 7 × 7 = 49 ⇒ 49 − 21 = 28 ⇒ 28 ÷ 7 = 4 ⇒ 4 × 3 = 12 ⇒ 12 + 8 = 20 ⇒ 20 − 16 = 4 ⇒ 4 × 3 = 12 ⇒ 12 − 9 = 3 ⇒ 3 + 13 = 16

Zu 5e) 6 ÷ 2 = 3 ⇒ 3 + 33 = 36 ⇒ 36 ÷ 6 = 6 ⇒ 6 − 2 = 4 ⇒ 4 × 7 = 28 ⇒ 28 − 22 = 6 ⇒ 6 × 2 = 12 ⇒ 12 + 30 = 42 ⇒ 42 ÷ 7 = 6 ⇒ 6 + 5 = 11 ⇒ 11 + 5 = 16 ⇒ 16 ÷ 8 = 2 ⇒ 2 + 19 = 21 ⇒ 21 ÷ 3 = 7

Aufgabenblock 6

Zu 6a) 24 − 21 = 3 ⇒ 3 × 8 = 24 ⇒ 24 + 20 = 44 ⇒ 44 − 41 = 3 ⇒ 3 × 3 = 9 ⇒ 9 + 47 = 56 ⇒ 56 ÷ 7 = 8 ⇒ 8 + 16 = 24 ⇒ 24 ÷ 8 = 3 ⇒ 3 + 34 = 37 ⇒ 37 − 32 = 5 ⇒ 5 × 4 = 20

Zu 6b) 58 − 51 = 7 ⇒ 7 × 7 = 49 ⇒ 49 − 17 = 32 ⇒ 32 ÷ 8 = 4 ⇒ 4 + 4 = 8 ⇒ 8 × 7 = 56 ⇒ 56 − 38 = 18 ⇒ 18 ÷ 3 = 6 ⇒ 6 + 4 = 10 ⇒ 10 ÷ 2 = 5 ⇒ 5 + 18 = 23 ⇒ 23 + 24 = 47

Zu 6c) 48 ÷ 8 = 6 ⇒ 6 + 32 = 38 ⇒ 38 − 29 = 9 ⇒ 9 × 3 = 27 ⇒ 27 − 25 = 2 ⇒ 2 × 6 = 12 ⇒ 12 + 6 = 18 ⇒ 18 ÷ 3 = 6 ⇒ 6 + 19 = 25 ⇒ 25 + 31 = 56 ⇒ 56 ÷ 8 = 7 ⇒ 7 + 63 = 70

Zu 6d) 81 ÷ 9 = 9 ⇒ 9 + 3 = 12 ⇒ 12 ÷ 4 = 3 ⇒ 3 + 1 = 4 ⇒ 4 × 5 = 20 ⇒ 20 + 20 = 40 ⇒ 40 − 32 = 8 ⇒ 8 × 7 = 56 ⇒ 56 − 26 = 30 ⇒ 30 ÷ 6 = 5 ⇒ 5 + 67 = 72 ⇒ 72 ÷ 9 = 8

Zu 6e) 46 + 8 = 54 ⇒ 54 ÷ 6 = 9 ⇒ 9 + 15 = 24 ⇒ 24 ÷ 3 = 8 ⇒ 8 + 12 = 20 ⇒ 20 ÷ 5 = 4 ⇒ 4 + 31 = 35 ⇒ 35 ÷ 5 = 7 ⇒ 7 + 12 = 19 ⇒ 19 + 57 = 76 ⇒ 76 ÷ 4 = 19 ⇒ 19 − 28 = −9

Aufgabenblock 7

Zu 7a) 60 ÷ 6 = 10 ⇒ 10 − 4 = 6 ⇒ 6 × 7 = 42 ⇒ 42 − 39 = 3 ⇒ 3 × 8 = 24 ⇒ 24 − 1 = 23 ⇒ 23 − 18 = 5 ⇒ 5 × 2 = 10 ⇒ 10 + 28 = 38 ⇒ 38 − 33 = 5 ⇒ 5 × 5 = 25 ⇒ 25 − 2 = 23 ⇒ 23 + 37 = 60

Zu 7b) 55 − 30 = 25 ⇒ 25 + 63 = 88 ⇒ 88 − 78 = 10 ⇒ 10 × 7 = 70 ⇒ 70 + 38 = 108 ⇒ 108 ÷ 12 = 9 ⇒ 9 + 32 = 41 ⇒ 41 − 16 = 25 ⇒ 25 ÷ 5 = 5 ⇒ 5 + 29 = 34 ⇒ 34 + 74 = 108 ⇒ 108 ÷ 9 = 12

Zu 7c) 24 ÷ 6 = 4 ⇒ 4 + 56 = 60 ⇒ 60 ÷ 5 = 12 ⇒ 12 + 17 = 29 ⇒ 29 − 18 = 11 ⇒ 11 × 10 = 110 ⇒ 110 − 102 = 8 ⇒ 8 × 10 = 80 ⇒ 80 + 49 = 129 ⇒ 129 − 117 = 12 ⇒ 12 × 12 = 144 ⇒ 144 ÷ 2 = 72 ⇒ 72 ÷ 9 = 8

Zu 7d) 12 × 3 = 36 ⇒ 36 − 29 = 7 ⇒ 7 × 2 = 14 ⇒ 14 + 10 = 24 ⇒ 24 × 3 = 72 ⇒ 72 − 11 = 61 ⇒ 61 − 48 = 13 ⇒ 13 + 46 = 59 ⇒ 59 − 52 = 7 ⇒ 7 × 2 = 14 ⇒ 14 − 12 = 2 ⇒ 2 × 12 = 24 ⇒ 24 + 41 = 65 ⇒ 65 − 53 = 12

Zu 7e) 54 ÷ 9 = 6 ⇒ 6 + 84 = 90 ⇒ 90 ÷ 10 = 9 ⇒ 9 + 12 = 21 ⇒ 21 ÷ 3 = 7 ⇒ 7 × 11 = 77 ⇒ 77 − 5 = 72 ⇒ 72 ÷ 12 = 6 ⇒ 6 ÷ 2 = 3 ⇒ 3 × 25 = 75 ⇒ 75 + 73 = 148 ⇒ 148 ÷ 4 = 37

Aufgabenblock 8

Zu 8a) 127 − 57 = 70 ⇒ 70 ÷ 5 = 14 ⇒ 14 + 212 = 226 ⇒ 226 + 10 = 236 ⇒ 236 − 216 = 20 ⇒ 20 ÷ 4 = 5 ⇒ 5 − 17 = −12 ⇒ −12 + 241 = 229 ⇒ 229 + 20 = 249

Zu 8b) 39 ÷ 3 = 13 ⇒ 13 + 1 = 14 ⇒ 14 × 10 = 140 ⇒ 140 − 137 = 3 ⇒ 3 × 2 = 6 ⇒ 6 × 12 = 72 ⇒ 72 + 63 = 135 ⇒ 135 ÷ 5 = 27

Kapitel 5: Kettenrechnen

Zu 8c) $248 - 216 = 32 \Rightarrow 32 \div 4 = 8 \Rightarrow 8 + 36 = 44 \Rightarrow 44 \div 4 = 11 \Rightarrow 11 - 1 = 10$
$\Rightarrow 10 \times 4 = 40 \Rightarrow 40 + 170 = 210 \Rightarrow 210 \div 14 = 15$

Zu 8d) $14 \times 7 = 98 \Rightarrow 98 - 95 = 3 \Rightarrow 3 \times (-4) = (-12) \Rightarrow (-12) \times (-13) = 156 \Rightarrow$
$156 - 117 = 39 \Rightarrow 39 \div 3 = 13 \Rightarrow 13 \times 15 = 195 \Rightarrow 195 - 10 = 185 \Rightarrow 185 \div 5 = 37$

Zu 8e) $240 + 164 = 404 \Rightarrow 404 + 82 = 486 \Rightarrow 486 - 471 = 15 \Rightarrow 15 \times 12 = 180 \Rightarrow$
$180 - 160 = 20 \Rightarrow 20 \div 10 = 2 \Rightarrow 2 + 94 = 96 \Rightarrow 96 \div 6 = 16 \Rightarrow 16 \div 4 = 4 \Rightarrow 4 \times 35 = 140 \Rightarrow 140 \div 7 = 20$

Aufgabenblock 9

Zu 9a) $859 - 774 = 85 \Rightarrow 85 \div 5 = 17 \Rightarrow 17 + 19 = 36 \Rightarrow 36 \div 3 = 12 \Rightarrow 12 - 1 = 11 \Rightarrow 11 \times 12 = 132 \Rightarrow 132 + 168 = 300 \Rightarrow 300 \div 15 = 20$

Zu 9b) $689 - 657 = 32 \Rightarrow 32 \div 8 = 4 \Rightarrow 4 + 15 = 19 \Rightarrow 19 \times 14 = 266 \Rightarrow 266 + 480 = 746 \Rightarrow 746 - 728 = 18 \Rightarrow 18 \times 10 = 180 \Rightarrow 180 + 908 = 1.088$

Zu 9c) $309 - 301 = 8 \Rightarrow 8 \times 17 = 136 \Rightarrow 136 - 46 = 90 \Rightarrow 90 \div 9 = 10 \Rightarrow 10 + 9 = 19 \Rightarrow 19 \times 7 = 133 \Rightarrow 133 + 866 = 999$

Zu 9d) $114 \div 6 = 19 \Rightarrow 19 + 218 = 237 \Rightarrow 237 - 139 = 98 \Rightarrow 98 \div 14 = 7 \Rightarrow 7 \times 17 = 119 \Rightarrow 119 + 377 = 496 \Rightarrow 496 \div 4 = 124$

Zu 9e) $20 \times 19 = 380 \Rightarrow 380 + 252 = 632 \Rightarrow 632 - 463 = 169 \Rightarrow 169 \div 13 = 13 \Rightarrow 13 + 122 = 135 \Rightarrow 135 \div 15 = 9 \Rightarrow 9 + 51 = 60 \Rightarrow 60 \div (-5) = -12$

Aufgabenblock 10

Zu 10a) $21 \times 18 = 378 \Rightarrow 378 - 314 = 64 \Rightarrow 64 \div 4 = 16 \Rightarrow 16 + 464 = 480 \Rightarrow 480 \div 20 = 24 \Rightarrow 24 - 7 = 17 \Rightarrow 17 \times 7 = 119$

Zu 10b) $1.491 - 1.302 = 189 \Rightarrow 189 \div 21 = 9 \Rightarrow 9 + 1.381 = 1.390 \Rightarrow 1.390 - 1.165 = 225 \Rightarrow 225 \div 9 = 25 \Rightarrow 25 + 1.298 = 1.323 \Rightarrow 1.323 + 2.444 = 3.767 \Rightarrow 3.767 - 2.415 = 1.352$

Zu 10c) $180 \div 12 = 15 \Rightarrow 15 - 67 = (-52) \Rightarrow (-52) \div (-4) = 13 \Rightarrow 13 + 1.252 = 1.265 \Rightarrow 1.265 - 1.259 = 6 \Rightarrow 6 \times 4 = 24 \Rightarrow 24 + 1.077 = 1.101 \Rightarrow 1.101 - 923 = 178$

Zu 10d) $440 \div 22 = 20 \Rightarrow 20 + 25 = 45 \Rightarrow 45 \div 5 = 9 \Rightarrow 9 + 343 = 352 \Rightarrow 352 \div 22 = 16 \Rightarrow 16 + 5 = 21 \Rightarrow 21 \div 3 = 7 \Rightarrow 7 + 1.328 = 1.335$

Zu 10e) $23 \times 17 = 391 \Rightarrow 391 - 1.554 = (-1.163) \Rightarrow -1.163 + 1.766 = 603 \Rightarrow 603 - 578 = 25 \Rightarrow 25 \times 7 = 175 \Rightarrow 175 + 1.186 = 1.361 \Rightarrow 1.361 + 1.267 = 2.628 \Rightarrow 2.628 \div 2 = 1.314 \Rightarrow 1.314 \div (-3) = -438$

Kapitel 6: Bruchrechnen

Brüche sind aus dem Alltag nicht wegzudenken: Man wartet eine Viertelstunde auf den Bus, kauft einen halben Liter Wasser oder teilt eine Pizza in Achtel – und schon beschäftigt man sich mit Bruchrechnungen. Durch das Bilden von Brüchen lassen sich alle Zahlen teilen, auch solche, die kein Vielfaches einer ganzen Zahl sind.

Darstellung und Definition

Brüche werden durch zwei übereinander stehende, durch einen Bruchstrich getrennte Zahlen dargestellt. Die obere Zahl entspricht dem Dividenden der Division und wird **Zähler** genannt. Die untere Zahl entspricht dem Divisor und heißt **Nenner**. Der Nenner „nennt" die Anzahl der gleich großen Stücke, in die ein Ganzes zerteilt wurde. Der Zähler „zählt", wie viele dieser Teile im vorliegenden Fall gemeint sind. Ein Beispiel: ⅚ von 42 bedeutet, dass die Zahl 42 in 6 Stücke geteilt wurde, von denen 5 zu betrachten sind. Jedes Stück hat den Wert 7 (42 ÷ 6 = 7), 5 Stücke ergeben demnach den Wert 35 (5 × 7 = 35). Die Rechnung lautet: 42 × ⅚ = 35.

Wenn der Zähler kleiner ist als der Nenner, ist der Wert des Bruchs kleiner als 1 und es handelt sich um einen **echten Bruch**. Sind Zähler und Nenner identisch (4/4), hat man alle Teile eines Ganzen vor sich – der Wert des Bruchs ist 1. Solche Brüche nennt man auch **Scheinbrüche**. Ist der Zähler größer als der Nenner, spricht man von einem **unechten Bruch,** der als ganze Zahl (8/4 = 2) oder als gemischter Bruch (15/4 = 3¾) dargestellt werden kann.

> **Zwei Kernaussagen zum Umgang mit Brüchen**
> ¬ Brüche entstehen durch das Teilen einer ganzen Zahl in beliebig viele Teile.
> ¬ Der Bruchstrich ist eine andere Darstellung des Divisionszeichens und wirkt wie eine Klammer. Schreibt man den Bruch in eine „normale" Division um, ist diese vorrangig zu berechnen: 8 ÷ ½ = 8 ÷ (1 ÷ 2).

Tragen Zähler oder Nenner ein negatives Vorzeichen, zieht man es gewöhnlich vor den Bruch: Man schreibt $-5/6$, nicht $-5/6$ oder $5/-6$. Sind Zähler und Nenner negativ, entsteht ein positiver Bruch („minus durch minus gleich plus", vgl. Kap. 4).

Brüche erweitern und kürzen

Die Stücke, in die ein Ganzes aufgeteilt wurde, lassen sich immer weiter aufteilen: Dadurch werden die Einzelteile kleiner, während ihre Anzahl steigt. Aus einem Viertelstück Pizza können Sie zum Beispiel zwei Achtelstücke machen. In der Mathematik nennt man diesen Vorgang **Brüche erweitern**.

- Erweiterungsregel

Der Wert eines Bruchs bleibt unverändert, wenn Zähler und Nenner mit derselben Zahl multipliziert werden.

$$\frac{a}{b} = \frac{a \times c}{b \times c} \quad (\text{für } c \neq 0)$$

Für ein und denselben Bruch gibt es somit unendliche viele Darstellungsmöglichkeiten.

Beispiel

$\dfrac{1}{2} = \dfrac{2}{4} = \dfrac{4}{8} = \dfrac{8}{16}$ (Bei jedem Schritt Erweiterung mit dem Faktor 2)

Das Prinzip funktioniert natürlich auch in umgekehrter Richtung: Indem Sie einen **Bruch kürzen**, verringern Sie die Anzahl der einzelnen Stücke und vergrößern deren Wert.

- Kürzungsregel

Der Wert eines Bruchs bleibt unverändert, wenn Zähler und Nenner durch dieselbe Zahl dividiert werden. Ein Bruch kann nur gekürzt werden, wenn Zähler und Nenner durch die gleiche Zahl teilbar sind.

$$\frac{a \times c}{b \times c} = \frac{a}{b} \quad (\text{für } c \neq 0)$$

Anders als beim Erweitern kann man einen Bruch nicht unendlich weit kürzen: Wenn es für Zähler und Nenner keinen gemeinsamen Teiler mehr gibt, der größer ist als 1, gilt der Bruch als vollständig gekürzt.

Beispiel

$$\frac{18}{27} = \frac{6}{9} = \frac{2}{3}$$

(Bei jedem Schritt Kürzung um den Faktor 3, am Ende vollständig gekürzt)

Der größte gemeinsame Teiler (ggT)

Um einen Bruch in einem Schritt vollständig zu kürzen, teilt man Zähler und Nenner durch ihren größten gemeinsamen Teiler (ggT). Wer direkt durch den ggT dividiert, spart sich Rechenwege und kann den Bruch am schnellsten einordnen. Für einfache Brüche wie $^{18}/_{27}$ ist der ggT (9) leicht zu erkennen. In schwierigeren Fällen finden Sie den ggT zuverlässig durch eine **Primfaktorzerlegung:** Dabei zerlegen Sie Zähler und Nenner in Faktoren, die Primzahlen sind und sich nicht mehr weiter teilen lassen.

Beispiel

Wie lautet der ggT von $\frac{144}{180}$?

Primfaktorzerlegung Zähler: $144 = 2 \times 72 = 2 \times 2 \times 36 = 2 \times 2 \times 2 \times 18 = 2 \times 2 \times 2 \times 2 \times 3 \times 3$

Primfaktorzerlegung Nenner: $180 = 2 \times 90 = 2 \times 9 \times 10 = 2 \times 3 \times 3 \times 2 \times 5$

Nun suchen Sie die gemeinsamen Faktoren und multiplizieren diese – das Produkt ist der ggT. Danach lässt sich der Bruch mühelos vollständig kürzen.

ggT: $2 \times 2 \times 3 \times 3 = 36$

Zähler kürzen: $144 \div 36 = 4$; Nenner kürzen: $180 \div 36 = 5$

Vollständig gekürzter Bruch: $\frac{144}{180} = \frac{4}{5}$

Alternativ können Sie die Primfaktoren direkt in den Bruch schreiben und gegeneinander ausstreichen. Dadurch entfallen die gemeinsamen Primfaktoren 2, 2, 3 und 3. Im Zähler bleiben die Faktoren 2 und 2 übrig, im Nenner der Faktor 5.

$$\frac{144}{180} = \frac{2\times2\times2\times2\times3\times3}{2\times2\times3\times3\times5} = \frac{\cancel{2}\times\cancel{2}\times2\times2\times\cancel{3}\times\cancel{3}}{\cancel{2}\times\cancel{2}\times\cancel{3}\times\cancel{3}\times5} = \frac{2\times2}{5} = \frac{4}{5}$$

> **Primzahlen**
>
> Zur Erinnerung: Primzahlen sind natürliche Zahlen, die größer sind als 1 und genau zwei Teiler haben, nämlich die 1 und sich selbst. Die Liste der Primzahlen bis 100: 2, 3, 5, 7, 11, 13, 17, 19, 23, 29, 31, 37, 41, 43, 47, 53, 59, 61, 67, 71, 73, 79, 83, 89, 97.

- **Teilbarkeitsregeln**

Für die Primfaktorzerlegung ist es wichtig, die Teilbarkeit von Zähler und Nenner schnell zu erkennen. Dabei helfen die folgenden Teilbarkeitsregeln.

Eine Zahl ist teilbar durch …

¬ 2, wenn sie gerade ist, also auf 2, 4, 6, 8 oder 0 endet.

¬ 3, wenn ihre Quersumme (= Summe aller Ziffern) durch 3 teilbar ist.

¬ 4, wenn ihre letzten beiden Ziffern einen durch 4 teilbaren Wert darstellen oder 00 lauten.

¬ 5, wenn ihre letzte Ziffer 5 oder 0 lautet.

¬ 6, wenn sie durch 2 und 3 teilbar ist.

¬ 8, wenn ihre letzten 3 Stellen einen durch 8 teilbaren Wert darstellen oder 000 lauten.

¬ 9, wenn ihre Quersumme durch 9 teilbar ist.

¬ 10, wenn ihre letzte Ziffer eine 0 ist.

¬ 12, wenn sie durch 3 und 4 teilbar ist.

¬ 15, wenn sie durch 3 und 5 teilbar ist.

¬ 18, wenn sie durch 2 und 9 teilbar ist.

¬ 20, wenn ihre letzte Ziffer eine 0 und die vorletzte eine gerade Zahl ist.

¬ 24, wenn sie durch 3 und 8 teilbar ist.

¬ 25, wenn ihre letzten beiden Ziffern einen durch 25 teilbaren Wert darstellen oder 00 lauten.

Nicht für alle Zahlen gibt es einfache Teilbarkeitsregeln. Ein Tipp für schwierigere Werte: Subtrahieren Sie von der zu überprüfenden Zahl möglichst große und einfache Vielfache des Teilers – wenn nötig, in mehreren Schritten.

Beispiel

Ist 789.236 durch 7 teilbar?

Schritt 1: 789.236 − 700.000 = 89.236

Schritt 2: 89.236 − 70.000 = 19.236

Schritt 3: 19.236 − 14.000 = 5.236

Schritt 4: 5.236 − 4.900 = 336

Schritt 5: 336 − 280 = 56

Da sich die verbleibende 56 ohne Rest durch 7 teilen lässt (7 × 8), muss 789.236 durch 7 teilbar sein. So haben Sie in fünf relativ einfachen Schritten die Teilbarkeit durch 7 geklärt.

Das kleinste gemeinsame Vielfache (kgV)

Wer Brüche addieren oder subtrahieren will, muss sie zuvor auf einen gemeinsamen Nenner bringen. Dafür gibt es eine simple „Holzhammermethode": Der erste Bruch wird mit dem Nenner des zweiten erweitert und umgekehrt. Allerdings erhalten Sie dann häufig unnötig große Brüche, die die Rechnung erschweren und das Fehlerrisiko erhöhen.

Beispiel

$$\frac{4}{9} + \frac{7}{12} = \frac{12 \times 4}{12 \times 9} + \frac{9 \times 7}{9 \times 12} = \frac{48}{108} + \frac{63}{108} = \frac{111}{108} = 1\frac{3}{108}$$

Dass diese Rechnung umständlich ist, erkennen Sie daran, dass sie das Ergebnis sofort wieder kürzen können: Zähler und Nenner sind durch 3 teilbar.

Besser ist es, Sie erweitern die Nenner auf ihr kleinstes gemeinsames Vielfaches, kurz kgV (den **Hauptnenner**). Bei kleineren Zahlen lässt sich das kgV oft schnell erkennen.

Beispiel

$$\frac{1}{4}+\frac{1}{6}=\frac{1\times 3}{4\times 3}+\frac{1\times 2}{6\times 2}=\frac{3}{12}+\frac{2}{12}=\frac{5}{12}$$

Geht man die Vielfachen von 4 (8, 12 …) und von 6 (12 …) im Kopf durch, zeigt sich sofort, dass das kleinste gemeinsame Vielfache die Zahl 12 ist.

Bei größeren Zahlen müssen Sie das kgV jedoch systematisch errechnen – mithilfe der bereits beim ggT beschriebenen Primfaktorzerlegung.

Beispiel

$$\frac{1}{6}+\frac{1}{8}=?$$

Zuerst zerlegen Sie die Nenner in ihre Primfaktoren: 6 = 2 × 3; 8 = 2 × 2 × 2. Das kgV erhalten Sie, indem Sie alle Primfaktoren miteinander multiplizieren, wobei gemeinsame Primfaktoren – im Beispiel der Faktor 2 – nur einmal verwendet werden. Der kgV von 6 und 8 lautet also 2 × 3 × 2 × 2 = 24. Nun bringen Sie jeden Bruch auf diesen gemeinsamen Nenner, indem Sie Zähler und Nenner entsprechend erweitern.

$$\frac{1}{6}+\frac{1}{8}=\frac{1\times 4}{6\times 4}+\frac{1\times 3}{8\times 3}=\frac{4}{24}+\frac{3}{24}=\frac{7}{24}$$

Eine alternative Methode: Streichen Sie die gemeinsamen Primfaktoren aus und erweitern Sie jeden Bruch mit den übrig gebliebenen Primfaktoren des fremden Nenners.

$$\frac{1}{6}+\frac{1}{8}=\frac{1}{2\times 3}+\frac{1}{2\times 2\times 2}=\frac{1\times 2\times 2}{2\times 3\times 2\times 2}+\frac{1\times 3}{2\times 2\times 2\times 3}=\frac{4}{24}+\frac{3}{24}=\frac{7}{24}$$

Rechnen mit Brüchen

- **Addition**

Bringen Sie die Brüche auf den gleichen Nenner und zählen Sie die Zähler zusammen. Wird ein Bruch zu einer ganzen Zahl addiert, kann das Ergebnis als gemischter Bruch notiert werden.

Beispiele

$$\frac{1}{2}+\frac{1}{3}=\frac{1\times 3}{2\times 3}+\frac{1\times 2}{3\times 2}=\frac{3}{6}+\frac{2}{6}=\frac{5}{6}$$

$$5+\frac{3}{5}=5\frac{3}{5}$$

- **Subtraktion**

Bringen Sie die Brüche auf den gleichen Nenner und ziehen Sie den Zähler des Subtrahenden vom Zähler des Minuenden ab. Wird ein Bruch von einer ganzen Zahl subtrahiert, muss diese zunächst in einen – eventuell gemischten – Bruch mit gleichnamigem Hauptnenner umgewandelt werden.

Beispiele

$$\frac{1}{3}-\frac{1}{5}=\frac{1\times 5}{3\times 5}-\frac{1\times 3}{5\times 3}=\frac{5}{15}-\frac{3}{15}=\frac{2}{15}$$

$$5-\frac{3}{4}=\frac{20}{4}-\frac{3}{4}=\frac{17}{4}=4\frac{1}{4} \text{ oder (gemischt) } 5-\frac{3}{4}=4\frac{4}{4}-\frac{3}{4}=4\frac{4-3}{4}=4\frac{1}{4}$$

- **Multiplikation**

Bei der Multiplikation zweier Brüche nimmt man Zähler mit Zähler und Nenner mit Nenner mal. Multipliziert man einen Bruch mit einer ganzen Zahl, nimmt man den Zähler mit der ganzen Zahl mal und behält den Nenner bei.

Beispiele

$$\frac{6}{2}\times\frac{3}{4}=\frac{6\times 3}{2\times 4}=\frac{18}{8}=\frac{9}{4}=2\frac{1}{4}$$

$$3\times\frac{3}{4}=\frac{3\times 3}{4}=\frac{9}{4}=2\frac{1}{4}$$

- **Division**

Teilt man einen Bruch oder eine ganze Zahl durch einen Bruch, wird der unveränderte Dividend mit dem Kehrwert des Divisor-Bruchs multipliziert. Den Kehrwert erhält man durch einen Platztausch von Zähler und Nenner: Aus ⅔ wird 3/2. Teilt man einen Bruch durch eine ganze Zahl, wird der Nenner mit der ganzen Zahl multipliziert und der Zähler beibehalten.

Beispiele

$$\frac{4}{7} \div \frac{3}{5} = \frac{4}{7} \times \frac{5}{3} = \frac{20}{21}$$

$$8 \div \frac{2}{9} = 8 \times \frac{9}{2} = \frac{72}{2} = 36$$

$$\frac{2}{5} \div 3 = \frac{2}{5} \times \frac{1}{3} = \frac{2}{15}$$

Eine Division zweier Brücher kann auch als **Doppelbruch** dargestellt werden: $\frac{4}{7} \div \frac{3}{5}$ ist das Gleiche wie $\frac{\frac{4}{7}}{\frac{3}{5}}$.

> **Tipp**
> Prüfen Sie am Anfang einer Rechnung, ob sich Brüche vereinfachen (kürzen, streichen, in ganze Zahlen umwandeln) lassen. Damit erleichtern Sie sich alle folgenden Rechenschritte.

- Kommazahlen

Da der Bruchstrich ein Divisionszeichen ersetzt, kann man jeden Bruch als Division begreifen: Der Zähler wird durch den Nenner geteilt. Wenn der Zähler kein Vielfaches des Nenners ist, entsteht im Ergebnis eine Kommazahl.

Beispiele

$$\frac{1}{2} = 1{,}0 \div 2 = 0{,}5$$

$$\frac{3}{4} = 3 \div 4 = 0{,}75$$

- Dezimalbrüche

Ein Bruch, dessen Nenner 10 oder ein Vielfaches davon lautet, heißt Dezimalbruch (aus dem Lateinischen „decem" für 10). Dezimalbrüche lassen sich ohne Rechenaufwand direkt als Kommazahl schreiben.

Beispiele

$$\frac{5}{10} = 0{,}5; \quad \frac{4}{100} = 0{,}04; \quad \frac{8}{1.000} = 0{,}008; \quad \frac{75}{100} = 0{,}75; \quad \frac{123}{1.000} = 0{,}123$$

Der Begriff Dezimalbruch sorgt oft für Verwirrung: Im weiteren Sinne bezeichnet er nämlich auch solche Brüche, die sich nicht als Bruch mit einer Zehnerpotenz im Nenner schreiben lassen (z. B. ³⁄₁₆). Ein Spezialfall davon ist der **unendliche Dezimalbruch**, das heißt ein Bruch mit einer unendlichen Anzahl an Nachkommastellen. Oft handelt es sich dabei um einen **periodischen Dezimalbruch**. Periodisch bedeutet: Ab einer bestimmten Stelle hinter dem Komma wiederholt sich eine Zahl oder Zahlenfolge unendlich oft. Die periodische Abfolge wird durch einen Querstrich über dem sich wiederholenden Ausdruck verdeutlicht.

Beispiele

$$\frac{1}{3} = 1 \div 3 = 0{,}3333333333\ldots = 0{,}\overline{3} \quad \text{(sprich „Null Komma Periode Drei")}$$

$$\frac{1}{6} = 1 \div 6 = 0{,}1666666666\ldots = 0{,}1\overline{6} \quad \text{(sprich „Null Komma Eins Periode Sechs")}$$

Im Alltagsgebrauch und für Überschlagsrechnungen werden periodische Dezimalzahlen oft gerundet: $0{,}\overline{3} \approx 0{,}33$.

Dezimalzahlen lassen sich auch wieder in Brüche umschreiben: Die erste Nachkommastelle entspricht einer Zehntelstelle, die zweite einer Hundertstelstelle usw. Bei periodischen Dezimalzahlen kommt die Periode in den Zähler und der Nenner besteht aus so vielen Neunen, wie die Periode Stellen hat. Wenn die Periode nicht direkt nach dem Komma beginnt, muss umgeformt werden.

Beispiele

$$0{,}2 = \frac{2}{10} = \frac{1}{5}$$

$$0{,}002 = \frac{2}{100} = \frac{1}{50}$$

$$0{,}\overline{35} = \frac{35}{99}$$

$$0{,}8\overline{3} = 8{,}\overline{3} \div 10 = 8\frac{3}{9} \div 10 = \frac{75}{9} \times \frac{1}{10} = \frac{25}{3} \times \frac{1}{10} = \frac{5}{6}$$

> **Häufige Brüche**
> Diese häufig vorkommenden Brüche und Ihre dezimalen Schreibweisen sollten Sie auswendig können: ½ = 0,5; ⅓ = $0,\bar{3}$; ¼ = 0,25; ⅕ = 0,2; ⅛ = 0,125; ⅒ = 0,1; 2/4 = 0,5; ¾ = 0,75.

Die Rechenaufgaben

Lösen Sie die folgenden Aufgaben ohne Taschenrechner. Geben Sie – wenn nicht anders vermerkt – als Ergebnis immer vollständig gekürzte oder gemischte Brüche an.

Wandeln Sie die unechten Brüche und Scheinbrüche in gemischte Brüche oder ganze Zahlen um.

1a) $\dfrac{24}{4} =$

1b) $\dfrac{156}{13} =$

1c) $\dfrac{18}{12} =$

1d) $\dfrac{96}{30} =$

1e) $\dfrac{208}{80} =$

Wandeln Sie die gemischten Brüche in unechte Brüche um.

2a) $2\dfrac{4}{5} =$

2b) $7\dfrac{3}{4} =$

2c) $21\dfrac{2}{3} =$

2d) $13\dfrac{7}{8} =$

2e) $19\dfrac{2}{9} =$

Wie viel ist …

3a) $\frac{1}{4}$ von 24?

3b) $\frac{3}{4}$ von 24?

3c) $\frac{5}{8}$ von 16?

3d) $\frac{4}{6}$ von 48?

3e) $\frac{6}{9}$ von 72?

Ergänzen Sie den fehlenden Zähler.

4a) $\frac{\square}{2}$ von 24 = 12

4b) $\frac{\square}{3}$ von 18 = 12

4c) $\frac{\square}{4}$ von 16 = 12

4d) $\frac{\square}{5}$ von 30 = 12

4e) $\frac{\square}{6}$ von 36 = 12

Ergänzen Sie den fehlenden Nenner.

5a) $\frac{1}{\square}$ von 15 = 3

5b) $\frac{1}{\square}$ von 32 = 8

5c) $\frac{1}{\square}$ von 9 = 9

5d) $\frac{2}{\square}$ von 40 = 20

5e) $\frac{7}{\square}$ von 64 = 56

Erweitern Sie die Brüche.

6a) $\frac{1}{5}$ mit 5

6b) $\frac{8}{9}$ mit 3

6c) $\frac{4}{7}$ mit 6

6d) $\frac{12}{13}$ mit 8

6e) $\frac{123}{125}$ mit 7

Ergänzen Sie die fehlende Zahl.

7a) $\dfrac{4}{5} = \dfrac{12}{\Box}$

7b) $\dfrac{3}{7} = \dfrac{\Box}{49}$

7c) $\dfrac{11}{13} = \dfrac{99}{\Box}$

7d) $\dfrac{17}{19} = \dfrac{\Box}{114}$

7e) $\dfrac{4}{9} = \dfrac{72}{\Box}$

Kürzen Sie die Brüche.

8a) $\dfrac{16}{20}$ mit 4

8b) $\dfrac{63}{77}$ mit 7

8c) $\dfrac{84}{90}$ mit 6

8d) $\dfrac{184}{207}$ mit 23

8e) $\dfrac{300}{450}$ vollständig

Führen Sie eine Primfaktorzerlegung durch bei:

9a) 72

9b) 297

9c) 1.386

9d) 10.500

9e) 46.189

Bestimmen Sie das kleinste gemeinsame Vielfache (kgV) von:

10a) 8 und 6

10b) 56 und 84

10c) 32 und 128

10d) 304 und 342

10e) 357 und 715

Bestimmen Sie den größten gemeinsamen Teiler (ggT) von:

11a) $\dfrac{28}{63}$

11b) $\dfrac{12}{980}$

11c) $\dfrac{156}{364}$

11d) $\dfrac{468}{324}$

11e) $\dfrac{920}{2.208}$

Berechnen Sie:

12a) $2\frac{1}{8}+6=$

12b) $4\frac{2}{3}+7=$

12c) $17\frac{1}{9}-5=$

12d) $23\frac{3}{4}+2-8=$

12e) $13+6\frac{2}{5}-4=$

13a) $2\frac{1}{4}+1\frac{1}{4}=$

13b) $3\frac{1}{18}+6\frac{1}{18}=$

13c) $7\frac{2}{3}-5\frac{1}{3}=$

13d) $4\frac{3}{11}+7\frac{5}{11}-2\frac{6}{11}=$

13e) $12\frac{13}{17}-6\frac{1}{17}+3\frac{5}{17}=$

14a) $\frac{1}{5}+\frac{1}{6}=$

14b) $\frac{2}{3}+\frac{3}{7}=$

14c) $\frac{5}{8}+\frac{5}{9}=$

14d) $\frac{3}{7}+6+\frac{2}{3}=$

14e) $\frac{3}{4}+\frac{1}{12}+2+\frac{5}{3}+\frac{12}{4}=$

15a) $3-\frac{2}{7}=$

15b) $\frac{4}{9}-1=$

15c) $\frac{4}{11}-\frac{1}{9}=$

15d) $5-\frac{2}{3}-\frac{1}{8}=$

15e) $2-\frac{1}{6}-\frac{2}{3}-\frac{7}{2}=$

16a) $3 \times \dfrac{4}{7} =$

16b) $14 \times \dfrac{8}{9} =$

16c) $\dfrac{4}{5} \times \dfrac{3}{4} =$

16d) $\dfrac{5}{7} \times 6 \times \dfrac{2}{9} =$

16e) $\dfrac{1}{4} \times \dfrac{2}{3} \times 4 \times \dfrac{10}{5} \times \dfrac{3}{2} =$

17a) $\dfrac{2}{7} \div 2 =$

17b) $8 \div \dfrac{1}{6} =$

17c) $\dfrac{3}{5} \div \dfrac{1}{4} =$

17d) $\dfrac{11}{13} \div \dfrac{6}{7} =$

17e) $\dfrac{5}{6} \div 15 \div \dfrac{10}{9} =$

18a) $\dfrac{\frac{2}{5}}{\frac{3}{4}} =$

18b) $\dfrac{\frac{3}{8}}{\frac{1}{4}} =$

18c) $\dfrac{9}{\frac{5}{13}} =$

18d) $\dfrac{\frac{11}{17}}{22} =$

18e) $\dfrac{\frac{6}{8} \div \frac{3}{12}}{9} \div \dfrac{6}{\frac{9}{6}} =$

19a) $\dfrac{6}{8} \times \dfrac{1}{3} + \dfrac{5}{6} =$

19b) $\dfrac{21}{14} + \dfrac{5}{9} \div \dfrac{3}{7} =$

19c) $\dfrac{2}{6} - 5 \times \dfrac{3}{10} + 1 =$

19d) $\dfrac{1}{3} + \dfrac{3}{8} \div \dfrac{3}{4} - \dfrac{1}{2} \times 3 =$

19e) $\dfrac{1}{12} - \dfrac{1}{6} \div \dfrac{2}{9} \times 2 + 3 \dfrac{1}{2} =$

Kapitel 6: Bruchrechnen

20a) $\dfrac{13}{15} + (-2) \div \dfrac{1}{5} =$

20b) $-\dfrac{4}{5} \times (-2) \div \dfrac{12}{13} =$

20c) $\dfrac{17}{21} + 2 - \left(-\dfrac{5}{7}\right) + 3 \div \left(-\dfrac{7}{9}\right) =$

20d) $\dfrac{11}{19} \div 2 - (-3) \times \left(-\dfrac{1}{9}\right) + 6 =$

20e) $1.029 \times \dfrac{7}{343} - \dfrac{3}{49} \div \dfrac{1}{7} \div \left(-\dfrac{1}{7}\right) =$

21a) $\left(\dfrac{2}{3} + \dfrac{1}{3}\right) \times 3 - \dfrac{6}{9} \div 12 =$

21b) $\left(2 - \dfrac{1}{2}\right) \div \dfrac{3}{4} + \left[-2 \times \left(\dfrac{2}{5} + \dfrac{1}{10}\right)\right] =$

21c) $\dfrac{\frac{3}{4}}{\frac{3}{4}} - \left(2 + 3 \times \dfrac{1}{4}\right) \div 2 =$

21d) $-\dfrac{5}{6} \times \left(1 + \dfrac{\frac{5}{8}}{5}\right) \div \left[\dfrac{1}{2} + (-5)\right] =$

21e) $\dfrac{1}{64} \div \dfrac{7}{8} + \left[\dfrac{3}{4} - (-3) + \dfrac{1}{2}\right] \div \dfrac{\frac{5}{24}}{\frac{6}{32}} =$

Ergänzen Sie die fehlenden Operatoren.

22a) $\dfrac{1}{3} \square \dfrac{3}{5} = \dfrac{14}{15}$

22b) $\dfrac{1}{2} \square \dfrac{3}{5} = -\dfrac{1}{10}$

22c) $\dfrac{3}{4} \square \dfrac{1}{3} = \dfrac{3}{12}$

22d) $\dfrac{1}{4} \square 2 = \dfrac{1}{8}$

22e) $\dfrac{2}{3} + 3 \square 2 = 1\dfrac{2}{3}$

Rechnen Sie die Brüche in Dezimalzahlen um.

23a) $\dfrac{4}{5} =$

23b) $\dfrac{15}{16} =$

23c) $-\dfrac{18}{16} =$

23d) $\dfrac{13}{15} =$

23e) $-\dfrac{19}{7} =$

Wandeln Sie die Kommazahlen in Brüche um.

24a) $0{,}25 =$

24b) $0{,}135 =$

24c) $3{,}5 =$

24d) $12{,}648 =$

24e) $0{,}\overline{42} =$

Geben Sie die Ergebnisse als (gemischte) Brüche an:

25a) $0{,}2 \times \dfrac{1}{3} =$

25b) $\dfrac{2}{5} \div 0{,}7 =$

25c) $\left(3 + \dfrac{2}{3}\right) \times 0{,}8 - \dfrac{1}{5} =$

25d) $\dfrac{0{,}2}{0{,}3} =$

25e) $4 \times \dfrac{0{,}6}{3} - \left(-\dfrac{15}{18}\right) \div (-0{,}12) =$

Lösungen

1 a) 6   b) 12   c) $1\frac{1}{2}$ d) $3\frac{1}{5}$ e) $2\frac{3}{5}$

2 a) $\frac{14}{5}$ b) $\frac{31}{4}$ c) $\frac{65}{3}$ d) $\frac{111}{8}$ e) $\frac{173}{9}$

3 a) 6   b) 18   c) 10   d) 32   e) 48

4 a) ☐ = 1   b) ☐ = 2   c) ☐ = 3   d) ☐ = 2   e) ☐ = 2

5 a) ☐ = 5   b) ☐ = 4   c) ☐ = 1   d) ☐ = 4   e) ☐ = 8

6 a) $\frac{5}{25}$ b) $\frac{24}{27}$ c) $\frac{24}{42}$ d) $\frac{96}{104}$ e) $\frac{861}{875}$

7 a) ☐ = 15   b) ☐ = 21   c) ☐ = 117   d) ☐ = 102   e) ☐ = 162

8 a) $\frac{4}{5}$ b) $\frac{9}{11}$ c) $\frac{14}{15}$ d) $\frac{8}{9}$ e) $\frac{2}{3}$

9 a) $2 \times 2 \times 2 \times 3 \times 3$ b) $3 \times 3 \times 3 \times 11$ c) $2 \times 3 \times 3 \times 7 \times 11$
   d) $2 \times 2 \times 3 \times 5 \times 5 \times 5 \times 7$ e) $11 \times 13 \times 17 \times 19$

10 a) 24   b) 168   c) 128   d) 2.736   e) 255.255

11 a) 7   b) 4   c) 52   d) 36   e) 184

12 a) $8\frac{1}{8}$ b) $11\frac{2}{3}$ c) $12\frac{1}{9}$ d) $17\frac{3}{4}$ e) $15\frac{2}{5}$

13 a) $3\frac{1}{2}$ b) $9\frac{1}{9}$ c) $2\frac{1}{3}$ d) $9\frac{2}{11}$ e) 10

14 a) $\frac{11}{30}$ b) $1\frac{2}{21}$ c) $1\frac{13}{72}$ d) $7\frac{2}{21}$ e) $7\frac{1}{2}$

Lösungen

15 a) $2\frac{5}{7}$ b) $-\frac{5}{9}$ c) $\frac{25}{99}$ d) $4\frac{5}{24}$ e) $-2\frac{1}{3}$

16 a) $1\frac{5}{7}$ b) $12\frac{4}{9}$ c) $\frac{3}{5}$ d) $\frac{20}{21}$ e) 2

17 a) $\frac{1}{7}$ b) 48   c) $2\frac{2}{5}$ d) $\frac{77}{78}$ e) $\frac{1}{20}$

18 a) $\frac{8}{15}$ b) $1\frac{1}{2}$ c) $23\frac{2}{5}$ d) $\frac{1}{34}$ e) $\frac{1}{96}$

19 a) $1\frac{1}{12}$ b) $2\frac{43}{54}$ c) $-\frac{1}{6}$ d) $-\frac{2}{3}$ e) $1\frac{1}{12}$

20 a) $-9\frac{2}{15}$ b) $1\frac{11}{15}$ c) $-\frac{1}{3}$ d) $5\frac{109}{114}$ e) 24

21 a) $2\frac{17}{18}$ b) 1   c) $-\frac{3}{8}$ d) $\frac{5}{24}$ e) $3\frac{59}{70}$

22 a) $\square = +$ b) $\square = -$ c) $\square = \times$ d) $\square = \div$ e) $\square = -$

23 a) 0,8   b) 0,9375   c) $-1,125$ d) $0,8\overline{6}$ e) $-2,\overline{714285}$

24 a) $\frac{1}{4}$ b) $\frac{27}{200}$ c) $3\frac{1}{2}$ d) $12\frac{81}{125}$ e) $\frac{14}{33}$

25 a) $\frac{1}{15}$ b) $\frac{4}{7}$ c) $2\frac{11}{15}$ d) $\frac{2}{3}$ e) $-6\frac{13}{90}$

Aufgabenblock 1

Zu 1a) $\dfrac{24}{4} = 24 \div 4 = 6$

Zu 1b) $\dfrac{156}{13} = 156 \div 13 = 12$

Zu 1c) $\dfrac{18}{12} = \dfrac{3}{2} = 1\dfrac{1}{2}$

Zu 1d) $\dfrac{96}{30} = 3\dfrac{6}{30} = 3\dfrac{1}{5}$

Zu 1e) $\dfrac{208}{80} = 2\dfrac{48}{80} = 2\dfrac{3}{5}$

Aufgabenblock 2

Zu 2a) $2\dfrac{4}{5} = \dfrac{10}{5} + \dfrac{4}{5} = \dfrac{14}{5}$

Zu 2b) $7\dfrac{3}{4} = \dfrac{28}{4} + \dfrac{3}{4} = \dfrac{31}{4}$

Zu 2c) $21\dfrac{2}{3} = \dfrac{63}{3} + \dfrac{2}{3} = \dfrac{65}{3}$

Zu 2d) $13\dfrac{7}{8} = \dfrac{104}{8} + \dfrac{7}{8} = \dfrac{111}{8}$

Zu 2e) $19\dfrac{2}{9} = \dfrac{171}{9} + \dfrac{2}{9} = \dfrac{173}{9}$

Aufgabenblock 3

Zu 3a) $\dfrac{1}{4}$ von $24 = \dfrac{1}{4} \times 24 = \dfrac{24}{4} = 6$

Zu 3b) $\dfrac{3}{4}$ von $24 = \dfrac{3}{4} \times 24 = 3 \times \dfrac{24}{4} = 3 \times 6 = 18$

Lösungen

Zu 3c) $\dfrac{5}{8}$ von 16 = $\dfrac{5}{8} \times 16 = 5 \times \dfrac{16}{8} = 5 \times 2 = 10$

Zu 3d) $\dfrac{4}{6}$ von 48 = $\dfrac{4}{6} \times 48 = 4 \times \dfrac{48}{6} = 4 \times 8 = 32$

Zu 3e) $\dfrac{6}{9}$ von 72 = $\dfrac{6}{9} \times 72 = 6 \times \dfrac{72}{9} = 6 \times 8 = 48$

Aufgabenblock 4

Zu 4a) $\dfrac{\Box}{2}$ von 24 = 12 $\Rightarrow \Box \times \dfrac{24}{2} = 12 \Rightarrow \Box \times 12 = 12 \Rightarrow \Box = 12 \div 12 = 1$

Zu 4b) $\dfrac{\Box}{3}$ von 18 = 12 $\Rightarrow \Box \times \dfrac{18}{3} = 12 \Rightarrow \Box \times 6 = 12 \Rightarrow \Box = 12 \div 6 = 2$

Zu 4c) $\dfrac{\Box}{4}$ von 16 = 12 $\Rightarrow \Box \times \dfrac{16}{4} = 12 \Rightarrow \Box \times 4 = 12 \Rightarrow \Box = 12 \div 4 = 3$

Zu 4d) $\dfrac{\Box}{5}$ von 30 = 12 $\Rightarrow \Box \times \dfrac{30}{5} = 12 \Rightarrow \Box \times 6 = 12 \Rightarrow \Box = 12 \div 6 = 2$

Zu 4e) $\dfrac{\Box}{6}$ von 36 = 12 $\Rightarrow \Box \times \dfrac{36}{6} = 12 \Rightarrow \Box \times 6 = 12 \Rightarrow \Box = 12 \div 6 = 2$

Aufgabenblock 5

Zu 5a) $\dfrac{1}{\Box}$ von 15 = 3 $\Rightarrow \dfrac{1}{\Box} \times 15 = 3 \Rightarrow \dfrac{15}{\Box} = 3 \Rightarrow \Box = 15 \div 3 = 5$

Zu 5b) $\dfrac{1}{\Box}$ von 32 = 8 $\Rightarrow \dfrac{1}{\Box} \times 32 = 8 \Rightarrow \dfrac{32}{\Box} = 8 \Rightarrow \Box = 32 \div 8 = 4$

Zu 5c) $\dfrac{1}{\Box}$ von 9 = 9 $\Rightarrow \dfrac{1}{\Box} \times 9 = 9 \Rightarrow \dfrac{9}{\Box} = 9 \Rightarrow \Box = 9 \div 9 = 1$

Zu 5d) $\dfrac{2}{\Box}$ von 40 = 20 $\Rightarrow \dfrac{2}{\Box} \times 40 = 20 \Rightarrow \dfrac{80}{\Box} = 20 \Rightarrow \Box = 80 \div 20 = 4$

Kapitel 6: Bruchrechnen

Zu 5e) $\dfrac{7}{\square}$ von $64 = 56 \Rightarrow \dfrac{7}{\square} \times 64 = 56 \Rightarrow \dfrac{448}{\square} = 56 \Rightarrow \square = 448 \div 56 = 8$

Leichter wird diese Aufgabe, wenn Sie zuerst nach der Unbekannten auflösen und dann geschickt kürzen:

$\square = 7 \times \dfrac{64}{56} = 7 \times \dfrac{8}{7} = 8$

Aufgabenblock 6

Zu 6a) $\dfrac{1}{5}$ mit 5 erweitert $\Rightarrow \dfrac{1 \times 5}{5 \times 5} = \dfrac{5}{25}$

Zu 6b) $\dfrac{8}{9}$ mit 3 erweitert $\Rightarrow \dfrac{8 \times 3}{9 \times 3} = \dfrac{24}{27}$

Zu 6c) $\dfrac{4}{7}$ mit 6 erweitert $\Rightarrow \dfrac{4 \times 6}{7 \times 6} = \dfrac{24}{42}$

Zu 6d) $\dfrac{12}{13}$ mit 8 erweitert $\Rightarrow \dfrac{12 \times 8}{13 \times 8} = \dfrac{96}{104}$

Zu 6e) $\dfrac{123}{125}$ mit 7 erweitert $\Rightarrow \dfrac{123 \times 7}{125 \times 7} = \dfrac{861}{875}$

Aufgabenblock 7

Zu 7a) $\dfrac{4}{5} = \dfrac{12}{\square} \Rightarrow \dfrac{4}{5} \times \square = 12 \Rightarrow \square = 12 \times \dfrac{5}{4} = \dfrac{60}{4} = 15$

Zu 7b) $\dfrac{3}{7} = \dfrac{\square}{49} \Rightarrow 49 \times \dfrac{3}{7} = \square \Rightarrow \square = \dfrac{147}{7} = 21$

Zu 7c) $\dfrac{11}{13} = \dfrac{99}{\square} \Rightarrow \square \times \dfrac{11}{13} = 99 \Rightarrow \square = \dfrac{13}{11} \times 99 = 13 \times 9 = 117$

Zu 7d) $\dfrac{17}{19} = \dfrac{\square}{114} \Rightarrow 114 \times \dfrac{17}{19} = \square \Rightarrow \square = \dfrac{1.938}{19} = 102$

Zu 7e) $\dfrac{4}{9} = \dfrac{72}{\square} \Rightarrow \square \times \dfrac{4}{9} = 72 \Rightarrow \square = 72 \times \dfrac{9}{4} = 18 \times 9 = 162$

Aufgabenblock 8

Zu 8a) $\dfrac{16}{20}$ mit 4 gekürzt $\Rightarrow \dfrac{16 \div 4}{20 \div 4} = \dfrac{4}{5}$

Zu 8b) $\dfrac{63}{77}$ mit 7 gekürzt $\Rightarrow \dfrac{63 \div 7}{77 \div 7} = \dfrac{9}{11}$

Zu 8c) $\dfrac{84}{90}$ mit 6 gekürzt $\Rightarrow \dfrac{84 \div 6}{90 \div 6} = \dfrac{14}{15}$

Zu 8d) $\dfrac{184}{207}$ mit 23 gekürzt $\Rightarrow \dfrac{184 \div 23}{207 \div 23} = \dfrac{8}{9}$

Zu 8e) $\dfrac{300}{450}$ vollständig gekürzt $\Rightarrow \dfrac{300 \div 10}{450 \div 10} = \dfrac{30}{45} = \dfrac{30 \div 15}{45 \div 15} = \dfrac{2}{3}$

Im angegebenen Lösungsweg wird nacheinander durch leicht erkennbare gemeinsame Teiler gekürzt. Natürlich können Sie den Bruch auch systematisch mithilfe einer Primfaktorzerlegung kürzen:

Zähler: $300 = 2 \times 2 \times 3 \times 5 \times 5$; Nenner: $450 = 2 \times 3 \times 3 \times 5 \times 5$

ggT $= 2 \times 3 \times 5 \times 5 = 150$

$\dfrac{300 \div 150}{450 \div 150} = \dfrac{2}{3}$

Folgende Variante kombiniert beide Methoden: Zuerst wird durch 10 geteilt, dann folgt die Primfaktorzerlegung.

$\dfrac{300}{450} = \dfrac{30}{45} = \dfrac{2 \times 3 \times 5}{3 \times 3 \times 5} = \dfrac{2}{3}$

Aufgabenblock 10

Das kleinste gemeinsame Vielfache (kgV) wird mittels Primfaktorzerlegung bestimmt.

Zu 10a) Das kgV ist 24.

$8 = 2 \times 2 \times 2$; $6 = 2 \times 3$

kgV $= 2 \times 2 \times 2 \times 3 = 24$

Zu 10b) Das kgV ist 168.

$56 = 2 \times 2 \times 2 \times 7; 84 = 2 \times 2 \times 3 \times 7$

$kgV = 2 \times 2 \times 2 \times 3 \times 7 = 168$

Zu 10c) Das kgV ist 128.

$32 = 2 \times 2 \times 2 \times 2 \times 2; 128 = 2 \times 2 \times 2 \times 2 \times 2 \times 2 \times 2$

$kgV = 2 \times 2 \times 2 \times 2 \times 2 \times 2 \times 2 = 128$

Zu 10d) Das kgV ist 2.376.

$304 = 2 \times 2 \times 2 \times 2 \times 19; 342 = 2 \times 3 \times 3 \times 19$

$kgV = 2 \times 2 \times 2 \times 2 \times 3 \times 3 \times 19 = 16 \times 9 \times 19 = 2.736$

Zu 10e) Das kgV ist 255.255.

$357 = 3 \times 7 \times 17; 715 = 5 \times 11 \times 13$

$kgV = 3 \times 5 \times 7 \times 11 \times 13 \times 17 = 255.255$

Aufgabenblock 11

Der größte gemeinsame Teiler (ggT) wird über die Primfaktorzerlegung bestimmt.

Zu 11a) Der ggT ist 7.

$28 = 2 \times 2 \times 7; 63 = 3 \times 3 \times 7$

$ggT = 7$

Zu 11b) Der ggT ist 4.

$12 = 2 \times 2 \times 3; 980 = 2 \times 2 \times 5 \times 7 \times 7$

$ggT = 2 \times 2 = 4$

Zu 11c) Der ggT ist 52.

$156 = 2 \times 2 \times 3 \times 13; 364 = 2 \times 2 \times 7 \times 13$

$ggT = 2 \times 2 \times 13 = 52$

Zu 11d) Der ggT ist 36.

$468 = 2 \times 2 \times 3 \times 3 \times 13; 324 = 2 \times 2 \times 3 \times 3 \times 3 \times 3$

$ggT = 2 \times 2 \times 3 \times 3 = 36$

Zu 11e) Der ggT ist 184.

$920 = 2 \times 2 \times 2 \times 5 \times 23$; $2.208 = 2 \times 2 \times 2 \times 2 \times 2 \times 3 \times 23$

ggT $= 2 \times 2 \times 2 \times 23 = 184$

Aufgabenblock 12

Zu 12a) $2\frac{1}{8} + 6 = 2 + 6 + \frac{1}{8} = 8\frac{1}{8}$

Zu 12b) $4\frac{2}{3} + 7 = 4 + 7 + \frac{2}{3} = 11\frac{2}{3}$

Zu 12c) $17\frac{1}{9} - 5 = 17 - 5 + \frac{1}{9} = 12\frac{1}{9}$

Zu 12d) $23\frac{3}{4} + 2 - 8 = 23 + 2 - 8 + \frac{3}{4} = 17\frac{3}{4}$

Zu 12e) $13 + 6\frac{2}{5} - 4 = 13 + 6 - 4 + \frac{2}{5} = 15\frac{2}{5}$

Aufgabenblock 13

Zu 13a) $2\frac{1}{4} + 1\frac{1}{4} = 2 + 1 + \frac{1}{4} + \frac{1}{4} = 3\frac{2}{4} = 3\frac{1}{2}$

Zu 13b) $3\frac{1}{18} + 6\frac{1}{18} = 3 + 6 + \frac{1}{18} + \frac{1}{18} = 9\frac{2}{18} = 9\frac{1}{9}$

Zu 13c) $7\frac{2}{3} - 5\frac{1}{3} = 7 - 5 + \frac{2}{3} - \frac{1}{3} = 2\frac{1}{3}$

Zu 13d) $4\frac{3}{11} + 7\frac{5}{11} - 2\frac{6}{11} = 4 + 7 - 2 + \frac{3}{11} + \frac{5}{11} - \frac{6}{11} = 9\frac{2}{11}$

Zu 13e) $12\frac{13}{17} - 6\frac{1}{17} + 3\frac{5}{17} = 12 - 6 + 3 + \frac{13}{17} - \frac{1}{17} + \frac{5}{17} = 9 + \frac{17}{17} = 9 + 1 = 10$

Aufgabenblock 14

Zu 14a) $\frac{1}{5} + \frac{1}{6} = \frac{6}{30} + \frac{5}{30} = \frac{11}{30}$

Kapitel 6: Bruchrechnen

Zu 14b) $\dfrac{2}{3}+\dfrac{3}{7}=\dfrac{14}{21}+\dfrac{9}{21}=\dfrac{23}{21}=1\dfrac{2}{21}$

Zu 14c) $\dfrac{5}{8}+\dfrac{5}{9}=\dfrac{45}{72}+\dfrac{40}{72}=\dfrac{85}{72}=1\dfrac{13}{72}$

Zu 14d) $\dfrac{3}{7}+6+\dfrac{2}{3}=\dfrac{9}{21}+6+\dfrac{14}{21}=\dfrac{23}{21}+6=1\dfrac{2}{21}+6=7\dfrac{2}{21}$

Die 6 in einen Bruch umzuwandeln, verfälscht die Rechnung nicht, macht sie jedoch umständlicher.

Zu 14e) $\dfrac{3}{4}+\dfrac{1}{12}+2+\dfrac{5}{3}+\dfrac{12}{4}=\dfrac{9}{12}+\dfrac{1}{12}+2+\dfrac{20}{12}+3=5+\dfrac{30}{12}=5+2\dfrac{6}{12}=7\dfrac{6}{12}=7\dfrac{1}{2}$

Aufgabenblock 15

Zu 15a) $3-\dfrac{2}{7}=2\dfrac{7}{7}-\dfrac{2}{7}=2\dfrac{5}{7}$

Zu 15b) $\dfrac{4}{9}-1=\dfrac{4}{9}-\dfrac{9}{9}=-\dfrac{5}{9}$

Zu 15c) $\dfrac{4}{11}-\dfrac{1}{9}=\dfrac{36}{99}-\dfrac{11}{99}=\dfrac{25}{99}$

Zu 15d) $5-\dfrac{2}{3}-\dfrac{1}{8}=5-\dfrac{16}{24}-\dfrac{3}{24}=4\dfrac{24}{24}-\dfrac{19}{24}=4\dfrac{5}{24}$

Zu 15e) $2-\dfrac{1}{6}-\dfrac{2}{3}-\dfrac{7}{2}=\dfrac{12}{6}-\dfrac{1}{6}-\dfrac{4}{6}-\dfrac{21}{6}=-\dfrac{14}{6}=-\dfrac{7}{3}=-2\dfrac{1}{3}$

Aufgabenblock 16

Zu 16a) $3\times\dfrac{4}{7}=\dfrac{12}{7}=1\dfrac{5}{7}$

Zu 16b) $14\times\dfrac{8}{9}=\dfrac{112}{9}=12\dfrac{4}{9}$

Zu 16c) $\dfrac{4}{5}\times\dfrac{3}{4}=\dfrac{4\times3}{5\times4}=\dfrac{3}{5}$

Indem Sie die beiden Vieren im Zähler und Nenner direkt gegeneinander ausstreichen, kommen Sie schneller ans Ziel, als wenn Sie zuerst die vollständigen Faktoren multiplizieren und danach kürzen.

Zu 16d) $\dfrac{5}{7} \times 6 \times \dfrac{2}{9} = \dfrac{5 \times 6 \times 2}{7 \times 9} = \dfrac{5 \times 2 \times 2}{7 \times 3} = \dfrac{20}{21}$

Ähnlich wie bei 16c) erhalten Sie die Lösung leichter, indem Sie zuerst den gemeinsamen Teiler 3 aus der 6 im Zähler und der 9 im Nenner kürzen.

Zu 16e) $\dfrac{1}{4} \times \dfrac{2}{3} \times 4 \times \dfrac{10}{5} \times \dfrac{3}{2} = \dfrac{10}{5} = 2$

Diese Rechnung lässt sich geschickt abkürzen: Verrechnen Sie ¼ mit 4 und ⅔ mit ³⁄₂ – beide Male lautet das Ergebnis 1. Übrig bleibt somit nur noch der überschaubare Bruch ¹⁰⁄₅.

Aufgabenblock 17

Zu 17a) $\dfrac{2}{7} \div 2 = \dfrac{2}{7} \times \dfrac{1}{2} = \dfrac{2}{14} = \dfrac{1}{7}$

Zu 17b) $8 \div \dfrac{1}{6} = 8 \times 6 = 48$

Zu 17c) $\dfrac{3}{5} \div \dfrac{1}{4} = \dfrac{3}{5} \times 4 = \dfrac{12}{5} = 2\dfrac{2}{5}$

Zu 17d) $\dfrac{11}{13} \div \dfrac{6}{7} = \dfrac{11}{13} \times \dfrac{7}{6} = \dfrac{77}{78}$

Zu 17e) $\dfrac{5}{6} \div 15 \div \dfrac{10}{9} = \dfrac{5 \times 9}{6 \times 15 \times 10} = \dfrac{1}{2 \times 2 \times 5} = \dfrac{1}{20}$

Günstigerweise kürzt sich hier der komplette Zähler weg, wie die Primfaktorzerlegung zeigt:

$$\dfrac{5 \times 9}{6 \times 15 \times 10} = \dfrac{5 \times 3 \times 3}{2 \times 3 \times 3 \times 5 \times 2 \times 5} = \dfrac{1}{2 \times 2 \times 5}$$

Aufgabenblock 18

Zu 18a) $\dfrac{\frac{2}{5}}{\frac{3}{4}} = \dfrac{2}{5} \div \dfrac{3}{4} = \dfrac{2}{5} \times \dfrac{4}{3} = \dfrac{8}{15}$

Kapitel 6: Bruchrechnen

Zu 18b) $\dfrac{\frac{3}{8}}{\frac{1}{4}} = \dfrac{3}{8} \div \dfrac{1}{4} = \dfrac{3}{8} \times 4 = \dfrac{12}{8} = \dfrac{3}{2} = 1\dfrac{1}{2}$

Zu 18c) $\dfrac{9}{\frac{5}{13}} = 9 \div \dfrac{5}{13} = 9 \times \dfrac{13}{5} = \dfrac{117}{5} = 23\dfrac{2}{5}$

Zu 18d) $\dfrac{\frac{11}{17}}{22} = \dfrac{11}{17} \div 22 = \dfrac{11}{17} \times \dfrac{1}{22} = \dfrac{11}{374} = \dfrac{1}{34}$

Zu 18e) $\dfrac{\frac{6}{8}}{9} \div \dfrac{\frac{3}{12}}{\frac{1}{8}} \div \dfrac{6}{\frac{9}{6}} = \left(\dfrac{6}{8} \div 9\right) \div \left(\dfrac{3}{12} \div \dfrac{1}{8}\right) \div \left(6 \div \dfrac{9}{6}\right) = \left(\dfrac{6}{8} \times \dfrac{1}{9}\right) \div \left(\dfrac{1}{4} \times 8\right) \div \left(6 \times \dfrac{2}{3}\right)$

$= \dfrac{6}{72} \div \dfrac{8}{4} \div 4 = \dfrac{1}{12} \times \dfrac{1}{2} \times \dfrac{1}{4} = \dfrac{1}{96}$

Nicht vergessen: Der Bruchstrich wirkt wie eine Klammer. Bei der Auflösung der Doppelbrüche müssen also Klammern gesetzt werden, um das Ergebnis nicht zu verfälschen.

Aufgabenblock 19

Zu 19a) $\dfrac{6}{8} \times \dfrac{1}{3} + \dfrac{5}{6} = \dfrac{3}{4} \times \dfrac{1}{3} + \dfrac{5}{6} = \dfrac{3 \times 1}{4 \times 3} + \dfrac{5}{6} = \dfrac{1}{4} + \dfrac{5}{6} = \dfrac{3}{12} + \dfrac{10}{12} = \dfrac{13}{12} = 1\dfrac{1}{12}$

Zu 19b) $\dfrac{21}{14} + \dfrac{5}{9} \div \dfrac{3}{7} = \dfrac{3}{2} + \dfrac{5}{9} \times \dfrac{7}{3} = \dfrac{3}{2} + \dfrac{35}{27} = \dfrac{81}{54} + \dfrac{70}{54} = \dfrac{151}{54} = 2\dfrac{43}{54}$

Zu 19c) $\dfrac{2}{6} - 5 \times \dfrac{3}{10} + 1 = \dfrac{2}{6} - \dfrac{3}{2} + 1 = \dfrac{2}{6} - \dfrac{9}{6} + \dfrac{6}{6} = -\dfrac{7}{6} + \dfrac{6}{6} = -\dfrac{1}{6}$

Zu 19d) $\dfrac{1}{3} + \dfrac{3}{8} \div \dfrac{3}{4} - \dfrac{1}{2} \times 3 = \dfrac{1}{3} + \dfrac{3}{8} \times \dfrac{4}{3} - \dfrac{3}{2} = \dfrac{1}{3} + \dfrac{4}{8} - \dfrac{3}{2} = \dfrac{1}{3} + \dfrac{1}{2} - \dfrac{3}{2} = \dfrac{2}{6} + \dfrac{3}{6} - \dfrac{9}{6}$

$= \dfrac{5}{6} - \dfrac{9}{6} = -\dfrac{4}{6} = -\dfrac{2}{3}$

Zu 19e) $\dfrac{1}{12} - \dfrac{1}{6} \div \dfrac{2}{9} \times 2 + 3 - \dfrac{1}{2} = \dfrac{1}{12} - \dfrac{1 \times 9}{6 \times 2} \times 2 + 3 - \dfrac{1}{2} = \dfrac{1}{12} - \dfrac{3}{4} \times 2 + 3 - \dfrac{1}{2}$

$= \dfrac{1}{12} - \dfrac{6}{4} + 3 - \dfrac{1}{2} = \dfrac{1}{12} - \dfrac{18}{12} + \dfrac{36}{12} - \dfrac{6}{12} = \dfrac{13}{12} = 1\dfrac{1}{12}$

Aufgabenblock 20

Zu 20a) $\dfrac{13}{15}+(-2)\div\dfrac{1}{5}=\dfrac{13}{15}+(-2)\times 5=\dfrac{13}{15}-10=\dfrac{13}{15}-\dfrac{150}{15}=-\dfrac{137}{15}=-9\dfrac{2}{15}$

Zu 20b) $-\dfrac{4}{5}\times(-2)\div\dfrac{12}{13}=\dfrac{8}{5}\times\dfrac{13}{12}=\dfrac{2\times 13}{5\times 3}=\dfrac{26}{15}=1\dfrac{11}{15}$

Zu 20c) $\dfrac{17}{21}+2-\left(-\dfrac{5}{7}\right)+3\div\left(-\dfrac{7}{9}\right)=\dfrac{17}{21}+\dfrac{42}{21}+\dfrac{5}{7}+3\times\left(-\dfrac{9}{7}\right)=\dfrac{59}{21}+\dfrac{15}{21}+\left(-\dfrac{27}{7}\right)$

$=\dfrac{74}{21}-\dfrac{81}{21}=-\dfrac{7}{21}=-\dfrac{1}{3}$

Zu 20d) $\dfrac{11}{19}\div 2-(-3)\times\left(-\dfrac{1}{9}\right)+6=\dfrac{11}{38}-\dfrac{3}{9}+6=\dfrac{11}{38}-\dfrac{1}{3}+6=\dfrac{33}{114}-\dfrac{38}{114}+\dfrac{684}{114}$

$=\dfrac{679}{114}=5\dfrac{109}{114}$

Zu 20e) $1.029\times\dfrac{7}{343}-\dfrac{3}{49}\div\dfrac{1}{7}\div\left(-\dfrac{1}{7}\right)=\dfrac{3\times 7}{1}-\dfrac{3}{49}\times 7\div\left(-\dfrac{1}{7}\right)=21-\dfrac{3}{7}\times-7$

$=21-(-3)=21+3=24$

Aufgabenblock 21

Zu 21a) $\left(\dfrac{2}{3}+\dfrac{1}{3}\right)\times 3-\dfrac{6}{9}\div 12=\left(\dfrac{3}{3}\right)\times 3-\dfrac{1}{9\times 2}=3-\dfrac{1}{18}=\dfrac{54}{18}-\dfrac{1}{18}=\dfrac{53}{18}=2\dfrac{17}{18}$

Zu 21b) $\left(2-\dfrac{1}{2}\right)\div\dfrac{3}{4}+\left[-2\times\left(\dfrac{2}{5}+\dfrac{1}{10}\right)\right]=\left(\dfrac{3}{2}\right)\times\dfrac{4}{3}+\left[-2\times\left(\dfrac{4}{10}+\dfrac{1}{10}\right)\right]$

$=\dfrac{12}{6}+\left[-2\times\left(\dfrac{5}{10}\right)\right]=2+\left[-2\times\dfrac{1}{2}\right]=2+[-1]=2-1=1$

Zu 21c) $\dfrac{\frac{3}{4}}{\frac{3}{4}}-\left(2+3\times\dfrac{1}{4}\right)\div 2=1-\left(2+\dfrac{3}{4}\right)\div 2=1-\left(\dfrac{8}{4}+\dfrac{3}{4}\right)\div 2=1-\dfrac{11}{4}\div 2=1-\dfrac{11}{8}$

$=\dfrac{8}{8}-\dfrac{11}{8}=-\dfrac{3}{8}$

Kapitel 6: Bruchrechnen

Der Zähler und der Nenner des Doppelbruchs sind identisch. Daher können Sie sich das Ausrechnen sparen: Der Wert des Doppelbruchs ist 1.

Zu 21d) $-\dfrac{5}{6} \times \left(1 + \dfrac{\frac{5}{8}}{5}\right) \div \left[\dfrac{1}{2} + (-5)\right] = -\dfrac{5}{6} \times \left(1 + \dfrac{5}{8} \times \dfrac{1}{5}\right) \div \left[\dfrac{1}{2} - \dfrac{10}{2}\right]$

$= -\dfrac{5}{6} \times \left(1 + \dfrac{5}{40}\right) \div \left[-\dfrac{9}{2}\right] = -\dfrac{5}{6} \times \left(\dfrac{9}{8}\right) \div \left(-\dfrac{9}{2}\right) = \dfrac{-5 \times 9 \times -2}{6 \times 8 \times 9} = \dfrac{10}{48} = \dfrac{5}{24}$

Zu 21e) $\dfrac{1}{64} \div \dfrac{7}{8} + \left[\dfrac{3}{4} - (-3) + \dfrac{1}{2}\right] \div \dfrac{\frac{5}{24}}{\frac{6}{32}} = \dfrac{1}{64} \times \dfrac{8}{7} + \left[\dfrac{3}{4} + 3 + \dfrac{1}{2}\right] \div \left(\dfrac{5}{24} \times \dfrac{32}{6}\right)$

$= \dfrac{1}{56} + \left[\dfrac{3}{4} + \dfrac{12}{4} + \dfrac{2}{4}\right] \div \left(\dfrac{5 \times 2}{3 \times 3}\right) = \dfrac{1}{56} + \dfrac{17}{4} \div \dfrac{10}{9} = \dfrac{1}{56} + \dfrac{17}{4} \times \dfrac{9}{10} = \dfrac{1}{56} + \dfrac{153}{40}$

$= \dfrac{5}{280} + \dfrac{1.071}{280} = \dfrac{1.076}{280} = \dfrac{269}{70} = 3\dfrac{59}{70}$

Aufgabenblock 22

Im Umgang mit Brüchen erfordern Strichrechnungen etwas mehr rechnerischen Aufwand als Punktrechnungen. Ein geschicktes Vorgehen spart daher Zeit: Klären Sie zunächst, ob eine Multiplikation oder Division zum genannten Ergebnis führt. Erst danach bringen Sie die Brüche auf ihren Hauptnenner, um auf Addition oder Subtraktion zu prüfen.

Zu 22a) $\dfrac{1}{3} \square \dfrac{3}{5} = \dfrac{14}{15} \Rightarrow \dfrac{1}{3} + \dfrac{3}{5} = \dfrac{14}{15}$

Der fehlende Operator kann kein Multiplikationszeichen sein: Zwar stünde im Nenner dann ebenfalls 15, doch im Zähler ergäbe sich eine 3. Auch die Division fällt weg – sie hätte 5/9 zum Ergebnis. Die Subtraktion können Sie ausschließen, nachdem Sie die Brüche auf ihren Hauptnenner (15) gebracht haben.

Zu 22b) $\dfrac{1}{2} \square \dfrac{3}{5} = -\dfrac{1}{10} \Rightarrow \dfrac{5}{10} - \dfrac{6}{10} = -\dfrac{1}{10}$

Leicht zu erkennen: Bei zwei positiven Operanden kann nur eine Subtraktion zu einem negativen Ergebnis führen.

Zu 22c) $\dfrac{3}{4} \square \dfrac{1}{3} = \dfrac{3}{12} \Rightarrow \dfrac{3}{4} \times \dfrac{1}{3} = \dfrac{3}{12}$

Zu 22d) $\frac{1}{4} \square 2 = \frac{1}{8} \Rightarrow \frac{1}{4} \div 2 = \frac{1}{8}$

Zu 22e) $\frac{2}{3} + 3 \square 2 = 1\frac{2}{3} \Rightarrow \frac{2}{3} + 3 - 2 = \frac{2}{3} + 1 = 1\frac{2}{3}$

Bei genauem Hinsehen eine sehr harmlose Aufgabe: Der Bruch ⅔ steht auf beiden Seiten des Gleichheitszeichens. Der Ausdruck 3 ☐ 2 muss also den Wert 1 ergeben – es fehlt das Minuszeichen.

Aufgabenblock 23

Betrachten Sie den Bruchstrich als Geteiltzeichen und dividieren Sie.

Zu 23a) $\frac{4}{5} = 4 \div 5 = 0{,}8$

Zu 23b) $\frac{15}{16} = 15 \div 16 = 0{,}9375$

Zu 23c) $-\frac{18}{16} = -18 \div 16 = -1{,}125$

Zu 23d) $\frac{13}{15} = 0{,}8666\ldots = 0{,}8\overline{6}$

Zu 23e) $-\frac{19}{7} = -2{,}\overline{714285}$

Aufgabenblock 24

Schreiben Sie die Dezimalzahl zunächst als Dezimalbruch und kürzen Sie dann.

Zu 24a) $0{,}25 = \frac{25}{100} = \frac{1}{4}$

Zu 24b) $0{,}135 = \frac{135}{1.000} = \frac{27}{200}$

Zu 24c) $3{,}5 = \frac{35}{10} = 3\frac{5}{10} = 3\frac{1}{2}$

Zu 24d) $12{,}648 = \dfrac{12.648}{1.000} = 12\dfrac{648}{1.000} = 12\dfrac{81}{125}$

Zu 24e) $0{,}\overline{42} = \dfrac{42}{99} = \dfrac{14}{33}$

Aufgabenblock 25

In den meisten Fällen ist es günstig, die Dezimalzahlen zunächst in Brüche umzuwandeln.

Zu 25a) $0{,}2 \times \dfrac{1}{3} = \dfrac{2}{10} \times \dfrac{1}{3} = \dfrac{2}{30} = \dfrac{1}{15}$

Zu 25b) $\dfrac{2}{5} \div 0{,}7 = \dfrac{2}{5} \div \dfrac{7}{10} = \dfrac{2 \times 10}{7 \times 5} = \dfrac{2 \times 2}{7} = \dfrac{4}{7}$

Zu 25c) $\left(3 + \dfrac{2}{3}\right) \times 0{,}8 - \dfrac{1}{5} = \left(\dfrac{9}{3} + \dfrac{2}{3}\right) \times \dfrac{4}{5} - \dfrac{1}{5} = \dfrac{11}{3} \times \dfrac{4}{5} - \dfrac{1}{5} = \dfrac{44}{15} - \dfrac{3}{15} = \dfrac{41}{15} = 2\dfrac{11}{15}$

Zu 25d) $\dfrac{0{,}2}{0{,}3} = \dfrac{2}{3}$

Zu 25e) $4 \times \dfrac{0{,}6}{3} - \left(-\dfrac{15}{18}\right) \div (-0{,}12) = 4 \times \dfrac{6}{30} - \left(-\dfrac{5}{6}\right) \div \left(-\dfrac{12}{100}\right)$

$= \dfrac{24}{30} - \left(-\dfrac{5}{6} \div \dfrac{3}{25}\right) = \dfrac{4}{5} - \left(-\dfrac{5}{6} \times \dfrac{25}{3}\right) = \dfrac{4}{5} - \dfrac{125}{18}$

$= \dfrac{72}{90} - \dfrac{625}{90} = -\dfrac{553}{90} = -6\dfrac{13}{90}$

Hier bietet es sich an, den Bruch mit der Dezimalzahl 0,6 zuerst um den Faktor 10 zu erweitern, um das Komma loszuwerden.

Kapitel 7: Potenzen und Wurzeln

Was ist eine Potenz?

Eine Potenz ist die abgekürzte Darstellung der Multiplikation von einer Zahl mit sich selbst: Aus der Multiplikationskette $2 \times 2 \times 2$ wird als Potenz schlicht 2^3. Die Zahl, die mit sich selbst multipliziert werden soll, heißt **Basis**. Wie oft die Multiplikation wiederholt werden soll, gibt die **Exponent** genannte Hochzahl an. Eine Potenz mit dem Exponenten 2 ist die **Quadratzahl**, eine Potenz mit der Hochzahl 3 die **Kubikzahl** der Basis.

Durch Potenzen lassen sich sehr große und sehr kleine Zahlen kompakt darstellen. Auch negative Zahlen und Brüche können Teil einer Potenz sein.

Beispiele

$10 \times 10 \times 10 \times 10 \times 10 \times 10 = 1.000.000 = 10^6$

$5 \times 1.000.000 = 5.000.000 = 5 \times 10^6$

$0{,}1 \times 01, \times 0{,}1 \times 0{,}1 \times 0{,}1 = 0{,}00001 = 0{,}1^5$

$(-4) \times (-4) \times (-4) \times (-4) = 256 = (-4)^4$

$\dfrac{1}{4} \times \dfrac{1}{4} \times \dfrac{1}{4} = \dfrac{1}{64} = \left(\dfrac{1}{4}\right)^3$

Die Umkehrung: Wurzeln

Entgegengesetzt zum Potenzieren verläuft das **Wurzelziehen** (Radizieren). Dabei ermittelt man die unbekannte Basis, die nach einer bestimmten Anzahl von Multiplikationen mit sich selbst den gegebenen Potenzwert ergibt. Den Wurzelexponenten notiert man üblicherweise in der linken oberen Ecke des Wurzelzeichens $\sqrt{}$; bei Quadratwurzeln kann der Wurzelexponent 2 weggelassen werden.

Schwierig ist das Wurzelziehen vor allem, wenn der Ausgangswert keine offensichtliche Potenz einer ganzen Zahl ist. In solchen Fällen erhalten Sie oft keine ganze Zahl als Ergebnis, sondern einen Bruch oder eine Dezimalzahl.

Kapitel 7: Potenzen und Wurzeln

Beispiele

$\sqrt[3]{27}$ (sprich „dritte Wurzel von 27" oder „Kubikwurzel von 27") = 3
(Umkehrung: $3^3 = 27$)

$\sqrt[2]{9} = \sqrt{9}$ (sprich „zweite Wurzel von 9" oder „Quadratwurzel von 9") = 3
(Umkehrung: $3^2 = 9$)

$\sqrt{10} = 3{,}16227766016\ldots$

Wurzelgesetze

$$\sqrt[n]{a \times b} = \sqrt[n]{a} \times \sqrt[n]{b}$$

$$\sqrt[n]{\frac{a}{b}} = \frac{\sqrt[n]{a}}{\sqrt[n]{b}}$$

$$\sqrt[m]{\sqrt[n]{a}} = \sqrt[m \times n]{a}$$

Das systematische Wurzelziehen ist ein sehr spezielles Thema, das in den typischen (und vielen weniger typischen) Testverfahren keine Rolle spielt. Im Aufgabenteil dieses Kapitels zeigt sich, dass die bislang vermittelten Verfahren – Teilbarkeitsbestimmung und Primfaktorzerlegung – in der Regel völlig ausreichen.

Tipp

Wenn Sie die häufigsten Quadrat- und Kubikzahlen kennen, sind Wurzeln oft kein Problem.

Quadratzahlen bis 1.000: 1, 4, 9, 16, 25, 36, 49, 64, 81, 100, 121, 144, 169, 196, 225, 256, 289, 324, 361, 400, 441, 484, 529, 576, 625, 676, 729, 784, 841, 900, 961

Kubikzahlen bis 1.000: 1, 8, 27, 64, 125, 216, 343, 512, 729, 1.000

Rechnen mit Potenzen

- **Vorrangregel**

Potenzen haben Vorrang vor Punkt- und Strichrechnungen, aber nicht vor Klammern.

Beispiele

$4 + 2^2 = 4 + (2 \times 2) = 4 + 4 = 8$

$(4 + 2)^2 = 6^2 = 6 \times 6 = 36$

$(4 + 2^2)^2 = [4 + (2 \times 2)]^2 = (4 + 4)^2 = 8^2 = 8 \times 8 = 64$

- **Vorzeichenregel**

Potenzen binden stärker als Vorzeichen: Wird keine Klammer gesetzt, liegt das Vorzeichen außerhalb der Potenz und wird nicht mitpotenziert. Soll das Vorzeichen zur Potenz gehören, muss es zusammen mit dem Zahlenwert der Basis eingeklammert werden.

Beispiele

$2^3 = (2 \times 2 \times 2) = 8$

$-2^3 = -(2 \times 2 \times 2) = -8$

$(-2)^3 = (-2) \times (-2) \times (-2) = -8$

$-2^4 = -(2 \times 2 \times 2 \times 2) = -16$

$(-2)^4 = (-2) \times (-2) \times (-2) \times (-2) = 16$

- **Der Exponent 1 und der Exponent 0**

Wird mit 1 potenziert, entspricht das Ergebnis der Basis ($5^1 = 5$). Der Exponent 0 führt bei jeder beliebigen Basis größer 0 zum Potenzwert 1 ($5^0 = 1$) – mehr dazu erfahren Sie im Abschnitt „Potenzen dividieren".

An der Potenz 0^0 scheiden sich übrigens die Geister: Manche Mathematiker halten diesen Ausdruck für unbestimmt, andere definieren das Ergebnis als 1. Taschenrechner können auf die Eingabe 0^0 mit einer Fehlermeldung reagieren.

▪ Negative Exponenten

Bei negativem Exponenten entspricht die Potenz dem Kehrwert der Basis mit positiver Hochzahl. Anders ausgedrückt: Der Kehrwert der Basis wird mit dem Betrag des Exponenten potenziert.

Beispiele

$$5^{-2} = \left(\frac{1}{5}\right)^2 = \frac{1}{5} \times \frac{1}{5} = \frac{1}{25}$$

$$0,5^{-2} = \left(\frac{1}{0,5}\right)^2 = \frac{1}{0,5} \times \frac{1}{0,5} = \frac{1}{0,25} = 4$$

$$\left(\frac{2}{3}\right)^{-3} = \left(\frac{3}{2}\right)^3 = \frac{3}{2} \times \frac{3}{2} \times \frac{3}{2} = \frac{27}{8}$$

▪ Potenzen addieren und subtrahieren

Potenzen lassen sich nur addieren und subtrahieren, nachdem man sie ausgerechnet hat. Es sei denn, sie sind identisch – dann ist Ihnen das Distributivgesetz behilflich.

Beispiele

$2^3 + 2^2 = (2 \times 2 \times 2) + (2 \times 2) = 8 + 4 = 12$ (nicht: $2^5 = 32$)

$3 \times 2^2 + 2 \times 2^2 = (3 + 2) \times 2^2 = 5 \times 2^2 = 20$

$5 \times 2^2 - 3 \times 2^2 = (5 - 3) \times 2^2 = 2 \times 2^2 = 8$

$2^2 + 4 \times 2^2 = 5 \times 2^2 = 20$

▪ Potenzen multiplizieren

Potenzen mit gleicher Basis werden multipliziert, indem man ihre Exponenten addiert und die Basis beibehält. Potenzen mit gleichem Exponenten lassen sich multiplizieren, indem man ihre Basen multipliziert und den Exponenten beibehält.

Beispiele

$2^4 \times 2^2 = 2^{4+2} = 2^6$

$3^2 \times 4^2 = (3 \times 4)^2 = 12^2 = 144$

$$8^3 \times \left(\frac{1}{2}\right)^3 = \left(8 \times \frac{1}{2}\right)^3 = 4^3 = 64$$

Diese Vorgehensweise ist eine logische Konsequenz aus der Definition der Potenz als Ketten-Multiplikation. So ergibt sich beim Auflösen der ersten Beispielaufgabe $2^4 \times 2^2 = (2 \times 2 \times 2 \times 2) \times (2 \times 2) = 2^6$, beim zweiten Beispiel ist $3^2 \times 4^2 = 3 \times 3 \times 4 \times 4 = 3 \times 4 \times 3 \times 4 = (3 \times 4)^2$.

- **Potenzen dividieren**

Potenzen mit gleicher Basis werden dividiert, indem man die Exponenten subtrahiert und die Basis beibehält. Potenzen mit gleichem Exponenten kann man teilen, indem man ihre Basen dividiert und den Exponenten beibehält.

Beispiele

$2^4 \div 2^2 = 2^{4-2} = 2^2$

$4^2 \div 2^2 = (4 \div 2)^2 = 2^2 = 4$

$8^3 \div \left(\frac{1}{2}\right)^3 = \left(8 \div \frac{1}{2}\right)^3 = (8 \times 2)^3 = 16^3 = 4.096$

Die Division von Potenzen mit gleicher Basis ist schnell herzuleiten, wenn man Potenzen als Ketten-Multiplikationen begreift und statt des Divisionszeichens einen Bruchstrich setzt. Die Faktoren im Zähler und Nenner lassen sich einfach gegeneinander kürzen:

$$2^4 \div 2^2 = \frac{2^4}{2^2} = \frac{(2 \times 2 \times 2 \times 2)}{(2 \times 2)} = 2 \times 2 = 4$$

Einen Spezialfall haben Sie bereits im Abschnitt zum Exponenten 0 kennen gelernt: $2^2 \div 2^2 = 2^{2-2} = 2^0 = 1$.

- **Potenzen potenzieren**

Potenzen werden potenziert, indem man ihre Exponenten multipliziert.

Beispiel

$(2^2)^2 = 2^{2 \times 2} = 2^4 = 16$

Wenn Sie die Potenzen nacheinander auflösen, lässt sich die Potenzierungsregel leicht nachvollziehen: $(2^2)^2 = (2 \times 2)^2 = (2 \times 2) \times (2 \times 2) = 4 \times 4 = 16$.

Die Potenzgesetze

$a^1 = a$

$a^0 = 1$ (für $a \neq 0$)

$a^m \times a^n = a^{m+n}$

$a^m \times b^m = (a \times b)^m$

$a^m \div a^n = a^{m-n}$

$a^m \div b^m = (a \div b)^m$

$(a^m)^n = a^{m \times n}$

Die Rechenaufgaben

Lösen Sie die folgenden Aufgaben ohne Taschenrechner.

Schreiben Sie um in Potenzen.

1a) $4 \times 4 \times 4 =$

1b) $5 \times 5 =$

1c) $0{,}6 \times 0{,}6 \times 0{,}6 \times 0{,}6 =$

1d) $23 \times 23 \times 23 \times 2 =$

1e) $5 \times 6 \times 7 \times 7 \times 7 \times 5 =$

Schreiben Sie um in Potenzen.

3a) $10.000 =$

3b) $10.000.000 =$

3c) $0{,}000.000.1 =$

3d) $120.000 =$

3e) $0{,}00034 =$

Lösen Sie die Potenzen in Faktoren auf.

2a) $2^3 =$

2b) $(-7)^3 =$

2c) $3^5 \times 4^1 =$

2d) $5 \times -2^2 \times 2 =$

2e) $6^6 \times 2^0 \times 8^0 =$

Schreiben Sie als Potenz mit der kleinstmöglichen Basis.

4a) $64 =$

4b) $125 =$

4c) $343 =$

4d) $243 =$

4e) $-0{,}09 =$

Erstellen Sie die Rechnung und lösen Sie.

5a) Basis 2; Exponent 4
5b) Basis 3; Exponent 4
5c) Exponent 3; Basis (−2)
5d) Exponent 5; Basis 4
5e) Basis 2,6; Exponent 1

Berechnen Sie.

6a) $4^2 =$
6b) $3^3 =$
6c) $5^4 =$
6d) $2^1 \times 0,5^2 =$
6e) $11,4^2 + 8 \times 2^0 =$

Wandeln Sie mithilfe des Distributivgesetzes um und berechnen Sie.

7a) $2 \times 2^2 + 3 \times 2^2 =$
7b) $4 \times 6^2 - 3 \times 6^2 =$
7c) $5 \times 3^2 - 2 \times 3^2 + 3 \times 3^2 =$
7d) $4^2 \times (9 - 4) =$
7e) $3^2 + 4 \times 3^2 - 1 \times 3^2 =$

Vereinfachen und berechnen Sie.

8a) $2^2 \times 2^3 =$
8b) $0,1^2 \times 0,1 =$
8c) $5^2 \times 3^2 =$
8d) $0,5^2 \times (-4)^2 =$
8e) $(-3)^3 \times 2^2 \times 2 =$

Vereinfachen und berechnen Sie.

9a) $2^6 \div 2^2 =$
9b) $\dfrac{3^4}{3^2} =$
9c) $6^2 \div 3^2 =$
9d) $(0,2)^2 \div (0,1)^2 =$
9e) $0,5^2 \div \left(\dfrac{1}{2}\right)^2 =$

Berechnen Sie möglichst einfach.

10a) $(2^2)^3 =$
10b) $(3^3)^3 =$
10c) $(0,3^2)^2 =$
10d) $\left(\left(\dfrac{1}{2}\right)^2\right)^2 =$
10e) $2 \times 2^3 \times (0,5^2)^2 =$

11a) $3^3 + 4^2 - 2^4 =$
11b) $3^2 + 4^2 - 2^2 =$
11c) $3^3 + 3^2 \times 2^3 =$
11d) $3^3 + 4^2 + 4^2 =$
11e) $5 \times 2^4 - 4^2 \times 4 =$

12a) $3 \times 4^1 - 2 =$
12b) $5 \times 5^0 - 4^2 =$
12c) $0,4^2 + 4^3 \div 2^3 =$
12d) $12^2 - 4^2 \times 25 + 3 \times 25 =$
12e) $\dfrac{(0,1^2)^2}{0,1^4} + 0,1^2 =$

Kapitel 7: Potenzen und Wurzeln

13a) $(3 \times 5)^2 - 12^2 + 5^2 =$

13b) $(3 \times 5)^2 \div 5^2 \times 12^2 =$

13c) $7^2 \times 2 - 8^2 - 2 \div 0{,}5^2 =$

13d) $2^1 \div 1^0 \times 0{,}5 \times (-17)^2 =$

13e) $10^{-2} - \dfrac{3 \times 2}{3} + 6 \div 2^2 =$

14a) $\dfrac{3}{4} \times \left(\dfrac{4}{5}\right)^2 =$

14b) $\left(\dfrac{2}{14}\right)^2 \div \dfrac{6^2}{8} =$

14c) $0{,}3 \times \dfrac{3^2}{10} + 1\dfrac{2}{5} =$

14d) $24 \div (-2)^3 + (3^5)^0 =$

14e) $18^2 \div (4 \times 3^2) \times \dfrac{4}{3^2} =$

15a) $\dfrac{5}{6} + \dfrac{1}{2^3} - \dfrac{3^2}{12} =$

15b) $26{,}14 \times (3 + 2^2)^2 + 4{,}5 \times 5^2 - 2{,}2 \times 5^2 =$

15c) $(4^2 \div 2^2)^2 \times 4^3 - 6^7 \div 6^4 + \dfrac{1}{4} =$

15d) $\dfrac{2.000}{5^6} + 0{,}218 \times 2^2 =$

15e) $35 \div 7^2 \times (-6)^0 \times (-6^0) =$

Lösungen

1 a) 4^3 b) 5^2 c) $0,6^4$ d) $23^3 \times 2$ e) $5^2 \times 6 \times 7^3$

2 a) $2 \times 2 \times 2$ b) $(-7) \times (-7) \times (-7)$ c) $3 \times 3 \times 3 \times 3 \times 3 \times 4$
   d) $5 \times -(2 \times 2) \times 2$ e) $6 \times 6 \times 6 \times 6 \times 6 \times 6 \times 1 \times 1$

3 a) 10^4 b) 10^7 c) $0,1^7$ d) 12×10^4 oder $1,2 \times 10^5$
   e) $3,4 \times 0,1^4$ oder $34 \times 0,1^5$

4 a) 2^6 b) 5^3 c) 7^3 d) 3^5 e) $-0,3^2$

5 a) $2^4 = 16$ b) $3^4 = 81$ c) $(-2)^3 = -8$ d) $4^5 = 1.024$ e) $2,6^1 = 2,6$

6 a) 16 b) 27 c) 625 d) 0,5 e) 137,96

7 a) 20 b) 36 c) 54 d) 80 e) 36

8 a) 32 b) 0,001 c) 225 d) 4 e) -216

9 a) 16 b) 9 c) 4 d) 4 e) 1

10 a) 64 b) 19.683 c) 0,0081 d) 0,0625 oder 1/16 e) 1

11 a) 27 b) 21 c) 99 d) 59 e) 16

12 a) 10 b) -11 c) 8,16 d) -181 e) 1,01

13 a) 106 b) 1.296 c) 26 d) 289 e) -0,49

14 a) 12/25 b) 2/441 c) 1,67 d) -2 e) 4

15 a) 5/24 b) 1.338,36 c) 808,25 d) 1 e) -5/7

Aufgabenblock 3

Vielfache von 10 ergeben sich aus so vielen Multiplikationen mit 10, wie sie Nullen tragen. Gleiches gilt für Vielfache von 0,1.

Zu 3a) $10.000 = 10 \times 10 \times 10 \times 10 = 10^4$

Zu 3b) $10.000.000 = 10 \times 10 \times 10 \times 10 \times 10 \times 10 \times 10 = 10^7$

Zu 3c) $0,000.000.1 = 0,1 \times 0,1 \times 0,1 \times 0,1 \times 0,1 \times 0,1 \times 0,1 = 0,1^7$

Zu 3d) $120.000 = 12 \times 10 \times 10 \times 10 \times 10 = 12 \times 10^4$ bzw. $1,2 \times 10 \times 10 \times 10 \times 10 \times 10 = 1,2 \times 10^5$

Zu 3e) $0,00034 = 3,4 \times 0,1 \times 0,1 \times 0,1 \times 0,1 = 3,4 \times 0,1^4$ bzw. $34 \times 0,1 \times 0,1 \times 0,1 \times 0,1 \times 0,1 = 34 \times 0,1^5$

Aufgabenblock 4

In diesem Aufgabenblock müssen Sie Wurzeln ziehen. Falls Sie die Lösung nicht auf Anhieb erkennen, hilft eine Primfaktorzerlegung. Schlagen Sie dafür gegebenenfalls in Kapitel 6 (Bruchrechnen) nach.

Zu 4a) $64 = 8^2 = 4^3 = 2 \times 2 \times 2 \times 2 \times 2 \times 2 = 2^6$

Zu 4b) $125 = 5 \times 5 \times 5 = 5^3$

Zu 4c) $343 = 7 \times 7 \times 7 = 7^3$

Zu 4d) $243 = 3 \times 3 \times 3 \times 3 \times 3 = 3^5$

Zu 4e) $-0,09 = -(0,3 \times 0,3) = -0,3^2$

Dass 0,09 das Quadrat von 0,3 ist, haben Sie sicher schnell herausgefunden. Die Herausforderung ist das Minuszeichen: Es darf nicht mitpotenziert werden, sonst verschwände es. Der Term –0,3 darf also nicht eingeklammert werden.

Aufgabenblock 5

Zu 5a) Basis 2; Exponent 4 $\Rightarrow 2^4 = 2 \times 2 \times 2 \times 2 = 16$

Zu 5b) Basis 3; Exponent 4 $\Rightarrow 3^4 = 3 \times 3 \times 3 \times 3 = 81$

Zu 5c) Exponent 3; Basis (–2) $\Rightarrow (-2)^3 = (-2) \times (-2) \times (-2) = -8$

Zu 5d) Exponent 5; Basis 4 $\Rightarrow 4^5 = 4 \times 4 \times 4 \times 4 \times 4 = 1.024$

Zu 5e) Basis 2,6; Exponent 1 $\Rightarrow 2,6^1 = 2,6$

Aufgabenblock 6

Zu 6a) $4^2 = 4 \times 4 = 16$

Zu 6b) $3^3 = 3 \times 3 \times 3 = 27$

Zu 6c) $5^4 = 5 \times 5 \times 5 \times 5 = 625$

Zu 6d) $2^1 \times 0{,}5^2 = 2 \times 0{,}5 \times 0{,}5 = 0{,}5$

Zu 6e) $11{,}4^2 + 8 \times 2^0 = 11{,}4 \times 11{,}4 + 8 \times 1 = 129{,}96 + 8 = 137{,}96$

Aufgabenblock 7

Zu 7a) $2 \times 2^2 + 3 \times 2^2 = (2 + 3) \times 2^2 = 5 \times 4 = 20$

Zu 7b) $4 \times 6^2 - 3 \times 6^2 = (4 - 3) \times 6^2 = 1 \times 36 = 36$

Zu 7c) $5 \times 3^2 - 2 \times 3^2 + 3 \times 3^2 = (5 - 2 + 3) \times 3^2 = 6 \times 9 = 54$

Zu 7d) $4^2 \times (9 - 4) = 4^2 \times 9 - 4^2 \times 4 = 16 \times 9 - 16 \times 4 = 144 - 64 = 80$
Ohne die geforderte Umformung wäre es einfacher gewesen:
$4^2 \times (9 - 4) = 16 \times 5 = 80$

Zu 7e) $3^2 + 4 \times 3^2 - 1 \times 3^2 = 1 \times 3^2 + 4 \times 3^2 - 1 \times 3^2 = (1 + 4 - 1) \times 3^2 = 4 \times 9 = 36$
Auch hier erleichtert das verlangte Umformen die Rechnung nicht: Den Term -1×3^2 hätten Sie direkt mit 3^2 verrechnen können.

> **Tipp**
>
> Nicht jede Aufgabe wird einfacher, wenn man sie umformt. Vor allem bei kurzen Rechnungen mit kleinen Zahlen ist ein distributives Umstellen häufig umständlicher, als die Potenzen der Reihe nach auszurechnen. Prüfen Sie von Fall zu Fall, welche Methode sinnvoller ist.

Aufgabenblock 8

Zu 8a) $2^2 \times 2^3 = 2^{2+3} = 2^5 = 32$

Zu 8b) $0{,}1^2 \times 0{,}1 = 0{,}1^3 = 0{,}001$

Kapitel 7: Potenzen und Wurzeln

Zu 8c) $5^2 \times 3^2 = (5 \times 3)^2 = 15^2 = 225$

Zu 8d) $0,5^2 \times (-4)^2 = [0,5 \times (-4)]^2 = (-2)^2 = 4$

Zu 8e) $(-3)^3 \times 2^2 \times 2 = (-3)^3 \times 2^3 = (-3 \times 2)^3 = (-6)^3 = -216$

Statt $2^2 \times 2$ kann man auch 2^3 schreiben: So erhalten alle Potenzen den gleichen Exponenten, und man kann die Rechnung geschickt vereinfachen.

Aufgabenblock 9

Zu 9a) $2^6 \div 2^2 = 2^{6-2} = 2^4 = 16$

Zu 9b) $\dfrac{3^4}{3^2} = 3^{4-2} = 3^2 = 9$

Zu 9c) $6^2 \div 3^2 = (6 \div 3)^2 = 2^2 = 4$

Zu 9d) $(0,2)^2 \div (0,1)^2 = (0,2 \div 0,1)^2 = 2^2 = 4$

Zu 9e) $0,5^2 \div \left(\dfrac{1}{2}\right)^2 = \left(\dfrac{0,5}{\frac{1}{2}}\right)^2 = 1$

Unschwer zu erkennen: $0,5 = \frac{1}{2}$. Dividend und Divisor sind gleich, was zum Ergebnis 1 führt.

Aufgabenblock 10

Zu 10a) $(2^2)^3 = 2^{2 \times 3} = 2^6 = 64$

Zu 10b) $(3^3)^3 = 3^{3 \times 3} = 3^9 = 19.683$

Zu 10c) $(0,3^2)^2 = 0,3^{2 \times 2} = 0,3^4 = 0,0081$

Zu 10d) $\left(\left(\dfrac{1}{2}\right)^2\right)^2 = \left(\dfrac{1}{2}\right)^{2 \times 2} = \left(\dfrac{1}{2}\right)^4 = 0,25^4 = 0,0625$ oder: $\dfrac{1^4}{2^4} = \dfrac{1}{16}$ $(= 0,0625)$

Zu 10e) $2 \times 2^3 \times (0,5^2)^2 = 2^4 \times 0,5^{2 \times 2} = 2^4 \times 0,5^4 = (2 \times 0,5)^4 = 1^4 = 1$

Hier können Sie sich mehrere Vereinfachungsregeln zunutze machen: 2×2^3 entspricht 2^4, und $(0,5^2)^2$ ist gleichbedeutend mit $0,5^4$. Auf diese Weise erhalten

Sie zwei Potenzen mit gleichem Exponenten, die Sie zum Schluss noch einmal zusammenfassen können.

Aufgabenblock 11

Zu 11a) $3^3 + 4^2 - 2^4 = 27 + 16 - 16 = 27$

Zu 11b) $3^2 + 4^2 - 2^2 = 9 + 16 - 4 = 21$

Aufgepasst: $4^2 - 2^2$ lässt sich nicht zu $(4 - 2)^2$ zusammenziehen. Additionen und Subtraktionen von Potenzen kann man nur vereinfachen, wenn ihre Basen und Exponenten übereinstimmen.

Zu 11c) $3^3 + 3^2 \times 2^3 = 27 + 9 \times 8 = 27 + 72 = 99$

Zu 11d) $3^3 + 4^2 + 4^2 = 27 + 16 + 16 = 59$

Die beiden Summanden 4^2 lassen sich selbstverständlich auch zu 2×4^2 bündeln. Allerdings wird die Aufgabe dadurch nicht wirklich einfacher.

Zu 11e) $5 \times 2^4 - 4^2 \times 4 = 5 \times 16 - 16 \times 4 = (5 - 4) \times 16 = 16$

Hier ermöglicht das Distributivgesetz eine sinnvolle Vereinfachung. Wer auf den ersten Blick erkennt, dass $2^4 = 4^2$ ist, kann noch eleganter vorgehen:

$5 \times 2^4 - 4^2 \times 4 = 5 \times 4^2 - 4^2 \times 4 = (5 - 4) \times 4^2 = 16$

Aufgabenblock 12

Zu 12a) $3 \times 4^1 - 2 = 3 \times 4 - 2 = 12 - 2 = 10$

Zu 12b) $5 \times 5^0 - 4^2 = 5 \times 1 - 16 = -11$

Zu 12c) $0{,}4^2 + 4^3 \div 2^3 = 0{,}16 + (4 \div 2)^3 = 0{,}16 + 2^3 = 0{,}16 + 8 = 8{,}16$

Zu 12d) $12^2 - 4^2 \times 25 + 3 \times 25 = 144 - 25 \times (4^2 - 3) = 144 - 25 \times (16 - 3) = 144 - 25 \times 13 = 144 - 325 = -181$

Ohne Umformung: $144 - 16 \times 25 + 75 = 144 - 400 + 75 = -181$

Zu 12e) $\dfrac{\left(0{,}1^2\right)^2}{0{,}1^4} + 0{,}1^2 = \dfrac{0{,}1^{2 \times 2}}{0{,}1^4} + 0{,}01 = \dfrac{0{,}1^4}{0{,}1^4} + 0{,}01 = 1 + 0{,}01 = 1{,}01$

Kapitel 7: Potenzen und Wurzeln

Aufgabenblock 13

Zu 13a) $(3 \times 5)^2 - 12^2 + 5^2 = 15^2 - 144 + 25 = 225 - 119 = 106$

Zu 13b) $(3 \times 5)^2 \div 5^2 \times 12^2 = 15^2 \div 5^2 \times 12^2 = (15 \div 5 \times 12)^2 = (3 \times 12)^2 = 36^2$
$= 1.296$

Zu 13c) $7^2 \times 2 - 8^2 - 2 \div 0,5^2 = 49 \times 2 - 64 - 2 \div 0,25 = 98 - 64 - 8 = 26$

Zu 13d) $2^1 \div 1^0 \times 0,5 \times (-17)^2 = 2 \div 1 \times 0,5 \times 289 = 2 \times 0,5 \times 289 = 1 \times 289$
$= 289$

Zu 13e) $10^{-2} - \dfrac{3 \times 2}{3} + 6 \div 2^2 = \dfrac{1}{10^2} - 2 + 6 \div 4 = \dfrac{1}{100} - 2 + 1,5 = 0,01 - 2 + 1,5$
$= -0,49$

Aufgabenblock 14

Zu 14a) $\dfrac{3}{4} \times \left(\dfrac{4}{5}\right)^2 = \dfrac{3}{4} \times \dfrac{16}{25} = \dfrac{12}{25}$

Zu 14b) $\left(\dfrac{2}{14}\right)^2 \div \dfrac{6^2}{8} = \dfrac{4}{196} \div \dfrac{36}{8} = \dfrac{1}{49} \times \dfrac{8}{36} = \dfrac{8}{1.764} = \dfrac{2}{441}$

Zu 14c) $0,3 \times \dfrac{3^2}{10} + 1\dfrac{2}{5} = 0,3 \times \dfrac{9}{10} + 1\dfrac{4}{10} = \dfrac{2,7}{10} + 1\dfrac{4}{10} = 0,27 + 1,4 = 1,67$

Zu 14d) $24 \div (-2)^3 + (3^5)^0 = 24 \div (-8) + 1 = -3 + 1 = -2$

Zu 14e) $18^2 \div (4 \times 3^2) \times \dfrac{4}{3^2} = 324 \div (4 \times 9) \times \dfrac{4}{9} = 324 \div 36 \times \dfrac{4}{9} = 9 \times \dfrac{4}{9} = 4$

Aufgabenblock 15

Zu 15a) $\dfrac{5}{6} - \dfrac{1}{2^3} - \dfrac{3^2}{12} = \dfrac{5}{6} + \dfrac{1}{8} - \dfrac{9}{12} = \dfrac{4 \times 5}{4 \times 6} + \dfrac{3 \times 1}{3 \times 8} - \dfrac{2 \times 9}{2 \times 12} = \dfrac{20}{24} + \dfrac{3}{24} - \dfrac{18}{24} = \dfrac{5}{24}$

Zu 15b) $26,14 \times (3 + 2^2)^2 + 4,5 \times 5^2 - 2,2 \times 5^2 = 26,14 \times (3 + 4)^2 + (4,5 - 2,2) \times 5^2$
$= 26,14 \times 7^2 + 2,3 \times 5^2 = 26,14 \times 49 + 2,3 \times 25 = 1.280,86 + 57,5 = 1.338,36$

Zu 15c) $(4^2 \div 2^2)^2 \times 4^3 - 6^7 \div 6^4 + \dfrac{1}{4} = [(4 \div 2)^2]^2 \times 4^3 - 6^{7-4} + \dfrac{1}{4} = 2^{2 \times 2} \times 4^3 - 6^3$

$+ \dfrac{1}{4} = 2^4 \times 4^3 - 216 + 0{,}25 = 4^2 \times 4^3 - 216 + 0{,}25 = 4^{2+3} - 215{,}75 = 4^5 - 215{,}75$

$= 1.024 - 215{,}75 = 808{,}25$

Zu 15d) $\dfrac{2.000}{5^6} + 0{,}218 \times 2^2 = \dfrac{2.000}{15.625} + 0{,}218 \times 4 = \dfrac{16}{125} + 0{,}872 = 0{,}128$
$+ 0{,}872 = 1$

Wenn Sie den Bruch 2.000/5^6 kürzen, müssen Sie den sperrigen Nenner nicht komplett ausrechnen. Der Zähler 2.000 ist mehrfach durch 5 teilbar, wie eine Primfaktorzerlegung zeigt: 2.000 = 5 × 5 × 5 × 4 × 4. Sie können also den Nenner um 125 (5 × 5 × 5) kürzen und drei 5en aus der Potenz im Nenner streichen:

$\dfrac{2.000}{5^6} = \dfrac{16}{5^3} = \dfrac{16}{125} = 0{,}128$

> **Tipp**
>
> Wenn eine Potenz Bestandteil eines Bruchs ist, lässt sich die Rechnung gelegentlich vereinfachen, indem man einzelne Faktoren aus der Potenz herauslöst und sie gegen den Zähler bzw. Nenner wegkürzt.

Zu 15e) $35 \div 7^2 \times (-6)^0 \times (-6^0) = \dfrac{35}{7 \times 7} \times 1 \times -1 = -\dfrac{35}{49} = -\dfrac{5}{7}$

Analog zur vorherigen Aufgabe rechnen Sie auch hier schneller, wenn Sie die Division 35 ÷ 7^2 zuerst um 7 kürzen. Der Faktor $(-6)^0$ hat gemäß den Potenzregeln den Wert 1, das negative Vorzeichen verschwindet. Beim Ausdruck (-6^0) gehört das Minuszeichen jedoch nicht zur Potenz und bleibt daher erhalten.

Kapitel 8: Maße und Einheiten umrechnen

SI-Einheiten und andere Maße

Maße zu vergleichen oder ineinander umzuwandeln, ist nicht nur im Berufsleben eine alltägliche Anforderung. Damit sich dabei jeder auf die gleichen Größen bezieht, gibt es standardisierte Maßsysteme. Das am weitesten verbreitete – und auch in Deutschland gültige – ist das Internationale Einheitensystem, abgekürzt SI (für Système international d'unités). Es definiert sieben Basiseinheiten, nämlich Meter, Kilogramm, Sekunde, Ampere (Stromstärke), Kelvin (Temperatur), Mol (Stoffmenge) und Candela (Lichtstärke). Allerdings deckt das SI bei weitem nicht alles Messbare ab. Digitale Datenmengen zum Beispiel beziffert man in Bits und Bytes – beide gehören nicht zum SI-Inventar. Das Flächenmaß Quadratmeter (m^2) leitet sich unschwer erkennbar von der SI-Basiseinheit Meter ab, doch die traditionellen Einheiten Ar (100 Quadratmeter) und Hektar (100 Ar) fallen aus dem Rahmen. Auch im Bereich der Masse haben viele von alters her gebräuchliche Einheiten bis heute überlebt: Ein halbes Kilogramm ist ein Pfund, 50 Kilogramm sind ein Zentner und 100 Kilogramm ein Doppelzentner.

Eine umfassende Übersicht zu häufig verwendeten Maßen und Einheiten – und ihrer Umrechnung – finden Sie im Anhang dieses Buchs.

Geläufige Vorsätze für Maßeinheiten

Nach dem SI-Schema lassen sich von einer Grundeinheit dezimale Vielfache und Unterteilungen ableiten. In welcher Größenordnung man sich befindet, zeigt der Vorsatz, der dem Namen der Grundeinheit vorangestellt wird.

Zeichen	Name	Wert	Beispiele
n	Nano	Milliardstel (0,000.000.001)	Nanometer, Nanosekunde
µ	Mikro	Millionstel (0,000.001)	Mikrometer, Mikrogramm
m	Milli	Tausendstel (0,001)	Millimeter, Milligramm, Millisekunde
c	Zenti	Hundertstel (0,01)	Zentimeter, Zentiliter

d	Dezi	Zehntel (0,1)	Dezimeter, Deziliter
h	Hekto	Hundert (100)	Hektoliter, Hektopascal
k	Kilo	Tausend (1.000)	Kilogramm, Kilometer, Kilobyte
M	Mega	Million (1.000.000)	Megahertz, Megawatt, Megabyte
G	Giga	Milliarde (1.000.000.000)	Gigahertz, Gigawatt, Gigabyte
T	Tera	Billion (1.000.000.000.000)	Terahertz, Terawatt, Terabyte

Die Rechenaufgaben

Umrechnung von Längen

1a) 2.000 m = ☐ km

1b) 15 m = ☐ km

1c) 28 m = ☐ cm

1d) 7 cm = ☐ dm

1e) 21 dm = ☐ mm

Umrechnung von Flächen
(a = Ar, ha = Hektar)

2a) 0,4 km² = ☐ ha

2b) 7 a = ☐ cm²

2c) 231 m² = ☐ mm²

2d) 0,0087 km² = ☐ dm²

2e) 123 mm² = ☐ m²

Umrechnung von Volumen (l = Liter)

3a) 360 cm³ = ☐ m³

3b) 0,4 µl = ☐ mm³

3c) 34 l = ☐ dm³

3d) 2 hl = ☐ cl

3e) 56 dl = ☐ dm³

Umrechnung von Massen
(pf = Pfund, z = Zentner, t = Tonne)

4a) 158 mg = ☐ g

4b) 0,25 t = ☐ pf

4c) 0,27 kg = ☐ pf

4d) 0,3 z = ☐ t

4e) 23 pf = ☐ z

Umrechnung von Zeiteinheiten
(min = Minute, h = Stunde, d = Tag, w = Woche)

5a) 6 min = ☐ h

5b) 18 h = ☐ d

5c) 2 w = ☐ h

5d) 24 min = ☐ ms

5e) $7/10$ Jahr = ☐ d

Kapitel 8: Maße und Einheiten umrechnen

Umrechnung von Geschwindigkeiten

6a) 36 km/h = ☐ m/s

6b) 0,54 km/h = ☐ m/s

6c) 25 km/s = ☐ m/s

6d) 0,97 m/s = ☐ m/min

6e) 63 m/s = ☐ km/h

Gemischte Aufgaben

7a) 38.880 s = ☐ h = ☐ d

7b) 7.640 cm² = ☐ m² = ☐ ha

7c) 0,056 km = ☐ dm = ☐ mm

7d) 87,5 g = ☐ mg = ☐ kg

7e) 2,7 m³ = ☐ l = ☐ cm³ = ☐ hl

8. Wie viele Zentimeter sind in 3,4 Kilometern?

A. 3.400
B. 340.000
C. 34.000
D. 340
E. Keine Antwort ist richtig.

9. Wie viele Quadratdezimeter sind in 0,31 Ar?

A. 3.100
B. 3.100.000
C. 31.000
D. 310
E. Keine Antwort ist richtig.

10. Wie viele Kubikmeter sind in 572 Dezilitern?

A. 5,72
B. 0,00572
C. 0,572
D. 57,2
E. Keine Antwort ist richtig.

11. Wie viele Hektogramm sind in 7,8 Zentnern?

A. 1.560
B. 39.000
C. 156
D. 3.900
E. Keine Antwort ist richtig.

12. Wie viel Pfund sind in 14,3 Tonnen?

A. 14.300
B. 1.430
C. 28.600
D. 280.000
E. Keine Antwort ist richtig.

13. Wie viele Sekunden sind in 6,5 Tagen und 4¼ Stunden?
A. 9.615
B. 961.500
C. 576.900
D. 57.900
E. Keine Antwort ist richtig.

14. Wie viele Kilometer pro Stunde sind 23,1 Meter pro Sekunde?
A. 13,86
B. 83,16
C. 82,16
D. 138,60
E. Keine Antwort ist richtig.

15. Die Strecke Stuttgart–Berlin beträgt 630 Kilometer. Wie viel Stunden braucht dafür ein Flugzeug mit einer Durchschnittsgeschwindigkeit von 250 Metern pro Sekunde?
A. 1,43 h
B. 2,25 h
C. 0,7 h
D. 0,39 h
E. Keine Antwort ist richtig.

16a) 4 t 75 kg = ◯ g
16b) 2 h 13 min = ◯ s
16c) 8 ha 12 m² = ◯ a
16d) 4 l 35,2 dm³ = ◯ dl
16e) 3,5 z 5 pf 120 g = ◯ kg

Berechnen Sie in einer der Einheiten.

17a) 25 km/h + 230 m/s =
17b) 6,35 m³ – 32 dm³ =
17c) 3,281 l – 57 cm³ =
17d) 0,6 t + 34.000 kg – 1 z =
17e) 0,25 ha ÷ 2,5 m² =

18a) 0,23 × 3 km =
18b) 6 l × 0,0002 =
18c) 35 t × ⅕ =
18d) 128 a ÷ 0,016 ha =
18e) 2,4 m × 231,7 cm =

19a) (12 kg + 28 g) ÷ 2 = ◯ pf
19b) (0,76 t + 2 z) × 13 = ◯ kg
19c) 0,3 m × ⅔ × 25,9 mm =
19d) (3 d + 15 h + 18 min) ÷ 5 =
19e) 36 m³ ÷ 18 m³ × 5 m =

20) Luisa steht an einer Bahnstrecke und misst, wie lange die Züge brauchen, um an ihr vorbeizufahren. Der erste Zug hat zehn Wagen und fährt mit einer Geschwindigkeit von 63 Kilometern pro Stunde. Als Passierzeit stoppt Luisa 15 Sekunden. Den nächsten Zug, der aus vier Wagen besteht, die ebenso lang sind wie diejenigen des ersten Zugs, stoppt Luisa mit 8,4 Sekunden Passierzeit. Wie schnell fährt der zweite Zug (in Kilometern pro Stunde)?

Lösungen

1 a) 2   b) 0,015   c) 2.800   d) 0,7   e) 2.100

2 a) 40   b) 7.000.000   c) 231.000.000   d) 870.000   e) 0,000123

3 a) 0,00036   b) 0,4   c) 34   d) 20.000   e) 5,6

4 a) 0,158   b) 500   c) 0,54   d) 0,015   e) 0,23

5 a) 0,1   b) 0,75   c) 336   d) 1.440.000   e) 255,5

6 a) 10   b) 0,15   c) 25.000   d) 58,2   e) 226,8

7 a) 10,8 (h) | 0,45 (d)   b) 0,764 (m^2) | 0,0000764 (ha)
   c) 560 (dm) | 56.000 (mm)   d) 87.500 (mg) | 0,0875 (kg)
   e) 2.700 (l) | 2.700.000 (cm^3) und 27 (hl)

8 B) 340.000

9 A) 3.100

10 E) Keine Antwort ist richtig.

11 D) 3.900

12 C) 28.600

13 C) 576.900

14 B) 83,16

15 C) 0,7 h

16 a) 4.075.000   b) 7.980   c) 800,12   d) 392   e) 177,62

17 a) 853 km/h | $236,9\overline{4}$ m/s   b) 6,318 m^3 | 6.318 dm^3
   c) 3,224 l | 3.224 cm^3 d) 34,55 t | 34.550 kg | 691 z   e) 1.000

18 a) 0,69 km   b) 0,0012 l   c) 7 t   d) 80   e) 5,5608 m^2 (55.608 cm^2)

19 a) 12,028 pf b) 11.180 kg c) 0,00518 m² | 5.180 mm² | 51,8 cm²
d) 17,46 h | 0,7275 d | 1.047,6 min e) 10 m

20 Der zweite Zug fährt 45 km/h schnell.

Aufgabenblock 1

Zu 1a) 2.000 m = 2 km (1 m = 0,001 km)

Zu 1b) 15 m = 0,015 km (1 m = 0,001 km)

Zu 1c) 28 m = 2.800 cm (1 m = 100 cm)

Zu 1d) 7 cm = 0,7 dm (1 cm = 0,1 dm)

Zu 1e) 21 dm = 2.100 mm (1 dm = 100 mm)

Aufgabenblock 2

Zu 2a) 0,4 km² = 40 ha (1 km² = 100 ha)

Zu 2b) 7 a = 7.000.000 cm² (1 a = 1.000.000 cm²)

Zu 2c) 231 m² = 231.000.000 mm² (1 m² = 1.000.000 mm²)

Zu 2d) 0,0087 km² = 870.000 dm² (1 km² = 100.000.000 dm²)

Zu 2e) 123 mm² = 0,000123 m² (1 mm² = 0,000.001 m²)

Aufgabenblock 3

Zu 3a) 360 cm³ = 0,00036 m³ (1 cm³ = 0,000001 m³)

Zu 3b) 0,4 µl = 0,4 mm³ (1 µl = 1 mm³)

Zu 3c) 34 l = 34 dm³ (1 l = 1 dm³)

Zu 3d) 2 hl = 20.000 cl (1 hl = 10.000 cl)

Zu 3e) 56 dl = 5,6 dm³ (1 dl = 0,1 dm³)

Aufgabenblock 4

Zu 4a) 158 mg = 0,158 g (1 mg = 0,001 g)

Lösungen

Zu 4b) 0,25 t = 500 pf (1 t = 2.000 pf)

Zu 4c) 0,27 kg = 0,54 pf (1 kg = 2 pf)

Zu 4d) 0,3 z = 0,015 t (1 z = 0,05 t)

Zu 4e) 23 pf = 0,23 z (1 pf = 0,01 z)

Aufgabenblock 5

Zu 5a) 6 min = 0,1 h (1 min = $\frac{1}{60}$ h)

Zu 5b) 18 h = 0,75 d (1 h = $\frac{1}{24}$ d)

Zu 5c) 2 w = 336 h (1 w = 7 × 24 h = 168 h)

Zu 5d) 24 min = 1.440.000 ms (1 min = 60 × 1.000 ms = 60.000 ms)

Zu 5e) $\frac{7}{10}$ Jahr = 255,5 Tage (1 Jahr = 365 Tage)

Aufgabenblock 6

Zu 6a) 36 km/h = $\dfrac{36 \times 1.000\ m}{60 \times 60\ s} = \dfrac{36.000\ m}{3.600\ s} = 10\ m/s$

Zu 6b) 0,54 km/h = $\dfrac{0,54 \times 1.000\ m}{60 \times 60\ s} = \dfrac{540\ m}{3.600\ s} = \dfrac{3\ m}{20\ s} = 0,15\ m/s$

Zu 6c) 25 km/s = 25 × 1.000 m/s = 25.000 m/s

Zu 6d) 0,97 m/s = 58,2 m/min (1 m/s = 60 m/min)

Zu 6e) 63 m/s = 226,8 km/h (1 m/s = $\dfrac{3.600\ m}{3.600\ s}$ = 3,6 km/h)

> **Tipp**
> Zum Auswendiglernen und Zeit sparen: Um Meter pro Sekunde in Kilometer pro Stunde umzurechnen, multiplizieren Sie mit dem Faktor $^{18}/_5$ bzw. 3,6 (1 m/s = 3.600 m/3.600 s = 3,6 km/h). In umgekehrter Richtung multiplizieren Sie mit dem Kehrwert $^5/_{18}$ (1 km/h = 1.000 m/3.600 s = $^5/_{18}$ m/s).

Aufgabenblock 7

Zu 7a) 38.880 s = 10,8 h = 0,45 d (1 s = $\frac{1}{3.600}$ h; 1 h = $\frac{1}{24}$ d)

Zu 7b) 7.640 cm² = 0,764 m² = 0,0000764 ha (1 cm² = 0,0001 m²; 1 m² = 0,0001 ha)

Zu 7c) 0,056 km = 560 dm = 56.000 mm (1 km = 10.000 dm; 1 dm = 100 mm)

Zu 7d) 87,5 g = 87.500 mg = 0,0875 kg (1 g = 1.000 mg = 0,001 kg)

Zu 7e) 2,7 m³ = 2.700 l = 2.700.000 cm³ = 27 hl (1 m³ = 1.000 l = 1.000.000 cm³ = 10 hl)

Aufgabe 8

3,4 km = 3,4 × 100.000 cm = 340.000 cm (1 km = 100.000 cm)

Aufgabe 9

0,31 a = 0,31 × 10.000 dm² = 3.100 dm² (1 a = 10.000 dm²)

Aufgabe 10

572 dl = 572 × 0,0001 m³ = 0,0572 m³ (1 dl = 0,0001 m³)

Aufgabe 11

7,8 z = 7,8 × 500 hg = 3.900 hg (1 z = 500 hg)

Aufgabe 12

14,3 t = 14,3 × 2.000 pf = 28.600 pf (1 t = 2.000 pf)

Aufgabe 13

6,5 d + $4\frac{1}{4}$ h = 6,5 × 24 h + $4\frac{1}{4}$ h = 160,25 h = 160,25 × 3.600 s = 576.900 s
(1 d = 24 h; 1 h = 3.600 s)

Aufgabe 14

23,1 m/s = 23,1 × 3,6 km/h = 83,16 km/h (1 m/s = 3,6 km/h)

Aufgabe 15

Das Flugzeug braucht dafür 0,7 Stunden oder 42 Minuten.

250 Meter pro Sekunde entsprechen 900 Kilometern pro Stunde:

250 m/s = 250 × 3,6 km/h = 900 km/h

Die Flugzeit ergibt sich, indem man Strecke durch Geschwindigkeit teilt:

630 km ÷ 900 km/h = 0,7 h

Aufgabenblock 16

Zu 16a) 4 t 75 kg = 4 × 1.000.000 g + 75 × 1.000 g = 4.075.000 g

Zu 16b) 2 h 13 min = 2 × 3.600 s + 13 × 60 s = 7.980 s

Zu 16c) 8 ha 12 m^2 = 8 × 100 a + 12 × 0,01 a = 800,12 a

Zu 16d) 4 l + 35,2 dm^3 = 4 × 10 dl + 35,2 × 10 dl = 392 dl

Zu 16e) 3,5 z + 5 pf + 120 g = 3,5 × 50 kg + 5 × 0,5 kg + 120 × 0,001 kg = 177,62 kg

Aufgabenblock 17

In diesem Aufgabenblock dürfen Sie sich aussuchen, in welche Einheit Sie umrechnen.

Zu 17a) 25 km/h + 230 m/s = 25 km/h + 828 km/h = 853 km/h (1 m/s = 3,6 km/h)

oder ... = $6,9\overline{4}$ m/s + 230 m/s = $236,9\overline{4}$ m/s (1 km/h = 5/18 m/s)

Zu 17b) 6,35 m^3 – 32 dm^3 = 6,35 m^3 – 0,032 m^3 = 6,318 m^3 (1 dm^3 = 0,001 m^3)

oder ... = 6.350 dm^3 – 32 dm^3 = 6.318 dm^3 (1 m^3 = 1.000 dm^3)

Zu 17c) 3,281 l – 57 cm^3 = 3,281 l – 0,057 l = 3,224 l (1 cm^3 = 0,001 l)

oder ... = 3.281 cm^3 – 57 cm^3 = 3.224 cm^3 (1 l = 1.000 cm^3)

Zu 17d) 0,6 t + 34.000 kg – 1z = 0,6 t + 34 t – 0,05 t = 34,55 t (1 kg = 0,001 t; 1 z = 0,05 t)

oder ... = 600 kg + 34.000 kg – 50 kg = 34.550 kg (1 t = 1.000 kg; 1 z = 50 kg) oder ... = 12 z + 680 z – 1 z = 691 z (1 t = 20 z; 1 kg = 0,02 z)

Zu 17e) 0,25 ha ÷ 2,5 m² = 2.500 m² ÷ 2,5 m² = 1.000 (1 ha = 10.000 m²)

oder ... = 0,25 ha ÷ 0,000.25 ha = 1.000 (1 m² = 0,0001 ha)

Hier dividieren sich die Einheiten weg. Das Ergebnis ist eine reine Zahl.

Aufgabenblock 18

Zu 18a) 0,23 × 3 km = 0,69 km

Zu 18b) 6 l × 0,0002 = 0,0012 l

Zu 18c) 35 t × ⅕ = 7 t

Zu 18d) 128 a ÷ 0,016 ha = 128 a ÷ 1,6 a = 80

Zu 18e) 2,4 m × 231,7 cm = 2,4 m × 2,317 m = 5,5608 m²

Aufgabenblock 19

Zu 19a) Hier müssen Sie nicht viel rechnen: Es reicht, die Gramm in Kilogramm umzuwandeln. Ein Kilogramm sind zwei Pfund – diese Multiplikation wird durch die folgende Division durch zwei wieder aufgehoben.

Vollständige Rechnung:

(12 kg + 28 g) ÷ 2 = 12,028 kg ÷ 2 = 12,028 × 2 pf ÷ 2 = 12,028 pf

Zu 19b) (0,76 t + 2 z) × 13 = (0,76 t + 0,1 t) × 13 = 0,86 t × 13 = 11,18 t = 11.180 kg

Wir empfehlen, mit Tonnen zu rechnen und die Werte erst am Ende in Kilogramm umzuwandeln. So können Sie mit kleineren Zahlen arbeiten.

Zu 19c) 0,3 m × ⅔ × 25,9 mm = 30 cm × ⅔ × 2,59 cm = 20 cm × 2,59 cm = 51,8 cm²

Meter und Millimeter liegen recht weit auseinander. Wandeln Sie am besten in Zentimeter um.

Zu 19d) (3 d + 15 h + 18 min) ÷ 5 = (72 h + 15 h + 0,3 h) ÷ 5 = 87,3 h ÷ 5 = 17,46 h

Am bequemsten ist es, alles in Stunden umzurechnen.

Zu 19e) $36 \text{ m}^3 \div 18 \text{ m}^3 \times 5 \text{ m} = 2 \times 5 \text{ m} = 10 \text{ m}$

Die Kubikmeter kürzen sich weg, übrig bleibt eine einfache Rechnung mit Metern.

Aufgabe 20

Der zweite Zug fährt mit einer Geschwindigkeit von 45 km/h.

Während der Passierzeiten fahren die Züge in ihrer vollen Länge vorbei. Da Sie die Geschwindigkeit des ersten Zugs kennen, können Sie berechnen, welche Strecke er in den gestoppten 15 Sekunden zurücklegt (und damit zugleich, wie lang er ist):

$$15 \text{ s} \times 63 \text{ km/h} = 15 \text{ s} \times \frac{63.000 \text{ m}}{3.600 \text{ s}} = 15 \text{ s} \times \frac{63 \text{ m}}{3,6 \text{ s}} = 262,5 \text{ m}$$

Der erste Zug ist also 262,5 Meter lang. Da er aus 10 Wagen besteht, misst ein Wagen 26,25 Meter. Nun können Sie die Länge des zweiten Zugs bestimmen, der aus 4 gleich langen Wagen besteht:

$26,25 \text{ m} \times 4 = 105 \text{ m}$

Luisas Messung zufolge fährt dieser 105 Meter lange Zug in 8,4 Sekunden an ihr vorbei. Aus diesen Angaben ergibt sich die Geschwindigkeit:

$105 \text{ m} \div 8,4 \text{ s} = 12,5 \text{ m/s} = 12,5 \times 3,6 \text{ km/h} = 45 \text{ km/h}$

Fortgeschrittene können derartige Aufgabenstellungen in einer einzigen Rechnung zusammenfassen. Dabei schreibt man den unbekannten Wert – hier das Tempo des zweiten Zugs – auf die linke Gleichungsseite. Auf die rechte Seite kommen die vorhandenen Größen, mit denen man rechnen kann. Für die vorliegende Aufgabe erhält man:

$x = 63 \text{ km/h} \times 15 \text{ s} \div 10 \times 4 \div 8,4 \text{ s} = 262,5 \text{ m} \div 10 \times 4 \div 8,4 \text{ s} = 105 \text{ m} \div 8,4 \text{ s} = 45 \text{ km/h}$

Zum Nachvollziehen: Der erste Schritt $15 \text{ s} \times 63 \text{ km/h}$ bestimmt die Länge des ersten Zugs. Die folgende Division durch 10 ergibt die Länge eines Wagens, die Multiplikation mit 4 die Zuglänge des zweiten Zugs. Geteilt durch dessen Passierzeit erhält man schließlich die gesuchte Geschwindigkeit.

Kapitel 9: Gleichungen (Rechnen mit Variablen II)

Zwei Terme, die durch ein Gleichheitszeichen verbunden sind, bilden eine Gleichung. Durch das Gleichheitszeichen wird behauptet, dass beide Ausdrücke gleichwertig sind: Links soll das Gleiche stehen wie rechts. In einfacher Form kennen Sie dieses Prinzip bereits vom Anfang dieses Buchs: $3 + 5 = 8$ ist nichts anderes als eine Gleichung. In Kapitel 3 haben Sie außerdem schon Rechnungen mit „Platzhaltern" (Variablen) gelöst, indem Sie die Variable auf eine Gleichungsseite gebracht und herausgefunden haben, welcher Wert die Gleichung „wahr" werden lässt. Manchmal gibt es dafür mehrere Möglichkeiten.

Beispiele

$3 + x = 8 \Rightarrow x = 8 - 3 \Rightarrow x = 5$ (Die Gleichung ist nur wahr für $x = 5$)

$x^2 = 4 \Rightarrow x = 2$ oder $x = -2$ (Die Gleichung ist wahr für $x = 2$ und $x = -2$)

Einfache Gleichungen lösen

¬ Vereinfachen Sie die Rechnung durch Äquivalenzumformungen (vgl. Kapitel 3): Die rechte und die linke Gleichungsseite werden auf die gleiche Art und Weise verändert, zum Beispiel durch Addieren, Subtrahieren, Multiplizieren oder Dividieren.

¬ Lösen Sie die Gleichung nach der Unbekannten auf: Formen Sie so um, dass die Variable isoliert auf einer Gleichungsseite steht.

¬ Rechnen Sie mit den bekannten Werten, um die unbekannten zu bestimmen.

Gleichungen mit mehreren Variablen lösen

Auch Gleichungen mit mehr als einer Variablen können eindeutig gelöst werden – vorausgesetzt, die Unbekannten werden über weitere Gleichungen definiert. Damit man zwei Variable berechnen kann, braucht man ein zusammenhängendes Gleichungssystem mit mindestens zwei Gleichungen.

Beispiel

$2x + 3y = 18 \Rightarrow 2x = 18 - 3y \Rightarrow x = (18 - 3y) \div 2$

Mehr kann über x nicht ausgesagt werden. Erst das folgende Gleichungssystem liefert genug Informationen, um x und y zu bestimmen. Indem man Gleichung I nach x auflöst und den erhaltenen Ausdruck in Gleichung II einsetzt, bleibt darin nur noch eine Variable übrig, die sich leicht berechnen lässt:

Gleichung I: $2x + 3y = 18 \Rightarrow 2x = 18 - 3y \Rightarrow x = (18 - 3y) \div 2$

Gleichung II: $3x - y = 5$

$\Rightarrow 3 \times ((18 - 3y) \div 2) - y = 5$

$3 \times (9 - 1{,}5y) - y = 5$

$27 - 4{,}5y - y = 5 \qquad | -5$

$22 - 5{,}5y = 0 \qquad | +5{,}5y$

$22 = 5{,}5y \qquad | \div 5{,}5$

$4 = y$

Nun kann man x durch Einsetzen in die umgeformte Gleichung I berechnen:

$x = (18 - 3y) \div 2 = (18 - 3 \times 4) \div 2 = 6 \div 2 = 3$

$x = 3; y = 4$

Definitionen

Die Menge der Werte, die eine Gleichung wahr werden lassen, bezeichnet man als **Lösungsmenge L**. Für die Gleichung $x = 4$ ist L = {4}, für die Gleichung $x^2 = 4$ ist L = {2; −2}. Falls es keine Lösung gibt, ist L = {} („leere Menge"). Wenn eine Gleichung immer stimmt, unabhängig vom Wert der Variablen, ist sie **allgemeingültig** (z. B. $x - x = 0$) und die Lösungsmenge entspricht der Menge der reellen Zahlen (L = {$\mathbb{R}$}). Gleichungen, deren Variable nur in der ersten Potenz vorkommen, heißen **lineare Gleichungen**. Gleichungen mit quadratischen Potenzen (x^2) sind **quadratische Gleichungen**. Taucht die Variable mindestens einmal im Nenner eines Bruchs auf, handelt es sich um eine **Bruchgleichung**. Darüber hinaus gibt es noch diverse weitere, komplexere Gleichungstypen, die nur extrem selten im Auswahltest vorkommen.

Die Rechenaufgaben

Lösen Sie die Gleichungen ohne Taschenrechner.

Berechnen Sie beide Seiten der folgenden Gleichungen.

1a) $5 \times (4 - 2) = 7 + 3$

1b) $9 \times 2^2 = 49 - (18 - 5)$

1c) $12^2 - 68 \div 4 = 1.250 \times 0{,}25 - 185{,}5$

1d) $3.765 \div \dfrac{25}{27} \times \dfrac{1}{9} = 12 \times 23 + 6 \times 29{,}3$

1e) $2 \times [(5 - 3) \times 4)] \div 5 - 6{,}2 = 3^3 \div 9 - (\dfrac{111}{37} + 3)$

Prüfen Sie den Wahrheitsgehalt der folgenden Gleichungen, indem Sie beide Seiten berechnen.

2a) $23 \times 3 + 78 - 139 = 16 \div 2^3 + 1{,}5 \times 3 + 2 - 0{,}5$

2b) $(392 + 54 \times 3) \div 4 = 121 \times 12 - 56 \times 17 - 72{,}1 \times 5$

2c) $234 - \dfrac{24}{28} \div \dfrac{8}{7} - 0{,}9 = 5^3 \times (423{,}7 - 442 + 20{,}3) - 17{,}4$

2d) $(-3)^4 - (+3)^2 = 3^4 + (-3)^2$

2e) $625 \div \sqrt{25} = 5^3$

Berechnen Sie x.

3a) $1{,}5x = 7{,}5$

3b) $2{,}7x = 8{,}1$

3c) $1{,}2x = 4{,}8$

3d) $11{,}2x = 67{,}2$

3e) $17{,}8x + 2{,}9 = 154{,}2$

Berechnen Sie x.

4a) $\dfrac{1}{7}x = 5$

4b) $\dfrac{3}{8}x = 30$

4c) $\dfrac{28}{x} = 4$

4d) $\dfrac{5x}{2} = 15$

4e) $2 \times \dfrac{x}{3} \times 5 = 9$

Bestimmen Sie die Lösungsmenge L.

5a) $2x + 4 = 19$

5b) $5(x - 2) = 6{,}5 + 3{,}5$

5c) $2(x + 1) + 3(x - 1) = 29$

5d) $(x + 2) \div 2 + 5 \times (x - 3) = 2^3 \times 2{,}5$

5e) $4x + 2 \times 2 = 3x + 2 \times 1{,}5$

Bestimmen Sie die Lösungen.

6a) $6x - 1{,}5 = 4 - 2 + 2x$

6b) $8 - [-2 \times (11 - 5x)] = x - 1 - (1 - 5x)$

6c) $53 - (6x - 4) - x = 13 + (11x - 7) - (6x + 9)$

6d) $120 - [(167 + 48{,}4x) + (52x - 9)] = 62{,}5 + (19{,}6x - 52) - 0{,}5$

6e) $-1\dfrac{3}{4} - 0{,}8 \times (x - 2^2) = -\dfrac{2}{3} \times \left(\dfrac{3}{10}x - 3\right) + \dfrac{1}{2}$

Bestimmen Sie die Lösungen.

7a) $x \times \{2 - 1{,}5 \times [12 \div (6 - 8)]\} - 4x \times 1{,}75 = 0$

7b) $\{[(5 - x) \times 2] \div 4\} \times 0{,}5 - 0{,}5 = 0$

7c) $[(1.340 - 670x) \div (3.578 - 8 \times 447)] \times 0{,}2 = 0$

7d) $3^2 \times 4 + 4^2 \times 2 - \{4x - [(3^2 \times 4 - 4x) - (4^2 \times 2 + 4x) - 3^2 \times 4] + 4x\} = 0$

7e) $7 - [-3 \times (11 - \sqrt{25} \times x)] - [\sqrt{4} \times x - 0{,}5 - (1{,}5 - 2^2 x)] = 0$

Lösen Sie.

8a) $5 \times (3x + 10) - [(5 + 4x) \times (5 - 4x)] - [(2x + 3) \times (8x - 2)] + 20 - [(x + 1) \times (x + 1) - x^2 - 2x] = 0$

8b) $\dfrac{5x}{x - 2} = 10$

8c) $4x + 2 - 4 \times (-2 + 2x) + 8 \times (0{,}5x - 2^2) - 2 \times (-11) = 0$

8d) $2x + (3 \times 2^2) \div 4 + x + 0{,}5 = 2^2 + 3x + ½$

8e) $-12 + 2 \times \sqrt{x^2} + 4 \times (\sqrt{9} + 3x) - 5y = 10 + 18x - y \times (2 + 3)$

Bestimmen Sie die Lösungsmengen der linearen Gleichungssysteme.

9a) (I) $5x - 2y = 1$ und (II) $3x + 3y = 9$

9b) (I) $y = 7x + 8$ und (II) $y = -2x - 1$

9c) (I) $3x + 3y = 3$ und (II) $-4x + 2y = 14$

9d) (I) $4y = 8 - 2x$ und (II) $2x = 35 + 5y$

9e) (I) $3x + 2y = 2$ und (II) $5x - 2y = 14$

Erstellen Sie passende Gleichungen.

10a) Auf der einen Seite des Gleichheitszeichens ein Rechenausdruck, auf der anderen eine Zahl, keine Unbekannte

10b) Auf beiden Gleichungsseiten verschiedene Terme, keine Unbekannte

10c) Eine Unbekannte (x) auf einer Gleichungsseite

10d) Eine Unbekannte (x) auf beiden Gleichungsseiten

10e) Ein Gleichungssystem mit zwei Unbekannten (x, y)

Lösungen

1. a) $10 = 10$ b) $36 = 36$ c) $127 = 127$ d) $451{,}8 = 451{,}8$ e) $-3 = -3$

2. a) $8 = 8$ b) $138{,}5 \neq 139{,}5$ c) $232{,}35 \neq 232{,}6$ d) $72 \neq 90$
   e) $125 = 125$

3. a) $x = 5$ b) $x = 3$ c) $x = 4$ d) $x = 6$ e) $x = 8{,}5$

4. a) $x = 35$ b) $x = 80$ c) $x = 7$ d) $x = 6$ e) $x = 2{,}7$

5. a) $L = \{7{,}5\}$ b) $L = \{4\}$ c) $L = \{6\}$ d) $L = \{^{68}/_{11}\}$ e) $L = \{-1\}$

6. a) $L = \{0{,}875\}$ b) $L = \{2\}$ c) $L = \{5\}$ d) $L = \{-^2/_5\}$ e) $L = \{-1{,}75\}$

7. a) $L = \{0\}$ b) $L = \{3\}$ c) $L = \{2\}$ d) $L = \{2{,}25\}$ e) $L = \{2\}$

8. a) $L = \{10\}$ b) $L = \{4\}$ c) $L = \{\mathbb{R}\}$ d) $L = \{\}$ e) $L_x = \{-2{,}5\}$, $L_y = \{\mathbb{R}\}$

9. a) $L = \{(1; 2)\}$ b) $L = \{(-1; 1)\}$ c) $L = \{(-2; 3)\}$ d) $L = \{(10; -3)\}$
   e) $L = \{(2; -2)\}$

10. Unendlich viele Lösungen, Beispiele siehe Erklärung

Aufgabenblock 1

Zu 1a) $5 \times (4 - 2) = 7 + 3 \Rightarrow 5 \times 2 = 10 \Rightarrow 10 = 10$

Zu 1b) $9 \times 2^2 = 49 - (18 - 5) \Rightarrow 9 \times 4 = 49 - 13 \Rightarrow 36 = 36$

Zu 1c) $12^2 - 68 \div 4 = 1.250 \times 0{,}25 - 185{,}5 \Rightarrow 144 - 17 = 312{,}5 - 185{,}5 \Rightarrow 127 = 127$

Zu 1d) $3.765 \div \dfrac{25}{27} \times \dfrac{1}{9} = 12 \times 23 + 6 \times 29{,}3 \Rightarrow \dfrac{3.765 \times 27}{25 \times 9} = 276 + 175{,}8 \Rightarrow 150{,}6 \times 3 = 451{,}8 \Rightarrow 451{,}8 = 451{,}8$

Zu 1e) $2 \times [(5 - 3) \times 4)] \div 5 - 6{,}2 = 3^3 \div 9 - (\dfrac{111}{37} + 3) \Rightarrow 2 \times 8 \div 5 - 6{,}2 = 3 - (3 + 3) \Rightarrow 3{,}2 - 6{,}2 = 3 - 6 \Rightarrow -3 = -3$

Aufgabenblock 2

Zu 2a) $23 \times 3 + 78 - 139 = 16 \div 2^3 + 1{,}5 \times 3 + 2 - 0{,}5 \Rightarrow 69 - 61 = 16 \div 8 + 4{,}5 + 1{,}5 \Rightarrow 8 = 2 + 6 \Rightarrow 8 = 8$

Die Gleichung ist wahr.

Zu 2b) $(392 + 54 \times 3) \div 4 = 121 \times 12 - 56 \times 17 - 72{,}1 \times 5 \Rightarrow (392 + 162) \div 4 = 1.452 - 952 - 360{,}5 \Rightarrow 554 \div 4 = 139{,}5 \Rightarrow 138{,}5 \neq 139{,}5$

Die Gleichung ist unwahr.

Zu 2c) $234 - \dfrac{24}{28} \div \dfrac{8}{7} - 0{,}9 = 5^3 \times (423{,}7 - 442 + 20{,}3) - 17{,}4 \Rightarrow 234 - \dfrac{6}{7} \times \dfrac{7}{8} - 0{,}9 = 125 \times 2 - 17{,}4 \Rightarrow 234 - 0{,}75 - 0{,}9 = 250 - 17{,}4 \Rightarrow 232{,}35 \neq 232{,}6$

Die Gleichung ist unwahr.

Zu 2d) $(-3)^4 - (+3)^2 = 3^4 + (-3)^2 \Rightarrow 81 - 9 = 81 + 9 \Rightarrow 72 \neq 90$

Die Gleichung ist unwahr.

Zu 2e) $625 \div \sqrt{25} = 5^3 \Rightarrow 625 \div 5 = 125 \Rightarrow 125 = 125$

Die Gleichung ist wahr.

Aufgabenblock 3

Zu 3a) $1{,}5x = 7{,}5 \Rightarrow x = 7{,}5 \div 1{,}5 \Rightarrow x = 5$

Zu 3b) $2{,}7x = 8{,}1 \Rightarrow x = 8{,}1 \div 2{,}7 \Rightarrow x = 3$

Zu 3c) $1{,}2x = 4{,}8 \Rightarrow x = 4{,}8 \div 1{,}2 \Rightarrow x = 4$

Zu 3d) $11{,}2x = 67{,}2 \Rightarrow x = 67{,}2 \div 11{,}2 \Rightarrow x = 6$

Zu 3e) $17{,}8x + 2{,}9 = 154{,}2 \Rightarrow 17{,}8x = 154{,}2 - 2{,}9 \Rightarrow 17{,}8x = 151{,}3 \Rightarrow x = 151{,}3 \div 17{,}8 \Rightarrow x = 8{,}5$

Aufgabenblock 4

Zu 4a) $\dfrac{1}{7}x = 5 \Rightarrow x = 5 \times 7 \Rightarrow x = 35$

Zu 4b) $\frac{3}{8} x = 30 \Rightarrow x = 30 \times \frac{8}{3} \Rightarrow x = 80$

Zu 4c) $\frac{28}{x} = 4 \Rightarrow 28 = 4x \Rightarrow \frac{28}{4} = x \Rightarrow 7 = x$

Zu 4d) $\frac{5x}{2} = 15 \Rightarrow 5x = 15 \times 2 \Rightarrow x = \frac{30}{5} \Rightarrow x = 6$

Zu 4e) $2 \times \frac{x}{3} \times 5 = 9 \Rightarrow 10 \times \frac{x}{3} = 9 \Rightarrow \frac{x}{3} = \frac{9}{10} \Rightarrow x = \frac{27}{10} \Rightarrow x = 2{,}7$

Aufgabenblock 5

Zu 5a) $2x + 4 = 19 \Rightarrow 2x = 15 \Rightarrow x = 7{,}5$

L = {7,5}

Zu 5b) $5(x - 2) = 6{,}5 + 3{,}5 \Rightarrow 5x - 10 = 10 \Rightarrow 5x = 10 + 10 \Rightarrow x = 20 \div 5 \Rightarrow x = 4$

L = {4}

Zu 5c) $2(x + 1) + 3(x - 1) = 29 \Rightarrow 2x + 2 + 3x - 3 = 29 \Rightarrow 5x - 1 = 29 \Rightarrow 5x = 30$
$\Rightarrow x = 30 \div 5 \Rightarrow x = 6$

L = {6}

Zu 5d) $(x + 2) \div 2 + 5 \times (x - 3) = 2^3 \times 2{,}5 \Rightarrow \frac{x}{2} + 1 + 5x - 15 = 20 \Rightarrow \frac{x}{2} + 5x = 34 \Rightarrow \frac{11}{2} x = 34 \Rightarrow 11x = 68 \Rightarrow x = \frac{68}{11}$

L = $\{\frac{68}{11}\}$

Zu 5e) $4x + 2 \times 2 = 3x + 2 \times 1{,}5 \Rightarrow 4x + 4 = 3x + 3 \Rightarrow 4x = 3x + 3 - 4 \Rightarrow 4x - 3x = -1 \Rightarrow x = -1$

L = {−1}

Aufgabenblock 6

Zu 6a) $6x - 1{,}5 = 4 - 2 + 2x \Rightarrow 6x - 1{,}5 = 2 + 2x \Rightarrow 4x - 1{,}5 = 2 \Rightarrow 4x = 3{,}5 \Rightarrow x = 3{,}5 \div 4 = 0{,}875$

$L = \{0,875\}$ bzw. $L = \{\frac{7}{8}\}$

Zu 6b) $8 - [-2 \times (11 - 5x)] = x - 1 - (1 - 5x) \Rightarrow 8 - [-22 + 10x] = x - 1 - 1 + 5x \Rightarrow 8 + 22 - 10x = 6x - 2 \Rightarrow 30 + 2 = 6x + 10x \Rightarrow 32 = 16x \Rightarrow x = 2$

$L = \{2\}$

Zu 6c) $53 - (6x - 4) - x = 13 + (11x - 7) - (6x + 9) \Rightarrow 53 - 6x + 4 - x = 13 + 11x - 7 - 6x - 9 \Rightarrow 57 - 7x = 5x - 3 \Rightarrow 57 + 3 = 5x + 7x \Rightarrow 60 = 12x \Rightarrow x = 60 \div 12 \Rightarrow x = 5$

$L = \{5\}$

Zu 6d) $120 - [(167 + 48,4x) + (52x - 9)] = 62,5 + (19,6x - 52) - 0,5 \Rightarrow 120 - 167 - 48,4x - 52x + 9 = 62,5 + 19,6x - 52 - 0,5 \Rightarrow -38 - 100,4x = 10 + 19,6x \Rightarrow -100,4x = 48 + 19,6x \Rightarrow -120x = 48 \Rightarrow x = -\frac{2}{5}$

$L = \{-\frac{2}{5}\}$

Zu 6e) $-1\frac{3}{4} - 0,8 \times (x - 2^2) = -\frac{2}{3} \times (\frac{3}{10}x - 3) + \frac{1}{2} \Rightarrow -1,75 - 0,8x + 0,8 \times 4 = \frac{-2 \times 3}{3 \times 10}x + \frac{2 \times 3}{3} + 0,5 \Rightarrow -1,75 - 0,8x + 3,2 = -\frac{1}{5}x + 2 + 0,5 \Rightarrow 1,45 - 0,8x = -\frac{1}{5}x + 2,5 \Rightarrow -0,8x + 0,2x = 2,5 - 1,45 \Rightarrow -0,6x = 1,05 \Rightarrow x = 1,05 \div -0,6$

$\Rightarrow x = -1,75$

$L = \{-1,75\}$

Aufgabenblock 7

Zu 7a) $x \times \{2 - 1,5 \times [12 \div (6 - 8)]\} - 4x \times 1,75 = 0 \Rightarrow x \times \{2 - 1,5 \times [12 \div (-2)]\} - 7x = 0 \Rightarrow x \times \{2 - 1,5 \times [-6]\} - 7x = 0 \Rightarrow x \times \{2 + 9\} - 7x = 0 \Rightarrow 2x + 9x - 7x = 0 \Rightarrow 4x = 0 \Rightarrow x = 0$

$L = \{0\}$

Zu 7b) $\{[(5-x) \times 2] \div 4\} \times 0{,}5 - 0{,}5 = 0 \Rightarrow \{[10-2x] \div 4\} \times 0{,}5 - 0{,}5 = 0 \Rightarrow \{2{,}5 - 0{,}5x\} \times 0{,}5 - 0{,}5 = 0 \Rightarrow 1{,}25 - 0{,}25x - 0{,}5 = 0 \Rightarrow 0{,}75 - 0{,}25x = 0 \Rightarrow 0{,}75 = 0{,}25x \Rightarrow 0{,}75 \div 0{,}25 = x \Rightarrow x = 3$

L = {3}

Zu 7c) $[(1.340 - 670x) \div (3.578 - 8 \times 447)] \times 0{,}2 = 0 \Rightarrow [(1.340 - 670x) \div (3.578 - 3.576)] \times 0{,}2 = 0 \Rightarrow [(1.340 - 670x) \div 2] \times 0{,}2 = 0 \Rightarrow [670 - 335x] \times 0{,}2 = 0 \Rightarrow 134 - 67x = 0 \Rightarrow 134 = 67x \Rightarrow x = 134 \div 67 \Rightarrow x = 2$

L = {2}

Zu 7d) $3^2 \times 4 + 4^2 \times 2 - \{4x - [(3^2 \times 4 - 4x) - (4^2 \times 2 + 4x) - 3^2 \times 4] + 4x\} = 0$
$\Rightarrow 9 \times 4 + 16 \times 2 - \{4x - [9 \times 4 - 4x - (16 \times 2 + 4x) - 9 \times 4] + 4x\} = 0$
$\Rightarrow 36 + 32 - \{4x - [36 - 4x - (32 + 4x) - 36] + 4x\} = 0$
$\Rightarrow 68 - \{4x - [36 - 4x - 32 - 4x - 36] + 4x\} = 0$
$\Rightarrow 68 - \{4x - [-8x - 32] + 4x\} = 0 \Rightarrow 68 - \{4x + 8x + 32 + 4x\} = 0$
$\Rightarrow 68 - \{16x + 32\} = 0 \Rightarrow 68 - 16x - 32 = 0 \Rightarrow 36 = 16x \Rightarrow x = 36 \div 16 \Rightarrow x = 2{,}25$

L = {2,25}

Zu 7e) $7 - [-3 \times (11 - \sqrt{25} \times x)] - \sqrt{4} \times x - 0{,}5 - (1{,}5 - 2^2x)] = 0 \Rightarrow 7 - [-3 \times (11 - \sqrt{25} \times x)] - [\sqrt{4} \times x - 0{,}5 - (1{,}5 - 2^2x)] = 0 \Rightarrow 7 - [-3 \times (11 - 5x)] - [2x - 0{,}5 - 1{,}5 + 4x] = 0 \Rightarrow 7 - [-33 + 15x] - [6x - 2] = 0 \Rightarrow 7 + 33 - 15x - 6x + 2 = 0$
$\Rightarrow 42 - 21x = 0 \Rightarrow 42 = 21x \Rightarrow x = 42 \div 21 \Rightarrow x = 2$

L = {2}

Aufgabenblock 8

Zu 8a) $5 \times (3x + 10) - [(5 + 4x) \times (5 - 4x)] - [(2x + 3) \times (8x - 2)] + 20 - [(x + 1) \times (x + 1) - x^2 - 2x] = 0$
$\Rightarrow 15x + 50 - [25 - 20x + 20x - 16x^2] - [16x^2 - 4x + 24x - 6] + 20 - [x^2 + x + x + 1 - x^2 - 2x] = 0$
$\Rightarrow 15x + 50 - [25 - 16x^2] - [16x^2 + 20x - 6] + 20 - 1 = 0$
$\Rightarrow 15x + 50 - 25 + 16x^2 - 16x^2 - 20x + 6 + 20 - 1 = 0$
$\Rightarrow -5x + 50 = 0 \Rightarrow -5x = -50 \Rightarrow x = 10$

L = {10}

Die Gleichung wirkt zunächst sehr aufwendig, zumal sie sich nach dem Ausrechnen der Klammern als quadratische Gleichung (mit x^2) entpuppt. Da die Quadrate im weiteren Verlauf entfallen, wird die Rechnung jedoch zunehmend einfacher.

Zu 8b) $\frac{5x}{x-2} = 10 \Rightarrow 5x = 10 \times (x-2) \Rightarrow 5x = 10x - 20 \Rightarrow -5x = -20 \Rightarrow x = 4$

$L = \{4\}$

Die Variable im Nenner macht diese Gleichung zu einer Bruchgleichung. Indem Sie beide Gleichungsseiten mit dem kompletten Nenner (x − 2) multiplizieren, entfernen Sie die Unbekannte aus ihrer unbequemen Rolle und erhalten eine lineare Gleichung, die sich durch einfaches Umformen lösen lässt.

Zu 8c) $4x + 2 - 4 \times (-2 + 2x) + 8 \times (0{,}5x - 22) - 2 \times (-11) = 0 \Rightarrow 4x + 2 + 8 - 8x + 4x - (8 \times 4) + 22 = 0 \Rightarrow 10 - 32 + 22 = 0 \Rightarrow -22 + 22 = 0$

$L = \{\mathbb{R}\}$

Da die Variable x auf dem Rechenweg verschwindet, stimmt die Gleichung immer, unabhängig von der Unbekannten. Somit handelt es sich um eine allgemeingültige Gleichung mit unendlich vielen Lösungen. Die Variable kann eine beliebige reelle Zahl sein: Darunter versteht die Mathematik (vereinfacht gesagt) alle Punkte, die sich auf einer Zahlengeraden markieren lassen – Brüche, positive und negative Zahlen und einige mehr. Die Menge der reellen Zahlen trägt das Symbol $\mathbb{R}$.

Zu 8d) $2x + (3 \times 2^2) \div 4 + x + 0{,}5 = 2^2 + 3x + \frac{1}{2} \Rightarrow 2x + (3 \times 4) \div 4 + x + 0{,}5 = 4 + 3x + 0{,}5 \Rightarrow 3x + 12 \div 4 + 0{,}5 = 4{,}5 + 3x \Rightarrow 3x + 3 + 0{,}5 = 4{,}5 + 3x \Rightarrow 3x + 3{,}5 = 4{,}5 + 3x \Rightarrow 3x - 3x = 4{,}5 - 3{,}5 \Rightarrow 0x = 1$

$L = \{\}$

Die Gleichung ist unwahr und hat keine Lösungsmenge.

Zu 8e) $-12 + 2 \times \sqrt{x^2} + 4 \times (\sqrt{9} + 3x) - 5y = 10 + 18x - y \times (2 + 3)$
$\Rightarrow -12 + 2 \times x + 4 \times (3 + 3x) - 5y = 10 + 18x - y \times 5 \Rightarrow -12 + 2x + 12 + 12x - 5y = 10 + 18x - 5y \Rightarrow 14x - 5y = 10 + 18x - 5y \Rightarrow 14x = 10 + 18x \Rightarrow -4x = 10$
$\Rightarrow x = -2{,}5$

$L_x = \{-2,5\}$, $L_y = \{\mathbb{R}\}$ oder $L = \{(-2,5; \mathbb{R})\}$

Die ursprüngliche Gleichung enthält zwei Unbekannte. Die Variable y kürzt sich allerdings heraus – für sie können alle möglichen Werte eingesetzt werden. Die Lösungsmenge für y entspricht somit der Menge der reellen Zahlen (vgl. Aufgabe 8c).

Aufgabenblock 9

Zu 9a) (I) $5x - 2y = 1$ und (II) $3x + 3y = 9$

(I) nach x auflösen: $5x = 1 + 2y \Rightarrow x = \frac{1}{5} + \frac{2}{5}y$

Erhaltenen Ausdruck in (II) einsetzen, um y zu berechnen: $3 \times (\frac{1}{5} + \frac{2}{5}y) + 3y = 9 \Rightarrow \frac{3}{5} + \frac{6}{5}y + 3y = 9 \Rightarrow \frac{6}{5}y + \frac{15}{5}y = \frac{45}{5} - \frac{3}{5} \Rightarrow \frac{21}{5}y = \frac{42}{5} \Rightarrow y = 2$

y-Wert in (I) oder (II) einsetzen, um x zu berechnen: $x = \frac{1}{5} + \frac{2}{5}y = \frac{1}{5} + \frac{4}{5} = 1$

$L = \{(1; 2)\}$

Probe:

(I) $5x - 2y = 1 \Rightarrow 5 \times 1 - 2 \times 2 = 1 \Rightarrow 5 - 4 = 1 \Rightarrow 1 = 1$

(II) $3x + 3y = 9 \Rightarrow 3 \times 1 + 3 \times 2 = 9 \Rightarrow 3 + 6 = 9 \Rightarrow 9 = 9$

> **Tipp**
>
> Unsicher, ob alles stimmt? Dann machen Sie die Probe: Setzen Sie die errechneten Werte in die Ausgangsgleichungen ein. Wenn Sie richtig liegen, sind diese wahr.

Zu 9b) (I) $y = 7x + 8$ und (II) $y = -2x - 1$

Ausdruck von (I) in (II) einsetzen, um x zu berechnen: $7x + 8 = -2x - 1 \Rightarrow 7x + 2x = -1 - 8 \Rightarrow 9x = -9 \Rightarrow x = -1$

x-Wert in (I) oder (II) einsetzen, um y zu berechnen: $y = 7x + 8 = 7 \times (-1) + 8 = 1$

$L = \{(-1; 1)\}$

Zu 9c) (I) 3x + 3y = 3 und (II) −4x + 2y = 14

(I) $\Rightarrow$ 3x = 3 − 3y $\Rightarrow$ x = 1 − y

In (II) einsetzen: −4 × (1 − y) + 2y = 14 $\Rightarrow$ −4 + 4y + 2y = 14 $\Rightarrow$ 6y = 18 $\Rightarrow$ y = 3

In (I) einsetzen: x = 1 − 3 = −2

L = {(−2; 3)}

Zu 9d) (I) 4y = 8 − 2x und (II) 2x = 35 + 5y

(I) $\Rightarrow$ y = 2 − 0,5x

In (II) einsetzen: 2x = 35 + 5 × (2 − 0,5x) $\Rightarrow$ 2x = 35 + 10 − 2,5x $\Rightarrow$ 4,5x = 45 $\Rightarrow$ x = 10

In (I) einsetzen: y = 2 − 0,5x = 2 − 0,5 × 10 = 2 − 5 = −3

L = {(10; −3)}

Zu 9e) (I) 3x + 2y = 2 und (II) 5x − 2y = 14

(I) $\Rightarrow$ 3x = 2 − 2y $\Rightarrow$ x = $\frac{2}{3}$ − $\frac{2}{3}$y

In (II) einsetzen: 5 × ($\frac{2}{3}$ − $\frac{2}{3}$y) − 2y = 14 $\Rightarrow$ $\frac{10}{3}$ − $\frac{10}{3}$y − 2y = 14 $\Rightarrow$ −$\frac{10}{3}$y − $\frac{6}{3}$y

= $\frac{42}{3}$ − $\frac{10}{3}$ $\Rightarrow$ −$\frac{16}{3}$y = $\frac{32}{3}$ $\Rightarrow$ y = $\frac{32}{3}$ × (−$\frac{3}{16}$) $\Rightarrow$ y = −2

In (I) einsetzen: x = $\frac{2}{3}$ − $\frac{2}{3}$ × (−2) $\Rightarrow$ x = $\frac{2}{3}$ + $\frac{4}{3}$ = $\frac{6}{3}$ = 2

L = {(2; −2)}

Aufgabenblock 10

In diesem Aufgabenblock gibt es unendlich viele Lösungen.

10a) Zum Beispiel 2 + 3 = 5

10b) Zum Beispiel 2 + 3 = 4 + 1

Voraussetzung: Die Gleichung ist wahr.

10c) Zum Beispiel x + 3 = 5

Voraussetzung: x ist lösbar und die Gleichung ist wahr.

10d) Zum Beispiel $x + 3 = 4 + 3 - x$

Voraussetzung: x und y sind lösbar und die Gleichung ist wahr.

10e) Zum Beispiel

(I) $x + y = 4 + 1$

(II) $x + 2 = y$

Voraussetzung: x und y sind lösbar und die Gleichung ist wahr.

Kapitel 10: Prozentrechnen

Das Prozent stammt vom italienischen „per cento", auf Deutsch „vom Hundert". Rechnerisch wird daraus der Dezimalbruch ein Hundertstel, der sich auch als Dezimalzahl schreiben lässt: ein Prozent = $\frac{1}{100}$ = 0,01. Anstelle dieser recht sperrigen Schreibweisen nutzt man das Kürzel 1 %: Der Bruchstrich (bzw. das Komma) und die beiden Nullen verschmelzen zum Prozentzeichen. So kann man komfortabel mit ganzen Zahlen rechnen. Mithilfe von Prozenten lassen sich Größenverhältnisse anschaulich darstellen und vergleichen. Prozentangaben sind immer relativ und geben wieder, wie sich einzelne Teile mengenmäßig zum Ganzen verhalten. Wie groß diese Teile absolut betrachtet sind, wissen Sie erst, wenn Sie das Ganze kennen: 90 % von 10 Euro sind weniger als 10 % von 100 Euro.

> **Prozente im Alltag**
>
> **Mehrwertsteuer:** Beim Einkaufen zahlen Sie – abhängig vom Produkt – 7 % oder 19 % Mehrwertsteuer. In manchen Fällen ist der Nettopreis (ohne Steuer) angegeben; dann dürfen Sie selbst ausrechnen, was Sie brutto (inklusive Steuer) zahlen müssen.
>
> **Rabatte:** Im Rahmen einer Aktion verspricht ein Kaufhaus 20 % Ermäßigung auf alle Waren. Sie müssen also nur 80 % des ursprünglichen Preises bezahlen.
>
> **Zinsen:** Ein Kreditinstitut wirbt mit attraktiven Anlagezinsen von 3,5 % p. a. Das bedeutet: Sie erhalten pro Jahr („per annum") eine Zinsgutschrift in Höhe von 3,5 % des angelegten Betrags.
>
> **Gehälter:** Lohnerhöhungen werden meist in Prozentwerten verhandelt. Wenn beispielsweise Gewerkschaften für Tariferhöhungen streiten, fordern sie eher „ein Plus von 5 %" als pauschal „1.000 Euro mehr".
>
> **Promille:** Wer von Promille (‰) spricht, meint oft die Blutalkoholkonzentration, die in Milligramm Alkohol pro Gramm Blut angegeben wird. Mathematisch ist das Promille der kleinere Verwandte des Prozents und entspricht einem Tausendstel.

Prozentangaben umwandeln

Prozent- und Dezimalzahlen lassen sich leicht ineinander umwandeln: Beim Umschreiben von Prozenten in Dezimalzahlen wandert das Komma zwei Stellen nach links, in umgekehrter Richtung zwei Stellen nach rechts.

Beispiele

10 % = 0,1 (Das Komma wandert zwei Stellen nach links: 10,0 ⇒ 1,0 ⇒ 0,1)

1,5 = 150 % (Das Komma wandert zwei Stellen nach links: 1,5 ⇒ 15,0 ⇒ 150,0)

Die Umwandlung von Prozenten in Brüche verläuft noch einfacher: Ein Prozent entspricht, wie eingangs erwähnt, dem Bruch $1/100$. Anders herum wird es etwas schwieriger: Will man einen Bruch in Prozenten wiedergeben, muss man ihn meist erst einmal ausrechnen, um dann den erhaltenen Dezimalwert mittels Kommaverschiebung umzuschreiben. Dieses Prinzip funktioniert auch, wenn der Bruchterm eine periodische Dezimalzahl ergibt.

Beispiele

12 % = $12/100$

0,2 % = $0,2/100$ = $2/1.000$

$1/10$ = 0,1 = 10 %

$1/16$ = 0,0625 = 6,25 %

$1/3$ = $0,\overline{3}$ = $33,\overline{3}$ %

Die Prozentformel

Beim Prozentrechnen hilft Ihnen eine Formel mit drei Elementen:

- **Grundwert (G):** Der Grundwert ist das „große Ganze", also der Ausgangswert, auf den sich die Prozente beziehen. Er entspricht immer 100 Prozent.
- **Prozentsatz (p):** Der Prozentsatz besagt, wie groß der betreffende Anteil im Verhältnis zum Grundwert G ist.
- **Prozentwert (W):** Der Prozentwert gibt wieder, welcher absolute Wert sich hinter einer relativen Prozentangabe verbirgt.

Die daraus entstehende Formel können Sie in verschiedene Richtungen auflösen – je nachdem, welchen Wert Sie ermitteln wollen.

$$G = W \times \frac{100}{p}$$

$$p = W \times \frac{100}{G}$$

$$W = G \times \frac{p}{100}$$

Beispiele

Der Grundwert ist 20 und der Prozentsatz 10. Wie lautet der Prozentwert?

$$W = G \times \frac{p}{100} = 20 \times \frac{10}{100} = 2$$

Der Grundwert ist 20 und der Prozentwert 2. Wie hoch ist der Prozentsatz?

$$p = W \times \frac{100}{G} = 2 \times \frac{100}{20} = 10 \, (\%)$$

Der Prozentsatz 10 % entspricht dem Prozentwert 2. Wie lautet der Grundwert?

$$G = W \times \frac{100}{p} = 2 \times \frac{100}{10} = 20$$

Tipp

Rechnerisch erhalten Sie diese Formeln auch über den Dreisatz (der in Kapitel 14 ausführlich behandelt wird). Der Grundwert G verhält sich beispielsweise zu 100 % wie der gesuchte Prozentwert W zum Prozentsatz p. Mathematisch ausgedrückt:

$$\frac{G}{100} = \frac{W}{p} \Rightarrow G \times \frac{p}{100} = W$$

Prozentpunkt ≠ Prozentsatz

Vorsicht, Verwechslungsgefahr: Prozentpunkte entsprechen nicht dem Prozentsatz, sondern beziffern den absoluten Unterschied zwischen zwei Prozentzahlen. Ein Beispiel: Der reguläre Mehrwertsteuersatz stieg am 1. Januar 2007 von 16 Prozent auf 19 Prozent und damit um 3 Prozentpunkte (19 – 16). Wer dagegen behauptet, die Steuer habe sich um den Prozentsatz 3 erhöht, liegt falsch: Prozentsätze geben relative Anteile an einem Grundwert wieder, und der Grundwert ist in diesem Fall der Ausgangs-Steuersatz von 16 Prozent. Eine Steigerung um den Prozentsatz 3 wäre eine Steigerung um 3 Prozent von 16 Prozent. Die Mehrwertsteuer wäre demnach nur um magere 0,48 Prozentpunkte auf 16,48 % gewachsen (16 × 0,03 = 0,48).

Die Rechenaufgaben

Lösen Sie die folgenden Aufgaben ohne Taschenrechner.

Wandeln Sie die Dezimalzahlen in Prozente um.

1a) 0,54
1b) 0,6
1c) 1,7
1d) 0,126
1e) 0,009

Wandeln Sie die Brüche in Prozente um.

2a) $5/100$
2b) $3/10$
2c) $1/5$
2d) $8,23/100$
2e) $2,5/10$

Wandeln Sie die Prozentangaben in Dezimalzahlen und in vollständig gekürzte oder gemischte Brüche um.

3a) 12 %
3b) 78 %
3c) 265 %
3d) 14,4 %
3e) 0,06 %

Wie viel Prozent (p) sind ...

4a) 5 von 10?
4b) 25 von 75?
4c) 16 von 99?
4d) 12,5 von 250?
4e) 2,4 von 0,12?

Berechnen Sie den Prozentwert W.

- **5a)** 5 % von 10
- **5b)** 25 % von 75
- **5c)** 14 % von 87
- **5d)** 23,5 % von 267
- **5e)** 0,08 % von 0,6

Berechnen Sie den Grundwert G.

- **6a)** 13 % von G = 39
- **6b)** 56 % von G = 336
- **6c)** 40 % von G = 98,6
- **6d)** 237 % von G = 1.303,5
- **6e)** 1,27 % von G = 21,4249

Wie viel Prozent sind …

- **7a)** 16 % + 2 %?
- **7b)** 16 % + 2 Prozentpunkte?
- **7c)** 2 % von 16 %?
- **7d)** 16 % von 2 %?
- **7e)** 16 % + (2 % von 16 %)?

Erhöhen Sie …

- **8a)** 12 um 10 %.
- **8b)** 27 um 15 %.
- **8c)** 629 um 0,3 %.
- **8d)** 3.758 um 34,8 %.
- **8e)** 12 um 10 % und danach ein weiteres Mal um 10 %.

Verringern Sie …

- **9a)** 37 um 20 %.
- **9b)** 99 um 14,75 %.
- **9c)** 831 um 0,15 %.
- **9d)** 14.392 um 75 %.
- **9e)** 33,33 um 99,99 %.

Gemischte Aufgaben

- **10a)** Wie viel % (von 0,01) sind 64,87?
- **10b)** Wie viel % (von 0,01) sind $3{,}56/20$?
- **10c)** Schreiben Sie 125,25 % als gemischten Bruch.
- **10d)** Wie viel % sind 0,563 bezogen auf 26,8 (auf 2 Nachkommastellen gerundet)?
- **10e)** Welche prozentuale Erhöhung bewirkt einen Anstieg von 760 auf 763,8?

Im Sommerschlussverkauf werden Rabatte gegeben. Welche neuen, auf Cent gerundeten Endpreise ergeben sich bei ...

11a) 30 % Rabatt auf T–Shirts zum Preis von 19,95 €?
11b) 50 % Rabatt auf Jeans zum Preis von 59,90 €?
11c) 55 % Rabatt auf Tops zum Preis von 15,99 €?
11d) 65 % Rabatt auf Röcke zum Preis von 25,45 €?
11e) 70 % Rabatt auf Hemden zum Preis von 37,50 €?

12. Bei einem erwachsenen Menschen beträgt der Blutanteil etwa 7 Prozent des Körpergewichts. Wie viel wiegt das Blut eines Mannes, der 80 Kilogramm schwer ist?

- **A.** 5,4 Kilogramm
- **B.** 5,5 Kilogramm
- **C.** 5,6 Kilogramm
- **D.** 5,7 Kilogramm
- **E.** 5,8 Kilogramm

13. Gärtnerlehrling Noah hat an einem Tag 90 von 125 Buchsbäumen in ein Beet gesetzt. Wie viel Prozent seiner Pflanzarbeit hat er an diesem Tag erledigt?

- **A.** 70 %
- **B.** 72 %
- **C.** 75 %
- **D.** 78 %
- **E.** 80 %

14. Ein Schreibwarenladen hat seine Preise um 15 Prozent erhöht: Nun kosten Spiralblöcke 1,84 Euro. Wie teuer waren sie vorher?

- **A.** 1,70 Euro
- **B.** 1,65 Euro
- **C.** 1,61 Euro
- **D.** 1,59 Euro
- **E.** Keine Antwort ist richtig.

15. In einem See steckt ein Pfahl mit 45 Prozent seiner Länge im Grund. 35 Prozent sind von Wasser umgeben, 55 Zentimeter ragen heraus. Wie lang ist der Pfahl insgesamt?

- **A.** 2,20 Meter
- **B.** 27,5 Zentimeter
- **C.** 2,75 Meter
- **D.** 270 Zentimeter
- **E.** Keine Antwort ist richtig.

16. Von 650 Schülern einer Realschule sind 312 männlich. Wie hoch ist der prozentuale Anteil der Mädchen?

- **A.** 53,1 %
- **B.** 52,2 %
- **C.** 54,3 %
- **D.** 51,5 %
- **E.** Keine Antwort ist richtig.

17. Julian hat auf einer Online-Auktionsplattform ein Smartphone für 25 Euro ersteigert. Als er kurz danach ein neues Smartphone zum Geburtstag bekommt, verkauft er das ersteigerte wieder und erhält 150 Euro. Wie viel Prozent beträgt sein Gewinn?
   A. 40 %
   B. 500 %
   C. 600 %
   D. 60 %
   E. Keine Antwort ist richtig.

18. Ein Teppichhändler hat 30 Teppiche zum Stückpreis von 2.500 Euro eingekauft. Seine Kunden zeigen jedoch wenig Interesse: Nur zwei Teppiche kann er zum erhofften Preis von je 4.900 Euro verkaufen. Zwei weitere schlägt er für je 3.500 Euro los, den nächsten gibt er zum Einkaufspreis ab. Danach reduziert er die Teppiche auf 2.000 Euro und findet für fast alle einen Abnehmer. Abends sind nur noch drei Exemplare übrig, die er für 1.700 Euro, 1.500 Euro und 1.200 Euro verkauft. Wie viel Prozent Gewinn oder Verlust hat der Händler nach Ladenschluss gemacht?
   A. Rund 5 % Gewinn
   B. Rund 7 % Verlust
   C. Rund 9 % Gewinn
   D. Rund 10 % Verlust
   E. Keine Antwort ist richtig.

19. An einer Tankstelle kostet ein Liter Benzin morgens um 7:00 Uhr 1,62 Euro. Im Laufe des Tages wird dieser Preis dreimal geändert:

¬ um 8:00 Uhr: Erhöhung um 2 Prozent

¬ um 13:00 Uhr: Absenkung um 1,9 Prozent

¬ um 17:00 Uhr: Erhöhung um 1,25 Prozent

Wie teuer ist ein Liter Benzin, auf die zweite Nachkommastelle gerundet, nach 17:00 Uhr?

A. 1,59 Euro

B. 1,70 Euro

C. 1,64 Euro

D. 1,63 Euro

E. Keine Antwort ist richtig.

Ein Tablet-Computer (Tablet 1) kostet nach einer Preisreduktion um 15 Prozent noch 323 Euro. Für das gleiche Modell (Tablet 2) gibt es in einem anderen Geschäft 25 Prozent Rabatt auf ursprüngliche 450 Euro.

20a) Wie teuer war Tablet 1 vor der Preissenkung?

20b) Wie hoch ist die Preissenkung von Tablet 1 in Euro?

20c) Wie teuer ist Tablet 2 nach der Preissenkung?

20d) Welches Tablet ist günstiger? Um wie viel Euro ist es günstiger?

20e) Um wie viel Prozent ist das teurere Tablet – nach den Preissenkungen – teurer als das billige? Runden Sie auf zwei Nachkommastellen.

Lösungen

1 a) 54 % b) 60 % c) 170 % d) 12,6 % e) 0,9 %

2 a) 5 % b) 30 % c) 20 % d) 8,23 % e) 25 %

3 a) 0,12 | 3/25 b) 0,78 | 39/50 c) 2,65 | 2 13/20 d) 0,144 | 18/125
 e) 0,0006 | 3/5.000

4 a) 50 % b) 33,$\bar{3}$ % c) 16,$\overline{16}$ % d) 5 % e) 2.000 %

5 a) W = 0,5 b) W = 18,75 c) W = 12,18 d) W = 62,745
 e) W = 0,00048

6 a) G = 300 b) G = 600 c) G = 246,5 d) G = 550 e) G = 1.687

7 a) 18 % b) 18 % c) 0,32 % d) 0,32 % e) 16,32 %

8 a) 13,2 b) 31,05 c) 630,887 d) 5.065,784 e) 14,52

9 a) 29,6 b) 84,3975 c) 829,7535 d) 3.598 e) 0,003333

10 a) 6.487 % b) 17,8 % c) 1 101/400 d) 2,1 % e) 0,5 %

11 a) 13,97 € b) 29,95 € c) 7,20 € d) 8,91 € e) 11,25 €

12 C) 5,6 Kilogramm

13 B) 72 %

14 E) Keine Antwort ist richtig.

15 C) 2,75 Meter

16 E) Keine Antwort ist richtig.

17 B) 500 %

18 D) Rund 10 % Verlust

19 C) 1,64 €

20 a) 380 € b) 57 € c) 337,50 € d) 14,50 € e) 4,49 %

Aufgabenblock 1

Die gesuchten Prozentwerte erhalten Sie, indem Sie das Komma um zwei Stellen nach rechts verschieben. Auch möglich: Sie wandeln die Dezimalzahl in einen Dezimalbruch und diesen schließlich in eine Prozentzahl um.

Zu 1a) $0{,}54 = \frac{54}{100} = 54\,\%$

Zu 1b) $0{,}6 = \frac{6}{10} = \frac{60}{100} = 60\,\%$

Zu 1c) $1{,}7 = \frac{17}{10} = \frac{170}{100} = 170\,\%$

Zu 1d) $0{,}126 = \frac{126}{1.000} = \frac{12{,}6}{100} = 12{,}6\,\%$

Zu 1e) $0{,}009 = \frac{9}{1.000} = \frac{0{,}9}{1.00} = 0{,}9\,\%$

Aufgabenblock 2

Dezimalbrüche können Sie direkt in Dezimalzahlen umschreiben und daraus die Prozentangaben ableiten. Andere Brüche müssen Sie zuerst in Dezimalbrüche umwandeln oder ausrechnen.

Zu 2a) $\frac{5}{100} = 5\,\%$

Zu 2b) $\frac{3}{10} = \frac{30}{100} = 30\,\%$

Zu 2c) $\frac{1}{5} = \frac{20}{100} = 20\,\%$

Zu 2d) $\frac{8{,}23}{100} = 8{,}23\,\%$

Zu 2e) $\dfrac{2,5}{10} = \dfrac{25}{100} = 25\,\%$

Aufgabenblock 3

Zu 3a) $12\,\% = 0,12 = \dfrac{12}{100} = \dfrac{3}{25}$

Zu 3b) $78\,\% = 0,78 = \dfrac{78}{100} = \dfrac{39}{50}$

Zu 3c) $265\,\% = 2,65 = \dfrac{265}{100} = \dfrac{53}{20} = 2\dfrac{13}{20}$

Zu 3d) $14,4\,\% = 0,144 = \dfrac{144}{1.000} = \dfrac{18}{125}$

Zu 3e) $0,06\,\% = 0,0006 = \dfrac{6}{10.000} = \dfrac{3}{5.000}$

Aufgabenblock 4

Zu 4a) 5 von 10 = $\dfrac{5}{10} = \dfrac{50}{100} = 50\,\%$

Zu 4b) 25 von 75 = $\dfrac{25}{75} = \dfrac{1}{3} = 0,\overline{3} = 33,\overline{3}\,\%$

Zu 4c) 16 von 99 = $\dfrac{16}{99} = 0,\overline{16} = 16,\overline{16}\,\%$

Zu 4d) 12,5 von 250 = $\dfrac{12,5}{250} = 0,05 = 5\,\%$

Zu 4e) 2,4 von 0,12 = $\dfrac{2,4}{0,12} = 20 = 2.000\,\%$

Aufgabenblock 5

Zu 5a) $W = \dfrac{5}{100} \times 10 = \dfrac{50}{100} = 0,5$

Zu 5b) $W = \dfrac{25}{100} \times 75 = \dfrac{1}{4} \times 75 = 18{,}75$

Zu 5c) $W = \dfrac{14}{100} \times 87 = 12{,}18$

Zu 5d) $W = \dfrac{23{,}5}{100} \times 267 = 62{,}745$

Zu 5e) $W = \dfrac{0{,}08}{100} \times 0{,}6 = 0{,}00048$

Aufgabenblock 6

Zu 6a) $G = \dfrac{39}{13} \times 100 = 300$

Zu 6b) $G = \dfrac{336}{56} \times 100 = 600$

Zu 6c) $G = \dfrac{98{,}6}{40} \times 100 = 246{,}5$

Zu 6d) $G = \dfrac{1.303{,}5}{237} \times 100 = 550$

Zu 6e) $G = \dfrac{21{,}4249}{1{,}27} \times 100 = 1.687$

Aufgabenblock 7

Zu 7a) 16 % + 2 % = 18 %

Zu 7b) 16 % + 2 Prozentpunkte = 18 %

Zu 7c) 2 % von 16 % = $\dfrac{2}{100} \times 16\,\% = 0{,}32\,\%$

Zu 7d) 16 % von 2 % = $\dfrac{16}{100} \times 2\,\% = 0{,}32\,\%$

Zu 7e) 16 % + (2 % von 16 %) = 16 % + 0,32 % = 16,32 %

Aufgabenblock 8

Zu 8a) $12 + (0{,}1 \times 12) = 12 + 1{,}2 = 13{,}2$

Sie können sich die Addition auch sparen. Der gesuchte Wert beträgt 100 % + 10 % = 110 % des Grundwerts: Gemäß der Formel $W = G \times P/100$ ergibt sich somit $W = 12 \times {}^{110}/_{100} = 12 \times 1{,}1 = 13{,}2$.

Zu 8b) $27 \times (100\,\% + 15\,\%) = 27 \times 115\,\% = 27 \times 1{,}15 = 31{,}05$

Per Addition: $27 + 0{,}15 \times 27 = 27 + 4{,}05 = 31{,}05$

Zu 8c) $629 \times 100{,}3\,\% = 629 \times 1{,}003 = 630{,}887$

Per Addition: $629 + 0{,}003 \times 629 = 629 + 1{,}887 = 630{,}887$

Zu 8d) $3.758 \times 134{,}8\,\% = 3.758 \times 1{,}348 = 5.065{,}784$

Per Addition: $3.758 + 0{,}348 \times 3.758 = 3.758 + 1307{,}784 = 5.065{,}784$

Zu 8e) $12 \times 110\,\% \times 110\,\% = 12 \times 1{,}1 \times 1{,}1 = 14{,}52$

Wenn Sie nacheinander um jeweils 10 % erhöhen, beträgt die gesamte Steigerung nicht 20 %, sondern 21 %: Bei der zweiten Erhöhung ist der Grundwert bereits um 10 % vermehrt. Die Addition wäre an dieser Stelle umständlich und riskant.

Aufgabenblock 9

Zu 9a) Der neue Grundwert beträgt 100 % − 20 % = 80 % vom alten Grundwert. Daraus ergibt sich: $37 \times 80\,\% = 37 \times 0{,}8 = 29{,}6$.

Zu 9b) $99 \times (100\,\% - 14{,}75\,\%) = 99 \times 85{,}25\,\% = 99 \times 0{,}8525 = 84{,}3975$

Zu 9c) $831 \times (100\,\% - 0{,}15\,\%) = 831 \times 99{,}85\,\% = 831 \times 0{,}9985 = 829{,}7535$

Zu 9d) $14.392 \times (100\,\% - 75\,\%) = 14.392 \times 25\,\% = 14.392 \times 0{,}25 = 3.598$

Zu 9e) $33{,}33 \times (100\,\% - 99{,}99\,\%) = 33{,}33 \times 0{,}01\,\% = 33{,}33 \times 0{,}0001 = 0{,}003333$

Aufgabenblock 10

Zu 10a) Kommaverschiebung um zwei Stellen nach rechts: $64{,}87 = 6.487\,\%$

Zu 10b) $\dfrac{3{,}56}{20} = \dfrac{3{,}56 \times 5}{100} = \dfrac{17{,}8}{100} = 17{,}8\,\%$

Zu 10c) 125,25 % als gemischter Bruch: $\dfrac{125{,}25}{100} = 1\dfrac{25{,}25}{100} = 1\dfrac{101}{400}$

Zu 10d) $0{,}563 \div 26{,}8 = 0{,}021007462 \approx 2{,}1\,\%$

Zu 10e) Die Erhöhung beträgt 0,5 %.

Der Prozentwert W entspricht 100,5 % des Grundwerts G, der demnach um 0,5 % gewachsen ist. Anders ausgedrückt: Die Erhöhung beträgt 0,5 %.

$p = \dfrac{W}{G} \times 100 = \dfrac{763{,}8}{760} \times 100 = 100{,}5\,\%$

Prozentuale Erhöhung = p − 100 % = 100,5 % − 100 % = 0,5 %

Aufgabenblock 11

Hier brauchen Sie die Formel W = G × p/100. Der Prozentsatz p ergibt sich jeweils aus 100 % des ursprünglichen Warenpreises abzüglich dem angegebenen Rabatt.

Zu 11a) p = 100 % − 30 % = 70 %

$W = 19{,}95\,\text{€} \times \dfrac{70}{100} = 19{,}95\,\text{€} \times 0{,}7 = 13{,}965\,\text{€} \approx 13{,}97\,\text{€}$

Zu 11b) Hier können Sie den Ursprungspreis direkt halbieren:
59,90 € ÷ 2 = 29,95 €.

Zu 11c) p = 100 % − 55 % = 45 %

W = 15,99 € × 0,45 = 7,1955 € ≈ 7,20 €

Zu 11d) p = 100 % − 65 % = 35 %

W = 25,45 € × 0,35 = 8,9075 € ≈ 8,91 €

Zu 11e) p = 100 % − 70 % = 30 %

W = 37,5 € × 0,3 = 11,25 €

Aufgabe 12

Das Blut eines 80 Kilogramm schweren Mannes wiegt 5,6 Kilogramm.

Bekannt: $G = 80$ kg; $p = 7\,\%$

$W = G \times \dfrac{p}{100} = 80 \text{ kg} \times \dfrac{7}{100} = 5{,}6 \text{ kg}$

Aufgabe 13

Noah hat an diesem Tag 72 % seiner Pflanzarbeit erledigt.

Bekannt: $G = 125$; $W = 90$

$p = \dfrac{W}{G} \times 100 = \dfrac{90}{125} \times 100 = 72$

Aufgabe 14

Die Spiralblöcke haben vor der Preiserhöhung 1,60 Euro gekostet.

Bekannt: $W = 1{,}84 \text{ €}$; $p = 115$

$G = \dfrac{W}{p} \times 100 = \dfrac{1{,}84 \text{ €}}{115} \times 100 = 1{,}6 \text{ €}$

Aufgabe 15

Der Pfahl ist insgesamt 2,75 Meter lang.

Die Aufgabenstellung liefert Ihnen zwei Prozentangaben: 45 Prozent des Pfahls stecken im Grund, 35 Prozent sind von Wasser umgeben. Für den dritten Teil des Pfahls erhalten Sie die absolute Länge – 55 Zentimeter ragen aus dem Wasser. Anhand dieser Informationen sollen Sie nun die Gesamtlänge ermitteln. Die Formel dafür kennen Sie: $G = W \times {}^{100}/_{p}$. Doch welchen Prozentwert und welchen Prozentsatz setzen Sie ein? Am einfachsten ist es, wenn Sie den 55-Zentimeter-Anteil als Prozentwert heranziehen und den dazugehörigen Prozentsatz bestimmen. Dazu ziehen Sie die Prozentsätze der beiden anderen Pfahlteile von 100 % ab:

$p = 100\,\% - 45\,\% - 35\,\% = 20\,\%$

Der 55 Zentimeter lange Pfahlabschnitt entspricht 20 % der Pfahllänge. In die Formel eingesetzt, ergibt sich:

$G = \dfrac{55 \text{ cm}}{20} \times 100 = 275 \text{ cm} = 2{,}75 \text{ m}$

Sie können beide Teilaufgaben auch zu einer Rechnung zusammenfassen:

$$G = \frac{55\,cm}{(100-45-35)} \times 100 = 2{,}75\,m$$

Aufgabe 16

Der Mädchenanteil beträgt 52 Prozent.

G ist bekannt (650); W beziffert die Anzahl der Mädchen und kann leicht ermittelt werden: W = 650 − 312 = 338. Somit ergibt sich:

$$p = W \times \frac{100}{G} = \frac{338}{650} \times 100 = 52$$

Aufgabe 17

Julians Gewinn beträgt 500 %.

G ist der Einkaufspreis (25 €). W ist Julians Gewinn und errechnet sich aus der Differenz zwischen Verkaufspreis und Einkaufspreis: 150 € − 25 € = 125 €.

$$p = W \times \frac{100}{G} = \frac{125}{25} \times 100 = 500$$

Aufgabe 18

Der Teppichhändler hat insgesamt rund 10 Prozent Verlust gemacht.

Der Grundwert G ist der Gesamtpreis, den der Händler für alle Teppiche bezahlt hat: 30 × 2.500 € = 75.000 €. Der Prozentwert W – der Gewinn oder Verlust – ergibt sich aus der Differenz dieses Gesamt-Einkaufspreises zum Gesamterlös, den der Händler erzielt hat. Dieser Gesamterlös entspricht der Summe der Einzelerlöse, wobei Sie noch herausfinden müssen, wie viele Teppiche für 2.000 € den Besitzer gewechselt haben. Ziehen Sie dazu die bekannten Stückzahlen der verkauften Exemplare von der Gesamtzahl der eingekauften Teppiche ab:

30 − 2 − 2 − 1 − 3 = 22

Der Händler hat also 22 Teppiche für je 2.000 € verkauft. Nun können Sie den Gesamterlös berechnen:

2 × 4.900 € + 2 × 3.500 € + 2.500 € + 22 × 2.000 €+ 1.700 € + 1.500 € + 1.200 €
= 67.700 €

Für W ergibt sich:

W = (Verkaufspreis − Einkaufspreis) = 67.700 − 75.000 = −7.300

Den prozentualen Verlust errechnen Sie folgendermaßen:

$p = W \times \dfrac{100}{G} = -\dfrac{7.300}{75.000} \times 100 = -9{,}7\ \% \approx -10\ \%$

Aufgabe 19

Nach 17:00 Uhr kostet ein Liter Benzin rund 1,64 Euro.

Gesucht wird der Prozentwert W, den Sie anhand der Formel W = G × p/100 ermitteln können.

Berücksichtigen Sie, dass sich ab dem ersten Schritt jede Änderung auf einen veränderten Grundwert bezieht. Sie dürfen also keinesfalls die Prozente einfach addieren oder subtrahieren. Am einfachsten ist es, mit Dezimalzahlen zu multiplizieren:

1. Schritt (2 % Erhöhung): $W = 1{,}62 \times \dfrac{(100+2)}{100} = 1{,}62 \times 1{,}02 = 1{,}6524$

2. Schritt (1,9 % Senkung): $W = 1{,}6524 \times \dfrac{(100-1{,}9)}{100} = 1{,}6524 \times 0{,}981 = 1{,}6210044$

3. Schritt (1,25 % Erhöhung): $W = 1{,}6210044 \times \dfrac{(100+1{,}25)}{100} = 1{,}6210044 \times 1{,}0125 = 1{,}641266955 \approx 1{,}64$

In einer Rechnung gebündelt: W = 1,62 × 1,02 × 0,981 × 1,0125 ≈ 1,64

Aufgabenblock 20

Zu 20a) Tablet 1 kostete vor der Preissenkung 380 Euro.

Gefragt ist nach dem Grundwert. Als Prozentwert nehmen Sie den herabgesetzten Preis, der zugehörige Prozentsatz p errechnet sich aus 100 % minus der Reduktion: 100 % − 15 % = 85 %. Somit ergibt sich:

$G = \dfrac{W}{p} \times 100 = \dfrac{323\ €}{85} \times 100 = 3{,}8 \times 100 = 380$

Zu 20b) Die Preissenkung von Tablet 1 beträgt 57 Euro.

Den ursprünglichen Preis haben Sie soeben berechnet, daher können Sie nun einfach die Differenz bilden: 380 € − 323 € = 57 €. Alternativ kommen Sie auch über den Rabattsatz von 15 % zur Lösung:

$$W = G \times \frac{p}{100} = 380\,€ \times \frac{15}{100} = 57\,€$$

Zu 20c) Tablet 2 kostet nach der Preissenkung noch 337,50 Euro.

Bekannt: G = 450; p = 100 − 25 = 75

$$W = G \times \frac{p}{100} = 450 \times \frac{75}{100} = 337,50$$

Zu 20d) Tablet 1 ist um 14,50 Euro günstiger als Tablet 2.

337,50 € − 323 € = 14,5 €

Zu 20e) Nach den Reduktionen ist Tablet 2 um rund 4,49 % teurer als Tablet 1.

$$p = \frac{W}{G} \times 100 = \frac{337,5}{323} \times 100 = 104,4891641 \approx 104,49$$

Die Frage, um wie viel Prozent das billigere Tablet günstiger ist als das teure, ergibt übrigens ein anderes Resultat: Die Bezugsgröße (der Grundwert) ist dann der Preis des teureren Tablets, und der Prozentwert der Preis des billigeren:

$$p = \frac{W}{G} \times 100 = \frac{323}{337,5} \times 100 \approx 95,70 - \text{Tablet 1 ist rund 4,3 \% günstiger.}$$

Kapitel 11: Zinsrechnen

Wer sein Erspartes bei einer Bank anlegt, erhält dafür Zinsen. Wer sich Geld von der Bank leiht, muss selbst Zinsen zahlen. Verständlich, dass Zinsaufgaben vor allem aus den Einstellungstests der Finanzwirtschaft nicht wegzudenken sind. Doch auch in anderen Branchen, die hohe mathematische Anforderungen stellen, ist damit zu rechnen.

Die Zinsformel

Die Zinsrechnung lässt sich als erweiterte Prozentrechnung verstehen. Daher entspricht die Zinsformel weitgehend der Prozentformel – mit veränderten Bezeichnungen. Als zusätzlicher Faktor tritt die Zeit auf: Je länger die Laufzeit einer Kapitalanlage, desto höher der Zinsertrag.

¬ Der **Grundwert G** wird zum **Kapital K**: Dahinter verbirgt sich der angelegte Betrag.

¬ Der **Prozentsatz p** wird zum **Zinssatz p**, der besagt, welcher Prozentsatz des Kapitals in einer bestimmten Zeit als Zins gutgeschrieben wird. Üblicherweise bezieht sich der Zinssatz auf eine einjährige Laufzeit, was durch den Zusatz „p. a." (lateinisch „per annum" – „pro Jahr") verdeutlicht werden kann (aber nicht muss).

¬ Der **Prozentwert W** wird zum **Zinsbetrag Z**, der den absoluten Wert der anfallenden Zinsen beziffert.

¬ Hinzu kommt die **Laufzeit t**, die wiedergibt, wie lange das Kapital angelegt wird – und zwar in Relation zum Referenzzeitraum des Zinssatzes p (normalerweise ein Jahr). Ist t kürzer als dieser Zeitraum, fallen anteilig weniger Zinsen ab. Als feste Bezugsgröße dient dabei das Zinsjahr (auch „Bankjahr") mit exakt 360 Tagen, aufgeteilt in 12 Zinsmonate à 30 Tage. Bei einer Laufzeit von einem Monat beträgt der Wert für t in der Zinsformel $^{30}/_{360} = ^{1}/_{12}$, bei einer Laufzeit von einem Jahr ist t = 1.

$$Z = K \times \frac{p}{100} \times t$$

$$K = Z \times \frac{100}{p} \times \frac{1}{t}$$

$$p = \frac{Z}{K} \times 100 \times \frac{1}{t}$$

$$t \text{ (in Jahren)} = \frac{Z \times 100}{K \times p}$$

Beispiele

2.500 Euro sind mit einer Verzinsung von 4 % angelegt (K = 2.500; p = 4 %).
Nach einem Jahr werden 100 Euro Zinsen fällig:

$$Z = 2.500 \times \frac{4}{100} \times 1 = 100 \; (t = \frac{1\,\text{Jahr}}{1\,\text{Jahr}} = 1)$$

Nach 3 Monaten werden 25 Euro Zinsen fällig:

$$Z = 2.500 \times \frac{4}{100} \times \frac{1}{4} = 100 \times \frac{1}{4} = 25 \; (t = \frac{3\,\text{Monate}}{12\,\text{Monate}} = \frac{1}{4})$$

Nach 18 Tagen werden 5 Euro Zinsen fällig:

$$Z = 2.500 \times \frac{4}{100} \times \frac{1}{20} = 100 \times \frac{1}{20} = 5 \; (t = \frac{18\,\text{Tage}}{360\,\text{Tage}} = \frac{1}{20})$$

Lineare und exponentielle Verzinsungen

Als **lineare Verzinsung** bezeichnet man eine einfache Verzinsungsform, bei der das Kapital gleich bleibt und pro Zeiteinheit konstante Zinserträge abwirft. Beispiel: Ein Sparer hat Geld zu einem festen Zinssatz angelegt und lässt sich die fälligen Zinsen jährlich auszahlen. Würde der Sparer die Zinsen dagegen auf sein Anlagekapital aufschlagen, könnte er vom **Zinseszins-Effekt** profitieren: Das Kapital wüchse von Jahr zu Jahr und würde trotz unverändertem Zinssatz immer höhere Zinsen abwerfen – die Zinsen der Vergangenheit werden in der Zukunft mitverzinst. Man spricht dabei auch von einer **exponentiellen Verzinsung**.

Tipp

Im Test gilt allgemein: Wenn nicht ausdrücklich erwähnt wird, dass es um eine exponentielle Verzinsung geht und der Zinseszins berücksichtigt werden soll, wird linear verzinst.

- **Das Kapitalwachstum bei linearer und exponentieller Verzinsung**

Bei linearer Verzinsung ergibt sich das nach einer bestimmten Zahl an Jahren (n) angehäufte Endkapital K_n aus der Summe des Startkapitals K_0 und dem über die Laufzeit anfallenden Zinsbetrag (Z):

$$K_n = K_0 + Z = K_0 + K_0 \times \frac{p}{100} \times t = K_0 \times \left(1 + \frac{p}{100} \times t\right)$$

Da diese Formel das jährliche Kapitalwachstum ignoriert, muss sie für exponentielle Verzinsungen angepasst werden (für n ist die Laufzeit in Jahren einzusetzen):

$$K_n = K_0 \times \left(1 + \frac{p}{100}\right)^n$$

- **Der Zins bei linearer und exponentieller Verzinsung**

Wird linear verzinst, berechnet sich der Zinsbetrag einfach nach der Zinsformel $Z = K \times p/100 \times t$. Bei exponentieller Verzinsung muss dagegen berücksichtigt werden, dass mit dem Anlagekapital auch der Zinsertrag steigt: Im zweiten Jahr fallen mehr Zinsen ab als im ersten, im dritten mehr als im zweiten usw.

Beispiel

2.500 Euro wurden mit einer Verzinsung von 4 % angelegt (K = 2.500; p = 4 %). Bei linearer Verzinsung werden nach 2 Jahren 200 Euro Zinsen fällig:

$$Z = K \times \frac{p}{100} \times t = 2.500 \times \frac{4}{100} \times 2 = 200 \; (t = \frac{2 \, \text{Jahre}}{1 \, \text{Jahr}} = 2)$$

Bei exponentieller Verzinsung werden im ersten Jahr 100 Euro, im zweiten 104 Euro und somit insgesamt 204 Euro Zinsen fällig:

Erstes Jahr: $Z_1 = K_0 \times \dfrac{p}{100} \times t = 2.500 \times \dfrac{4}{100} = 100$ ($t = \dfrac{1\,\text{Jahr}}{1\,\text{Jahr}} = 1$)

Zweites Jahr: $Z_2 = K_1 \times \dfrac{p}{100} \times t = (2.500 + 100) \times \dfrac{4}{100} = 104$ ($t = \dfrac{1\,\text{Jahr}}{1\,\text{Jahr}} = 1$)

Der Zinsfaktor

Der Zinsfaktor q (oder auch Wachstumsfaktor) drückt aus, wie stark das Endkapital gegenüber dem Ausgangskapital gewachsen ist. Sie haben ihn bereits in den Formeln zum Kapitalwachstum kennen gelernt; er entspricht dem Ausdruck $1 + p/100$ aus der allgemeinen Zinsformel: $q = 1 + p/100$.

Somit lässt sich die Verzinsungsformel verkürzen in $K_n = K_0 \times q^n$. Daraus ergibt sich – nach einigen komplizierten Auflösungsschritten – eine direkte Berechnung des Zinsfaktors q aus den Kapitalbeträgen:

$q = \dfrac{K_n}{K_{n-1}}$

Die Rechenaufgaben

Ein Guthaben von 18.000 Euro wird zu einem Zinssatz von 2,5 Prozent angelegt. Wie viel Zinsen fallen an ...

1a) nach 1 Jahr?
1b) nach ¼ Jahr?
1c) nach 9 Monaten?
1d) nach 30 Tagen?
1e) nach 240 Tagen?

Berechnen Sie die Jahreszinsen.

2a) K = 500 €; p = 2 %
2b) K = 500 €; p = 4 %
2c) K = 1.000 €; p = 2 %
2d) K = 15.000 €; p = 3 %
2e) K = 250 €; p = 1,75 %

Berechnen Sie die Zinsen.

3a) K = 600 €; p = 2 %; Laufzeit = ½ Jahr

3b) K = 700 €; p = 3 %; Laufzeit = 4 Monate

3c) K = 12.000 €; p = 3,5 %; Laufzeit = 8 Monate

3d) K = 9.600 €; p = 1,8 %; Laufzeit = 15 Tage

3e) K = 3.544,50 €; p = 0,5 %; Laufzeit = 90 Tage

Welcher Zinssatz wurde vereinbart?

4a) K = 2.500 €; Z = 12,50 €; Laufzeit = 120 Tage (d)

4b) K = 5.400 €; Z = 144 €; Laufzeit = 8 Monate

4c) K = 1.260 €; Z = 21 €; Laufzeit = 5 Monate

4d) K = 7.440 €; Z = 22,32 €; Laufzeit = 36 d

4e) K = 7.200 €; Z = 259,20 €; Laufzeit = 216 d

Welches Kapital wurde angelegt?

5a) Z = 68,47 €; p = 10 %; Laufzeit = 1 Jahr

5b) Z = 3,38 €; p = 4 %; Laufzeit = 1 Jahr

5c) Z = 10.000 €; p = 5 %; Laufzeit = ½ Jahr

5d) Z = 19,20 €; p = 6 %; Laufzeit = 32 d

5e) Z = 24,50 €; p = 2 %; Laufzeit = 280 d

Wie lange wurde das Kapital angelegt?

6a) K = 42.500 €; p = 6,5 %; Z = 552,50 €

6b) K = 247,50 €; p = 0,4 %; Z = 0,66 €

6c) K = 24.000 €; p = 5 %; Z = 260 €

6d) K = 2.800 €; p = 7 %; Z = 196 €

6e) K = 3.710 €; p = 3,4 %; Z = 63,07 €

Geben Sie den Zinsfaktor q an.

7a) $p = 7\%$

7b) $p = 5{,}3\%$

7c) $p = 13{,}6\%$

7d) $p = 2{,}75\%$

7e) $p = 0{,}4\%$

Berechnen Sie die Zinsen (t = 1 Jahr), den Zinsfaktor und den Zinssatz.

8a) $K_0 = 30.000\ €,\ K_1 = 31.500\ €$

8b) $K_0 = 578\ €;\ K_1 = 595{,}34\ €$

8c) $K_0 = 2.536\ €;\ K_1 = 2.599{,}40\ €$

8d) $K_0 = 52\ €;\ K_1 = 52{,}26\ €$

8e) $K_0 = 14.564\ €;\ K_1 = 16.020{,}95\ €$

Wie hoch ist das Endkapital K_1 nach einem Jahr?

9a) $K_0 = 3{,}25\ €;\ p = 4\%$

9b) $K_0 = 950\ €;\ p = 8\%$

9c) $K_0 = 988\ €;\ p = 2{,}5\%$

9d) $K_0 = 11.010{,}50\ €;\ p = 3\%$

9e) $K_0 = 75.589{,}56\ €;\ p = 0{,}75\%$

Berechnen Sie den gesuchten Wert.

10a) $K_0 = 33.000\ €;\ p = 8\%;\ Z = 2.640\ €;\ \text{Laufzeit} = ?$

10b) $K_0 = 13.750\ €;\ K_1 = 15.331{,}25\ €;\ \text{Laufzeit} = 1\ \text{Jahr};\ p = ?$

10c) $K_0 = 7.550\ €;\ \text{Laufzeit} = 7\ \text{Monate};\ p = 3\%;\ Z = ?$

10d) $K_0 = 650\ €;\ \text{Laufzeit} = \tfrac{1}{2}\ \text{Jahr};\ p = 2{,}5\%;\ K_{0{,}5} = ?$

10e) $K_0 = 4.000\ €;\ t = 4\ \text{Monate};\ K_1 = 4.064;\ q = ?$

Berechnen Sie das Endkapital (K_n) bei linearer und bei exponentieller Verzinsung.

11a) K_0 = 1.800 €; p = 5 %; Laufzeit = 2 Jahre
11b) K_0 = 1.000 €; p = 3 %; Laufzeit = 3 Jahre
11c) K_0 = 5.000 €; p = 7 %; Laufzeit = 4 Jahre
11d) K_0 = 6.000 €; p = 6,5 %; Laufzeit = 5 Jahre
11e) K_0 = 25.000 €; p = 5 %; Laufzeit = 10 Jahre

12. Auf welchen Betrag wächst ein Kapital von 100 Euro an, das 10 Jahre mit 10 Prozent exponentieller Verzinsung angelegt wurde?

A. 200 €
B. 300 €
C. 235,80 €
D. 259,37 €
E. 295,38 €

13a) Ein Guthaben von 2.250 Euro wird zu einem Zinssatz von 7,5 Prozent angelegt. Wie hoch sind die Zinsen nach 9 Monaten und 10 Tagen?

13b) Wie viel Zinsen fallen nach 1,5 Jahren auf ein Kapital von 10.000 Euro an, wenn dieses linear mit 2,5 Prozent verzinst wurde?

13c) Ein Guthaben von 550 Euro wurde mit einem Zinssatz von 2 Prozent angelegt. Nach welcher Zeit sind 8,25 Euro Zinsen angefallen?

13d) Zum 31.12.2020 soll ein Kapital von 50.000 Euro ausgezahlt werden. Welche Summe musste dafür am 1.1.2015 angelegt werden, wenn die Anlage mit 5,5 Prozent und exponentiellem Wachstum verzinst wurde?

13e) Ein Kapital von 4.000 Euro hat sich nach 20 Jahren linearer Verzinsung verdoppelt. Zu welchem Zinssatz wurde es angelegt?

14a) Ein Kredit über 40.000 Euro wird mit einem Zinssatz von 9 Prozent für 220 Tage gewährt. Wie hoch sind die Zinsen?

14b) Herr Wagner kauft ein Auto zum Preis von 26.500 Euro. Die Summe lässt er sich vom Autohändler finanzieren. Nach einem Jahr hat er die Finanzierung mit 27.295 Euro abbezahlt. Wie hoch war der Zinssatz?

14c) Für einen Kredit über 30.000 Euro und Rückzahlung innerhalb von 5 Jahren müssen 8 Prozent Zinsen bezahlt werden. Wie hoch ist der Zinsbetrag?

14d) Für ein Darlehen, das für den Zeitraum vom 1. März bis zum 1. Juni zu einem Zinssatz von 7 Prozent aufgenommen wurde, sind 656,25 Euro Zinsen fällig. Wie hoch war das Darlehen?

14e) Für ihr Haus, das mit einer Hypothek belastet ist, zahlt Frau Weber bei einem Zinssatz von 8,5 Prozent monatlich 637,50 Euro Zinsen. Wie hoch ist die Hypothek?

Ein Guthaben von 1.000 Euro wird mit exponentieller Verzinsung und einem Zinssatz von 5 Prozent angelegt. Die Zinsen werden jährlich gutgeschrieben.

15a) Welcher Betrag wird nach 6 Monaten angespart worden sein?

15b) Welcher Betrag wird nach 3 Jahren angespart worden sein?

15c) Wie hoch wäre der Betrag nach 3 Jahren bei linearer Verzinsung?

15d) Welches Kapital müsste angelegt werden, um nach 3 Jahren linearer Verzinsung auf den gleichen Betrag wie bei exponentieller Verzinsung zu kommen?

15e) Welches Kapital müsste angelegt werden, um mit exponentieller Verzinsung nach 3 Jahren einen Betrag von 1.200 Euro zu erhalten?

Lösungen

1 a) Z = 450 € b) Z = 112,50 € c) Z = 337,50 € d) Z = 37,50 €
e) Z = 300 €

2 a) Z = 10 € b) Z = 20 € c) Z = 20 € d) Z = 450 € e) Z ≈ 4,38 €

3 a) Z = 6 € b) Z = 7 € c) Z = 280 € d) Z = 7,20 € e) Z ≈ 4,43 €

4 a) p = 1,5 % b) p = 4 % c) p = 4 % d) p = 3 % e) p = 6 %

5 a) K = 684,70 € b) K = 84,50 € c) K = 400.000 € d) K = 3.600 €
e) K = 1.575 €

6 a) t = 72 Tage (2,4 Monate) b) t = 240 Tage (8 Monate)
c) t = 78 Tage (2,6 Monate) d) t = 360 Tage (12 Monate / 1 Jahr)
e) t = 180 Tage (6 Monate / ½ Jahr)

7 a) q = 1,07 b) q = 1,053 c) q = 1,136 d) q = 1,0275 e) q = 1,004

8 a) Z = 1.500 €; q = 1,05; p = 5 % b) Z = 17,34 €; q = 1,03; p = 3 %
c) Z = 63,40 €; q = 1,025; p = 2,5 % d) Z = 0,26 €; q = 1,005; p = 0,5 %
e) Z = 1.456,45 €; q = 1,1; p = 10 %

9 a) K_1 = 3,38 € b) K_1 = 1.026 € c) K_1 = 1.012,70 € d) K_1 ≈ 11.340,82 €
e) K_1 ≈ 76.156,48 €

10 a) t = 360 Tage (1 Jahr) b) p = 11,5 % c) Z = 132,13 €
d) $K_{0,5}$ = 658,13 € e) q = 1,048

11 a) Linear 1.980 €, exponentiell 1.984,50 €
b) Linear 1.090 €, exponentiell 1.092,73 €
c) Linear 6.400 €, exponentiell 6.553,98 €
d) Linear 7.950 €, exponentiell 8.220,52 €
e) Linear 37.500 €, exponentiell 40.722,37 €

12 D) 259,37 €

13 a) Z = 131,25 €   b) Z = 375 €   c) t = 270 Tage   d) K_0 = 38.256,72 €
e) p = 5 %

14 a) Z = 2.200 €   b) p = 3 %   c) Z = 12.000 €   d) K_0 = 37.500 €
e) K_0 = 90.000 €

15 a) $K_{0,5}$ = 1.000 €   b) K_3 = 1.157,63 €   c) K_3 = 1.150 €
d) $K_0 \approx$ 1.006,63 €   e) $K_0 \approx$ 1.036,61 €

Aufgabenblock 1

Bekannt: K = 18.000 €; p = 2,5   Gesucht: $Z = K \times \dfrac{p}{100} \times t$

Zu 1a) Nach einem Jahr fallen 450 Euro Zinsen an.

$$Z = K \times \frac{p}{100} \times 1 = 18.000 \times \frac{2,5}{100} = 450$$

Zu 1b) Nach ¼ Jahr fallen 112,50 Euro Zinsen an. Für t lässt sich direkt der in der Aufgabenstellung genannte Wert ¼ einsetzen:

$$Z = K \times \frac{p}{100} \times \frac{1}{4} = 18.000 \times \frac{2,5}{100} \times \frac{1}{4} = 450 \times \frac{1}{4} = 112,50$$

In dieser und in den folgenden Aufgaben müssen Sie den Jahreszins (K × p/100) nicht mehr berechnen: Dies haben Sie bereits für Aufgabe 1a) erledigt. Nun können Sie sich darauf beschränken, die der Laufzeit entsprechenden Anteile des Jahreszinses zu bestimmen.

Zu 1c) Nach 9 Monaten fallen 337,50 Euro Zinsen an.

$$Z = K \times \frac{p}{100} \times \frac{9}{12} = 450 \times \frac{3}{4} = 337,50$$

Zu 1d) Nach 30 Tagen fallen 37,50 Euro Zinsen an. 30 Tage entsprechen einem Zinsmonat, sodass Sie als Laufzeit 1/12 einsetzen können:

$$Z = K \times \frac{p}{100} \times \frac{1}{12} = 450 \times \frac{1}{12} = 37,50$$

Alternativ können Sie den für 1c) berechneten 9-Monats-Zins durch 9 teilen.

Zu 1e) Nach 240 Tagen fallen 300 Euro Zinsen an.

$$Z = K \times \frac{p}{100} \times \frac{240}{360} = 450 \times \frac{2}{3} = 300$$

> **Tipp**
>
> Jahreszinsen können Sie auch mithilfe des Dreisatzes bestimmen. Der gesuchte Zinsbetrag Z verhält sich zum Zinssatz p wie der Anlagebetrag K zu 100 %. In mathematischer Form:
>
> $$\frac{Z}{p} = \frac{K}{100} \Rightarrow Z = K \times \frac{p}{100}$$

Aufgabenblock 2

Hier benötigen Sie die Zinsformel $Z = K \times \frac{p}{100} \times t$. Beim Jahreszins ist $t = 1$.

Zu 2a) Die Jahreszinsen betragen 10 Euro.

Bekannt: K = 500 €; p = 2 %

$$Z = 500 \times \frac{2}{100} = 10$$

Zu 2b) Die Jahreszinsen betragen 20 Euro.

Bekannt: K = 500 €; p = 4 %

$$Z = 500 \times \frac{4}{100} = 20$$

Bei dieser Aufgabe hätten Sie das Ergebnis aus 2a) einfach verdoppeln können: Bei gleicher Laufzeit und gleichem Kapital führt der doppelte Zinssatz zum doppelten Zinsertrag.

Zu 2c) Die Jahreszinsen betragen 20 Euro.

Bekannt: K = 1.000 €; p = 2 %

$$Z = 1.000 \times \frac{2}{100} = 20$$

Vergleichen Sie mit 2a): Bei gleicher Laufzeit und gleichem Prozentsatz führt eine Verdopplung des Kapitals zur Verdopplung des Zinsertrags.

Zu 2d) Die Jahreszinsen betragen 450 Euro.

Bekannt: K = 15.000; p = 3 %

$Z = 15.000 \times \dfrac{3}{100} = 450$

Zu 2e) Die Jahreszinsen betragen rund 4,38 Euro.

K = 250 €; p = 1,75 %

$Z = 250 \times \dfrac{1,75}{100} = 4,375 \approx 4,38$

Aufgabenblock 3

Hier benötigen Sie die Zinsformel: $Z = K \times \dfrac{p}{100} \times t$.

Zu 3a) Die Zinsen betragen 6 Euro.

Bekannt: K = 600 €; p = 2 %; t = ½

Durch Kürzen kommen Sie direkt zum Ergebnis: $Z = 600 \times \dfrac{2}{100} \times \dfrac{1}{2} = 6$.

Zu 3b) Die Zinsen betragen 7 Euro.

Bekannt: K = 700 €; p = 3 %; t = 4/12 (4 Monate)

Auch hier können Sie kürzen: $Z = 700 \times \dfrac{3}{100} \times \dfrac{4}{12} = 7 \times 3 \times \dfrac{1}{3} = 7$.

Zu 3c) Die Zinsen betragen 280 Euro.

Bekannt: K = 12.000 €; p = 3,5 %; t = 8/12 (8 Monate)

$Z = 12.000 \times \dfrac{3,5}{100} \times \dfrac{8}{12} = 120 \times 3,5 \times \dfrac{2}{3} = 40 \times 3,5 \times 2 = 280$

Zu 3d) Die Zinsen betragen 7,20 Euro.

Bekannt: K = 9.600 €; p = 1,8 %; t = 15/360 (15 Tage)

$Z = 9.600 \times \dfrac{1,8}{100} \times \dfrac{15}{360} = 96 \times 1,8 \times \dfrac{1}{24} = 4 \times 1,8 = 7,2$

Zu 3e) Die Zinsen betragen 4,43 Euro.

Bekannt: K = 3.544,50 €; p = 0,5 %; t = 90/360 (90 Tage)

$Z = 3.544,5 \times \dfrac{0,5}{100} \times \dfrac{90}{360} = 3.544,5 \times \dfrac{0,5}{100} \times \dfrac{1}{4} = 3.544,5 \times \dfrac{1}{800} = 3.544,5 \times 0,00125 = 4,430625 \approx 4,43$

Aufgabenblock 4

Hier müssen Sie die Zinsformel nach p auflösen: $p = Z \times \dfrac{100}{K} \times \dfrac{1}{t}$.

Zu 4a) Der vereinbarte Zinssatz beträgt 1,5 Prozent.

Bekannt K = 2.500 €; Z = 12,50 €; t = $^{120}/_{360}$ (120 Tage)

$p = 12,5 \times \dfrac{100}{2.500} \times \dfrac{360}{120} = 12,5 \times 0,04 \times 3 = 1,5$

Zu 4b) Der vereinbarte Zinssatz beträgt 4 Prozent.

Bekannt: K = 5.400 €; Z = 144 €; t = $^{8}/_{12}$ (8 Monate)

$p = 144 \times \dfrac{100}{5.400} \times \dfrac{12}{8} = 144 \times \dfrac{1}{54} \times \dfrac{3}{2} = \dfrac{24}{9} \times \dfrac{3}{2} = \dfrac{12}{3} \times 1 = 4$

Zu 4c) Der vereinbarte Zinssatz beträgt 4 Prozent.

Bekannt: K = 1.260 €; Z = 21 €; t = $^{5}/_{12}$ (5 Monate)

$p = 21 \times \dfrac{100}{1.260} \times \dfrac{12}{5} = 21 \times \dfrac{10}{126} \times \dfrac{12}{5} = 21 \times \dfrac{2}{126} \times 12 = 21 \times \dfrac{1}{63} \times 12 = \dfrac{1}{3} \times 12 = 4$

Zu 4d) Der vereinbarte Zinssatz beträgt 3 Prozent.

Bekannt: K = 7.440 €; Z = 22,32 €; t = $^{36}/_{360}$ (36 Tage)

$p = 22,32 \times \dfrac{100}{7.440} \times \dfrac{360}{36} = 22,32 \times \dfrac{10}{744} \times 10 = \dfrac{2.232}{7.440} = 3$

Zu 4e) Der vereinbarte Zinssatz beträgt 6 Prozent.

Bekannt: K = 7.200 €; Z = 259,20 €; t = $^{216}/_{360}$ (216 Tage)

$p = 259,20 \times \dfrac{100}{7.200} \times \dfrac{360}{216} = 259,20 \times \dfrac{1}{72} \times \dfrac{5}{3} = \dfrac{432}{72} = 6$

Aufgabenblock 5

Hier müssen Sie die Zinsformel nach K auflösen: $K = Z \times \dfrac{100}{p} \times \dfrac{1}{t}$.

Zu 5a) Es wurden 684,70 Euro angelegt.

Bekannt: Z = 68,47 €; p = 10 %; t = 1

$K = 68{,}47 \times \dfrac{100}{10} \times 1 = 68{,}47 \times 10 = 684{,}70$

Zu 5b) Es wurden 84,50 Euro angelegt.

Bekannt: Z = 3,38 €; p = 4 %; t = 1

$K = 3{,}38 \times \dfrac{100}{4} \times 1 = 3{,}38 \times 25 = 84{,}50$

Zu 5c) Es wurden 400.000 Euro angelegt.

Z = 10.000 €; p = 5 %; t = ½

$K = 10.000 \times \dfrac{100}{5} \times \left(\dfrac{1}{\frac{1}{2}}\right) = 10.000 \times 20 \times 2 = 400.000$

Bei halbjähriger Laufzeit können Sie auch mit t = 1 und dem halben Jahreszinssatz rechnen:

$K = 10.000 \times \dfrac{100}{2{,}5} = 10.000 \times 40 = 400.000$

> **Tipp**
>
> Da sich der Zinssatz normalerweise auf ein Jahr bezieht, lässt sich die Rechnung oft dadurch erleichtern, dass man Zins- und Jahresanteile verrechnet. So kann man etwa statt mit einem halben Jahr Laufzeit (t = ½) mit einem ganzen Jahr (t = 1) rechnen, wenn man zugleich den Zinssatz halbiert.

Zu 5d) Es wurden 3.600 Euro angelegt.

Bekannt: Z = 19,20 €; p = 6 %; t = 32/360

$K = 19{,}20 \times \dfrac{100}{6} \times \dfrac{360}{32} = 19{,}2 \times \dfrac{100}{32} \times \dfrac{360}{6} = 19{,}2 \times 3{,}125 \times 60 = 3.600$

Zu 5e) Es wurden 1.575 Euro angelegt.

Bekannt: $Z = 24{,}50\ €;\ p = 2\ \%;\ t = {}^{280}\!/_{360}$

$K = 24{,}50 \times \dfrac{100}{2} \times \dfrac{360}{280} = 24{,}50 \times 50 \times \dfrac{9}{7} = 3{,}5 \times 50 \times 9 = 1.575$

Aufgabenblock 6

Hier müssen Sie die Zinsformel nach t auflösen. Je nachdem, ob Sie in Tagen, Monaten oder Jahren rechnen, ergibt sich:

$t\ (\text{Jahre}) = \dfrac{Z \times 100}{K \times p}$

$t\ (\text{Monate}) = \dfrac{Z \times 100 \times 12}{K \times p} = \dfrac{Z \times 1.200}{K \times p}$

$t\ (\text{Tage}) = \dfrac{Z \times 100 \times 360}{K \times p} = \dfrac{Z \times 36.000}{K \times p}$

Zu 6a) Der Anlagezeitraum betrug 72 Tage oder 2,4 Monate.

$K = 42.500\ €;\ p = 6{,}5\ \%;\ Z = 552{,}50\ €$

$t = \dfrac{Z \times 36.000}{K \times p} = \dfrac{552{,}50 \times 36.000}{42.500 \times 6{,}5} = \dfrac{552{,}50}{6{,}5} \times \dfrac{36.000}{42.500} = 85 \times \dfrac{72}{85} = 72$

Zu 6b) Der Anlagezeitraum betrug 240 Tage oder 8 Monate.

$K = 247{,}50\ €;\ p = 0{,}4\ \%;\ Z = 0{,}66\ €$

$t = \dfrac{Z \times 36.000}{K \times p} = \dfrac{0{,}66 \times 36.000}{247{,}50 \times 0{,}4} = \dfrac{23.760}{99} = 240$

Zu 6c) Der Anlagezeitraum betrug 78 Tage oder 2,6 Monate.

$K = 24.000\ €;\ p = 5\ \%;\ Z = 260\ €$

$t = \dfrac{Z \times 36.000}{K \times p} = \dfrac{260 \times 36.000}{24.000 \times 5} = \dfrac{260}{5} \times \dfrac{36}{24} = 52 \times \dfrac{3}{2} = 26 \times 3 = 78$

Zu 6d) Der Anlagezeitraum betrug 360 Tage oder 12 Monate oder 1 Jahr.

$K = 2.800\ €;\ p = 7\ \%;\ Z = 196\ €$

$t = \dfrac{Z \times 36.000}{K \times p} = \dfrac{196 \times 36.000}{2.800 \times 7} = \dfrac{196}{7} \times \dfrac{360}{28} = 28 \times \dfrac{360}{28} = 360$

Zu 6e) Der Anlagezeitraum betrug 180 Tage oder 6 Monate oder ½ Jahr.

$K = 3.710\ €;\ p = 3,4\ \%;\ Z = 63,07\ €$

$$t = \frac{Z \times 36.000}{K \times p} = \frac{63,07 \times 36.000}{3.710 \times 3,4} = \frac{63,07}{3,4} \times \frac{3.600}{371} = 18,55 \times \frac{3.600}{371} = \frac{18,55}{371}$$

$\times 3.600 = 0,05 \times 3.600 = 180$

Aufgabenblock 7

Hier benötigen Sie die allgemeine Formel für den Zinsfaktor: $q = 1 + p/100$.

Zu 7a) $q = 1 + \dfrac{7}{100} = 1 + 0,07 = 1,07$

Zu 7b) $q = 1 + \dfrac{5,3}{100} = 1 + 0,053 = 1,053$

Zu 7c) $q = 1 + \dfrac{13,6}{100} = 1 + 0,136 = 1,136$

Zu 7d) $q = 1 + \dfrac{2,75}{100} = 1 + 0,0275 = 1,0275$

Zu 7e) $q = 1 + \dfrac{0,4}{100} = 1 + 0,004 = 1,004$

Aufgabenblock 8

Der Weg über die Zinsformel wäre an dieser Stelle ein Umweg. Den Zinsbetrag erhalten Sie im Handumdrehen aus der Differenz von K_0 und K_1. Der Zinsfaktor berechnet sich am einfachsten durch den Quotienten von K_0 und K_1. Den Zinssatz können Sie mithilfe der umgeformten allgemeinen Formel für den Zinsfaktor bestimmen: Aus $q = 1 + p/100$ wird $p = (q - 1) \times 100$.

Zu 8a) Die Zinsen betragen 1.500 Euro, der Zinsfaktor ist 1,05 und der Zinssatz 5 Prozent.

$K_0 = 30.000\ €;\ K_1 = 31.500\ €$

$Z = 31.500 - 30.000 = 1.500$

$q = \dfrac{31.500}{30.000} = 1,05$

$p = (1,05 - 1) \times 100 = 5$

Zu 8b) Die Zinsen betragen 17,34 Euro, der Zinsfaktor ist 1,03 und der Zinssatz 3 Prozent.

$K_0 = 578$ €; $K_1 = 595,34$ €

$Z = 595,34 - 578 = 17,34$

$q = \dfrac{595,34}{578} = 1,03$

$p = (1,03 - 1) \times 100 = 3$

Zu 8c) Die Zinsen betragen 63,40 Euro, der Zinsfaktor ist 1,025 und der Zinssatz 2,5 Prozent.

$K_0 = 2.536$; $K_1 = 2.599,40$

$Z = 2.599,4 - 2.536 = 63,4$

$q = \dfrac{2.599,4}{2.536} = 1,025$

$p = (1,025 - 1) \times 100 = 2,5$

Zu 8d) Die Zinsen betragen 0,26 Euro, der Zinsfaktor ist 1,005 und der Zinssatz 0,5 Prozent.

$K_0 = 52$ €; $K_1 = 52,26$ €

$Z = 52,26 - 52 = 0,26$

$q = \dfrac{52,26}{52} = 1,005$

$p = (1,005 - 1) \times 100 = 0,5$

Zu 8e) Die Zinsen betragen 1456,45 Euro, der Zinsfaktor ist 1,1 und der Zinssatz 10 Prozent.

$K_0 = 14.564,50$ €; $K_1 = 16.020,95$ €

$Z = 16.020,95 - 14.564,5 = 1.456,45$

$q = \dfrac{16.020,95}{14.564,5} = 1,1$

$p = (1,1 - 1) \times 100 = 10$

Der Zinsbetrag 1.456,45 € entspricht ¹⁄₁₀ bzw. 10 Prozent des Startkapitals von 14.564,50 €. Daraus können Sie die Werte p = 10 und q = 1,1 ohne Rechenaufwand ableiten.

Aufgabenblock 9

Das Endkapital erhalten Sie am schnellsten, indem Sie das Grundkapital K_0 mit dem Zinsfaktor q multiplizieren, der sich leicht ablesen lässt.

Zu 9a) Das Endkapital K_1 beträgt 3,38 €.

$K_0 = 3{,}25$ €; $p = 4\ \% \Rightarrow q = 1{,}04$

$K_1 = 3{,}25 \times 1{,}04 = 3{,}38$

Wer den Wert für q nicht sofort erkennt, kann natürlich auch die vollständige Formel für den Kapitalbetrag bei linearer Verzinsung nutzen:

$K_1 = K_0 \times (1 + \dfrac{p}{100}) = 3{,}25 \times (1 + \dfrac{4}{100}) = 3{,}25 \times 1{,}04 = 3{,}38$

Alternativ kann man den Zinsbetrag über die Zinsformel bestimmen und ihn zu K_0 addieren:

$K_1 = K_0 + Z = K_0 + K_0 \times \dfrac{p}{100} \times t = 3{,}25 + 3{,}25 \times \dfrac{4}{100} \times 1 = 3{,}25 + 0{,}13 = 3{,}38$

Zu 9b) Das Endkapital K_1 beträgt 1.026 Euro.

$K_0 = 950$ €; $p = 8\ \% \Rightarrow q = 1{,}08$

$K_1 = 950 \times 1{,}08 = 1.026$

Zu 9c) Das Endkapital K_1 beträgt 1.012,70 Euro.

$K_0 = 988$ €; $p = 2{,}5\ \% \Rightarrow q = 1{,}025$

$K_1 = 988 \times 1{,}025 = 1.012{,}70$

Zu 9d) Das Endkapital K_1 beträgt 11.340,82 Euro.

$K_0 = 11.010{,}50$ €; $p = 3\ \% \Rightarrow q = 1{,}03$

$K_1 = 11.010{,}5 \times 1{,}03 = 11.340{,}815 \approx 11.340{,}82$

Zu 9e) Das Endkapital K_1 beträgt 76.156,48 Euro.

$K_0 = 75.589{,}56$ €; $p = 0{,}75\ \% \Rightarrow q = 1{,}0075$

$K_1 = 75.589{,}56 \times 1{,}0075 = 76.156{,}4817 \approx 76.156{,}48$

Aufgabenblock 10

Zu 10a) Die Laufzeit beträgt 360 Tage oder 1 Jahr.

$K_0 = 33.000$ €; $p = 8$ %; $Z = 2.640$ €; Laufzeit = ?

$$t = \frac{Z \times 36.000}{K_0 \times p} = \frac{2.640 \times 36.000}{33.000 \times 8} = \frac{2.640}{8} \times \frac{36}{33} = 330 \times \frac{12}{11} = 30 \times 12 = 360$$

Zu 10b) Der Zinssatz beträgt 11,5 Prozent.

$K_0 = 13.750$ €; $K_1 = 15.331,25$ €; Laufzeit = 1 Jahr; $p = ?$

$$p = Z \times \frac{100}{K_0} = (K_1 - K_0) \times \frac{100}{K_0} = (15.331,25 - 13.750) \times \frac{100}{13.750} = 1581,25 \times$$

$$\frac{1}{137,5} = 11,5$$

Zu 10c) Der Zinsbetrag beträgt 132,13 Euro.

$K_0 = 7.550$ €; Laufzeit = 7 Monate; $p = 3$ %; $Z = ?$

$$Z = K_0 \times \frac{p}{100} \times t = 7.550 \times \frac{3}{100} \times \frac{7}{12} = \frac{7.550}{100} \times \frac{3}{12} \times 7 = \frac{755}{10} \times \frac{1}{4} \times 7 =$$

$$\frac{5.285}{40} = \frac{1.057}{8} = 132,125 \approx 132,13$$

Zu 10d) Das Kapital beträgt nach einem halben Jahr 658,13 Euro.

$K_0 = 650$ €; Laufzeit = ½ Jahr; $p = 2,5$ %; $K_{0,5} = ?$

Nicht verwirren lassen: Der Wert $K_{0,5}$ bezieht sich auf das Kapital nach einer Laufzeit von 0,5 Jahren.

$$K_{0,5} = K_0 \times (1 + \frac{p}{100} \times t) = 650 \times (1 + \frac{2,5}{100} \times 0,5) = 650 \times (1 + 0,0125) = 650 \times$$

$1,0125 = 658,125 \approx 658,13$

Zu 10e) Der Zinsfaktor q lautet 1,048.

$K_0 = 4.000$ €; $t = 4$ Monate; $K_{4\,Monate} = 4.064$; $q = ?$

Der Zinsfaktor entspricht dem Quotienten K_1/K_0. Den dafür benötigten Kapitalbetrag nach einem Jahr Laufzeit (K_1) ermitteln Sie anhand des Jahres-Zinsbetrags Z, der dem Dreifachen des Zinsertrags nach einem Drittel des Jahres (4 Monaten) entspricht:

$Z = 3 \times (K_{4\,Monate} - K_0) = 3 \times (4.064 - 4.000) = 3 \times 64 = 192$

Nun wissen Sie, welcher Kapitalbetrag inklusive Zinsen nach einem Jahr aufgelaufen ist:

$K_1 = K_0 + Z = 4.192$

Zum Zinsfaktor q ist es dann nur noch ein kleiner Schritt:

$q = \dfrac{K_1}{K_0} = \dfrac{4.192}{4.000} = 1{,}048$

Aufgabenblock 11

Für die lineare Verzinsung benötigen Sie die Formel: $K_n = K_0 \times (1 + {}^p\!/\!_{100} \times t)$.

Für die exponentielle Verzinsung rechnen Sie mit: $K_n = K_0 \times (1 + {}^p\!/\!_{100})^n$
oder $K_n = K_0 \times q^n$.

Zu 11a) Das Kapital von 1.800 Euro wächst bei 2 Jahren linearer Verzinsung auf 1.980 Euro an, bei exponentieller Verzinsung auf 1.984,50 Euro.

$K_0 = 1.800$; $p = 5\%$ ($\Rightarrow q = 1{,}05$); $t = 2$

linear: $K_2 = 1.800 \times (1 + \dfrac{5}{100} \times 2) = 1.800 \times (1 + 0{,}1) = 1.800 \times 1{,}1 = 1.980$

exponentiell: $K_2 = 1.800 \times 1{,}05^2 = 1.984{,}50$

Zu 11b) Das Kapital von 1.000 Euro wächst bei 3 Jahren linearer Verzinsung auf 1.090 Euro an, bei exponentieller Verzinsung auf rund 1.092,73 Euro.

$K_0 = 1.000$; $p = 3\%$ ($\Rightarrow q = 1{,}03$); $t = 3$

linear: $K_3 = 1.000 \times (1 + \dfrac{3}{100} \times 3) = 1.000 \times (1 + 0{,}09) = 1.090$

exponentiell: $K_3 = 1.000 \times 1{,}03^3 \approx 1.092{,}73$

Zu 11c) Das Kapital von 5.000 Euro wächst bei 4 Jahren linearer Verzinsung auf 6.400 Euro an, bei exponentieller Verzinsung auf rund 6.553,98 Euro.

$K_0 = 5.000$; $p = 7\%$ ($\Rightarrow q = 1{,}07$); $t = 4$

linear: $K_4 = 5.000 \times (1 + \dfrac{7}{100} \times 4) = 5.000 \times (1 + 0{,}28) = 6.400$

exponentiell: $K_4 = 5.000 \times 1{,}07^4 \approx 6.553{,}98$

Zu 11d) Das Kapital von 6.000 Euro wächst bei 5 Jahren linearer Verzinsung auf 7.950 Euro an, bei exponentieller Verzinsung auf rund 8.220,52 Euro.

$K_0 = 6.000$; $p = 6{,}5\%$ ($\Rightarrow q = 1{,}065$); $t = 5$

linear: $K_5 = 6.000 \times (1 + \frac{6,5}{100} \times 5) = 6.000 \times (1 + 0,325) = 7.950$

exponentiell: $K_5 = 6.000 \times 1,065^5 \approx 8.220,52$

Zu 11e) Das Kapital von 25.000 Euro wächst bei 10 Jahren linearer Verzinsung auf 37.500 Euro an, bei exponentieller Verzinsung auf rund 40.722,37 Euro.

$K_0 = 25.000$; $p = 5\%$ ($\Rightarrow q = 1,05$); $t = 10$

linear: $K_{10} = 25.000 \times (1 + \frac{5}{100} \times 10) = 25.000 \times (1 + 0,5) = 37.500$

exponentiell: $K_{10} = 25.000 \times 1,05^{10} \approx 40.722,37$

Aufgabe 12

Das Kapital wächst in 10 Jahren auf einen Betrag von 259,37 €.

Bekannt: $K_0 = 100$; $t = 10$; $p = 10\%$ ($\Rightarrow q = 1,1$)

$K_{10} = K_0 \times q^n = 100 \times 1,1^{10} \approx 259,37$

Aufgabenblock 13

Zu 13a) Nach 9 Monaten und 10 Tagen betragen die Zinsen 131,25 Euro.

Bekannt: $K = 2.250$ €; $p = 7,5\%$; $t = {}^{280}/_{360}$ (9 Monate + 10 Tage = 280 Tage)

$Z = K \times \frac{p}{100} \times t = 2.250 \times \frac{7,5}{100} \times \frac{280}{360} = 2.250 \times \frac{7,5}{100} \times \frac{7}{9} = \frac{2.250}{100} \times 7,5 \times \frac{7}{9} = 22,5 \times 7,5 \times \frac{7}{9} = 131,25$

Zu 13b) Nach 1,5 Jahren fallen 375 Euro Zinsen an.

Bekannt: $K = 10.000$; $p = 2,5\%$; $t = 1,5$

$Z = K \times \frac{p}{100} \times t = 10.000 \times \frac{2,5}{100} \times 1,5 = 100 \times 2,5 \times 1,5 = 375$

Zu 13c) Die 8,25 Euro Zinsen fallen nach 270 Tagen (9 Monaten) an.

Bekannt: $K = 550$; $p = 2\%$; $Z = 8,25$

$t \text{ (Tage)} = \frac{Z \times 36.000}{K \times p} = \frac{8,25 \times 36.000}{550 \times 2} = \frac{8,25 \times 360}{11} = \frac{2.970}{11} = 270$

Zu 13d) Der angelegte Betrag beläuft sich auf rund 38.256,72 Euro.

Bekannt: $K_s = 50.000$; $p = 5,5\,\%$ ($\Rightarrow q = 1,055$); $t = 5$

K_0 ergibt sich aus der Formel $K_n = K_0 \times q^n$, wenn Sie nach K_0 auflösen:

$K_0 = K_n \div q^n = 50.000 \div 1,055^5 = 38.256{,}71769 \approx 38.256{,}72$

Zu 13e) Der Zinssatz, zu dem das Kapital angelegt wurde, beträgt 5 Prozent.

Bekannt: $K_0 = 4.000$; $K_n = 8.000$; $t = 20$

Nutzen Sie die Formel $K_n = K_0 \times (1 + p/100 \times t)$, aufgelöst nach p:

$$K_n = K_0 \times (1 + \frac{p}{100} \times t) \Rightarrow \frac{K_n}{K_0} = 1 + \frac{p}{100} \times t \Rightarrow \frac{K_n}{K_0} - 1 = \frac{p}{100} \times t$$

$$\Rightarrow (\frac{K_n}{K_0} - 1) \times \frac{100}{t} = p$$

$$p = (\frac{8.000}{4.000} - 1) \times \frac{100}{20} = (2 - 1) \times 5 = 5$$

Aufgabenblock 14

Zu 14a) Die Zinsen belaufen sich auf 2.200 Euro.

Bekannt: $K = 40.000$; $p = 9\,\%$

$Z = K \times \frac{p}{100} \times t = 40.000 \times \frac{9}{100} \times \frac{220}{360} = 400 \times 9 \times \frac{11}{18} = 400 \times \frac{11}{2} = 200 \times 11 = 2.200$

Zu 14b) Der Zinssatz für die Finanzierung betrug 3 Prozent.

Bekannt: $K_0 = 26.500$; $K_1 = 27.295$

$q = \frac{K_1}{K_0} = \frac{27.295}{26.500} = 1{,}03 \Rightarrow p = 3\,\%$

Zu 14c) Der Zinsbetrag beläuft sich auf 12.000 Euro.

Bekannt: $K_0 = 30.000\,€$; $p = 8\,\%$; $t = 5$

$Z = K \times \frac{p}{100} \times t = 30.000 \times \frac{8}{100} \times 5 = 300 \times 40 = 12.000$

Zu 14d) Es wurde ein Darlehen von 37.500 Euro aufgenommen.

$p = 7\,\%$; $t = 3/12$ (3 Monate)

$$Z = K \times \frac{p}{100} \times t \Rightarrow K = Z \times \frac{100}{p} \times \frac{1}{t}$$

$$K = 656{,}25 \times \frac{100}{7} \times \frac{12}{3} = 656{,}25 \times \frac{100}{7} \times \frac{12}{3} = 93{,}75 \times 400 = 37.500$$

Zu 14e) Das Haus ist mit einer Hypothek von 90.000 Euro belastet.

Bekannt: $p = 8{,}5\ \%$; $Z_{Monat} = 637{,}50\ € \ (\Rightarrow Z_{Jahr} = 4 \times 637{,}50\ € = 7.650\ €)$

$$K = Z \times \frac{100}{p} = 7.650 \times \frac{100}{8{,}5} = 90.000$$

Aufgabenblock 15

$K_0 = 1.000$; $p = 5\ \% \ (\Rightarrow q = 1{,}05)$

Kapitalwachstum bei linearer Verzinsung: $K_n = K_0 \times (1 + p/100 \times t)$.

Kapitalwachstum bei exponentieller Verzinsung (mit Zinsfaktor q): $K_n = K_0 \times q^n$.

Zu 15a) Da die Zinsen jährlich gutgeschrieben werden, beträgt das Kapital nach 6 Monaten unverändert 1.000 Euro.

Zu 15b) Nach 3 Jahren ist ein Betrag von rund 1.157,63 Euro angespart.

$t = 3$

$K_3 = 1.000 \times 1{,}05^3 \approx 1.157{,}63$

Zu 15c) Mit linearer Verzinsung wäre nach 3 Jahren ein Betrag von 1.150 Euro angespart worden.

$t = 3$

$K_3 = K_0 \times (1 + \frac{p}{100} \times t) = 1.000 \times (1 + \frac{5}{100} \times 3) = 1.000 \times (1 + \frac{15}{100}) = 1.000 \times 1{,}15 = 1.150$

Zu 15d) Um nach 3 Jahren den gleichen Betrag wie über die exponentielle Verzinsung zu erhalten, müssten rund 1.006,63 Euro angelegt werden.

$K_3 = 1.157{,}63\ €$ (vgl. Aufgabe 15b); $t = 3$

$K_n = K_0 \times (1 + \frac{p}{100} \times t) \Rightarrow K_0 = K_n \div (1 + \frac{p}{100} \times t)$

$K_0 = 1.157{,}63 \div (1 + \dfrac{5}{100} \times 3) = 1.157{,}63 \div (1 + 0{,}15) \approx 1.006{,}63$

Zu 15e) Um nach 3 Jahren exponentieller Verzinsung bei einem Zinssatz von 5 Prozent eine Summe von 1.200 Euro zu erhalten, müsste ein Kapital von rund 1.036,61 Euro angelegt werden.

$K_3 = 1.200; t = 3 \; (\Rightarrow n = 3)$

$K_n = K_0 \times q^n \Rightarrow K_0 = \dfrac{K_n}{q^n}$

$K_0 = 1.200 \div 1{,}05^3 \approx 1.036{,}61$

Kapitel 12: Schätzen, runden und vergleichen

In vielen Situationen muss man Größen schnell einordnen, hat aber weder die Zeit noch die Informationen, um sie exakt zu bestimmen: Wie viele Aktenordner passen in einen Karton? Wie viele Teilnehmer erscheinen zur Veranstaltung? Wie weit ist es bis zum Bahnhof? Um sich der Antwort anzunähern, muss man schätzen, runden und vergleichen. Zahlenwerte rundet man üblicherweise nach der Kaufmannsregel: Lautet die erste wegfallende Dezimalstelle 1, 2, 3 oder 4, wird abgerundet, bei Ziffern von 5–9 rundet man auf. Eine gröbere Form des Abschätzens ist der größer/kleiner-Vergleich. In der Mathematik nutzt man dafür die keilförmigen Zeichen > (größer als) und < (kleiner als); der größere Wert steht immer auf der offenen Seite des Keils.

Die Rechenaufgaben

Nun sollen Sie runden, schätzen und vergleichen. Bitte verwenden Sie keinen Taschenrechner und versuchen Sie nicht, die Aufgaben schriftlich oder im Kopf auszurechnen: In der Prüfung werden Sie dazu keine Zeit haben.

Gerundet wird auf den Stellenwert der fehlenden Ziffer. Welche Zahl ist gemeint?

1a) ◯7 wird auf 20 gerundet.
1b) 9,3◯8 wird auf 9,350 gerundet.
1c) 16,◯25 wird auf 16,830 gerundet.
1d) 758,3◯2 wird auf 758,370 gerundet.
1e) 9,9◯6 wird auf 10 gerundet.

Kapitel 12: Schätzen, runden und vergleichen

Runden Sie auf den Stellenwert der unterstrichenen Ziffer (1.2̲69 = 1.300, 1.26̲9 = 1.270).

2a) 4̲3

2b) 6̲63

2c) 6,8̲71

2d) 4̲.632,129

2e) 12.306̲,299

Überschlagen Sie mit gerundeten Operanden.

3a) 4̲3 × 4̲5 ≈ ☐.000

3b) 6̲7 × 1̲9 ≈ ?

3c) 15̲4 × 3̲2 ≈ ☐.☐00

3d) 5̲.897 ÷ 1̲2 ≈ ☐ ÷ ☐ = ?

3e) 14̲5.632 ÷ 2̲89 ≈ ☐ ÷ ☐ = ?

Überschlagen Sie mit gerundeten Operanden.

4a) 7̲.619 + 8̲.426 + 3̲.812 ≈ ?

4b) 6.2̲13 + 7.3̲87 + 2.4̲74 ≈ ?

4c) 3̲37 × 4 + 6̲62 × 4 ≈ ?

4d) 148̲.260 ÷ 2 − 27̲.988 ÷ 2 ≈ ?

4e) 22.48̲2 × 2 − 22.48̲2 ÷ 2 ≈ ?

5. Überschlagen Sie durch Runden: 91.134 − 6.856 × 3 = ?

A. ca. 60.000
B. ca. 65.000
C. ca. 70.000
D. ca. 80.000
E. Keine Antwort ist richtig.

6. Überschlagen Sie per Zuordnung: Das Ergebnis von 1,54 × 0,21 × 3,6 ist eine Zahl mit …?

A. 2 Nachkommastellen.
B. 1 Nachkommastelle.
C. 4 Nachkommastellen.
D. 5 Nachkommastellen.
E. Keine Antwort ist richtig.

7. Überschlagen Sie per Zuordnung: Das Ergebnis von 1.347 × 8.965 ist eine …?

A. 6-stellige Zahl.
B. 7-stellige Zahl.
C. 8-stellige Zahl.
D. 9-stellige Zahl.
E. Keine Antwort ist richtig.

8. Überschlagen Sie durch Betrachtung der Endziffern: Das Ergebnis von 5.612 + 8.326 + 2.714 endet auf …?
A. 711.
B. 652.
C. 625.
D. 853.
E. 754.

9. Überschlagen Sie durch Betrachtung der Endziffern: Das Ergebnis von 227 × 5 + 36 × 5 + 879 × 5 − 412 × 5 endet auf …?
A. 650.
B. 624.
C. 556.
D. 649.
E. 553.

10. Überschlagen Sie durch Betrachtung der Endziffern: Das Ergebnis von 6.215 + 15.235 + 245 + 85 endet auf …?
A. 2.785.
B. 1.870.
C. 1.779.
D. 2.685.
E. 1.780.

11. Welcher Vorschlag könnte ein Ergebnis für 8.365 + 5.545 + 1.140 − 15.641 sein? Das x dient als Platzhalter für die jeweilige Ziffer.
A. x91
B. −xx91
C. x89
D. −x91
E. −x89

12. Welche Lösung könnte für 7.125 × 5 stimmen?
A. 36.xx5
B. 35.xx7
C. 35.xx0
D. 35.xx5
E. 34.xx5

13. Welches gerundete Ergebnis kommt dem realen Ergebnis von 6.483 × 22 am nächsten?
A. 130.000
B. 143.000
C. 136.000
D. 140.000
E. 150.000

Kapitel 12: Schätzen, runden und vergleichen

14. Welcher Lösungsvorschlag passt für 58 × 39?
   A. 2.472
   B. 2.262
   C. 1.573
   D. 1.562
   E. 2.205

15. Welcher Lösungsvorschlag passt für 658.322 ÷ 197?
   A. 3.341,736
   B. 3.124,858
   C. 3.598,367
   D. 4.665,816
   E. 5.041,743

16. Welcher Lösungsvorschlag passt für $3{,}2^2$?
   A. 6,78
   B. 12,4
   C. 7,32
   D. 10,24
   E. 9,06

17. Welcher Lösungsvorschlag passt für 255^2?
   A. 6.505
   B. 60.100
   C. 65.025
   D. 650.025
   E. 6.030

18. Welcher Lösungsvorschlag passt für $2{,}9^3$?
   A. 24,389
   B. 26,912
   C. 27,439
   D. 20,567
   E. 28,453

19. Welcher Lösungsvorschlag passt für: 152 % von 736?
   A. 1.514,35
   B. 1.095,14
   C. 1.235,19
   D. 1.750,74
   E. 1.118,72

20. Welcher Lösungsvorschlag passt für: 26 % von 497?
A. 119,17
B. 105,21
C. 135,47
D. 129,22
E. 130,34

21. Welcher Lösungsvorschlag passt für: 39 % von 23.961?
A. 5.897,12
B. 7.001,03
C. 12.843,56
D. 11.989,77
E. Keine Antwort ist richtig.

22. Welcher Lösungsvorschlag passt für: 56,96 × 2,9?
A. 162,197
B. 168,924
C. 155,242
D. 165,184
E. 159,148

23. Welcher Lösungsvorschlag passt für: 1,93 × 3,21 × 1,08?
A. 4,329874
B. 5,731062
C. 6,690924
D. 7,381973
E. 8,201045

24. Welcher Lösungsvorschlag passt für: $14,6^2 - 1,5^2$?
A. 211,87
B. 209,44
C. 212,29
D. 208,65
E. 210,91

25. Welcher Wert kommt dem Ergebnis dieser Rechnung am nächsten:
$17,5 + 3,13 + {}^{49}/_5 \times {}^5/_7 - 1 \div 2$?
A. 25
B. 27
C. 26
D. 29
E. 28

26. Welcher Lösungsvorschlag passt:

$\sqrt{2.480,04} + 6.939,73 = ?$

A. 11.900,53.
B. 9.419,77.
C. 7.459,69.
D. 6.989,53.
E. 8.179,75.

27. Das Ergebnis aus 48,45 % von 39,75 % ergibt gerundet …?

A. 10 %.
B. 15 %.
C. 20 %.
D. 25 %.
E. Keine Antwort ist richtig.

28. Schätzen Sie das Ergebnis von $(-16,2)^2 + 24,6^2$.

A. 812,0
B. 943,8
C. 867,6
D. 789,4
E. 714,2

Runden Sie sinnvoll und ersetzen Sie den Platzhalter durch das richtige Zeichen: größer als (>) oder kleiner als (<)?

29a) $29 + 16 \bigcirc 26 + 37$

29b) $52 + 14 \bigcirc 19 + 48$

29c) $15 \times 5 \bigcirc 54 + 31$

29d) $214 \div 3 \bigcirc 5 \times 13 - 10$

29e) $12/4 \times 11 \bigcirc -9 + 120 \div 2$

Runden Sie sinnvoll und ersetzen Sie den Platzhalter durch das richtige Zeichen: größer als (>) oder kleiner als (<)?

30a) $28 + 26 \bigcirc 14 + 37$

30b) $117 - 28 \bigcirc 10 \times 8,1$

30c) $227 \div 5 \bigcirc 1.332 - 1.281$

30d) $333 \div 1/3 \bigcirc 11 \times 33$

30e) $15/3 - (-18) \bigcirc 79/4 - 9$

Lösungen

1 a) 17   b) 9,348   c) 16,825   d) 758,372   e) 9,996

2 a) 40   b) 700   c) 6,9   d) 5.000   e) 12.306

3 a) 40 × 50 = 2.000   b) 70 × 20 = 1.400   c) 150 × 30 = 4.500
   d) 6.000 ÷ 10 = 600   e) 150.000 ÷ 300 = 500

4 a) 20.000   b) 16.100   c) 4.000   d) 60.000   e) 33.750

5 C) ca. 70.000.

6 D) 5 Nachkommastellen.

7 C) 8-stellige Zahl.

8 B) 652

9 A) 650

10 E) 1.780

11 D) –x91

12 D) 35.xx5

13 B) 143.000

14 B) 2.262

15 A) 3.341,736

16 D) 10,24

17 C) 65.025

18 A) 24,389

19 E) 1.118,72

20 D) 129,22

Kapitel 12: Schätzen, runden und vergleichen

21 **E)** Keine Antwort ist richtig.

22 **D)** 165,184

23 **C)** 6,690924

24 **E)** 210,91

25 **B)** 27

26 **D)** 6.989,53

27 **C)** 20 %

28 **C)** 867,6

29 a) 29 + 16 < 26 + 37   b) 52 + 14 < 19 + 48   c) 15 × 5 < 54 + 31
   d) 214 ÷ 3 > 5 × 13 − 10   e) ¹²/₄ × 11 < −9 + 120 ÷ 2

30 a) 28 + 26 > 14 + 37   b) 117 − 28 > 10 × 8,1   c) 227 ÷ 5 < 1.332 − 1.281
   d) 333 ÷ ⅓ > 11 × 33   e) ¹⁵/₃ − (−18) > ⁷⁹/₄ − 9

Aufgabenblock 1

Zu 1a) Bei 7 wird aufgerundet: 17 ⇒ 20

Zu 1b) Bei 8 wird aufgerundet: 9,348 ⇒ 9,350

Zu 1c) Die erste Nachkommastelle ändert sich nicht.

Zu 1d) Bei 2 wird abgerundet: 758,372 ⇒ 758,370

Zu 1e) Bei 6 wird aufgerundet: 9,996 ⇒ 10

Aufgabenblock 2

Zu 2a) Wegen der Einerstelle 3 wird auf den Zehner abgerundet: 43 ⇒ 40

Zu 2b) Wegen der Zehnerstelle 6 wird auf den Hunderter aufgerundet: 663 ⇒ 700

Zu 2c) Wegen der 2. Nachkommastelle 7 wird auf die 1. Nachkommastelle aufgerundet: 6,871 ⇒ 6,9

Zu 2d) Wegen der Hunderterstelle 6 wird auf den Tausender aufgerundet: 4.632,129 ⇒ 5.000

Zu 2e) Wegen der 1. Nachkommastelle 6 wird auf den Einer abgerundet: 12.306,299 ⇒ 12.306

Aufgabenblock 3

Zu 3a) 43 × 45 ≈ 40 × 50 = 2.000

Zu 3b) 67 × 19 ≈ 70 × 20 = 1.400

Da beide Faktoren aufgerundet werden, ist die Abweichung im Ergebnis relativ groß. In solchen Fällen ist es besser, den Faktor mit der kleineren Endziffer abzurunden, um zuverlässigere Resultate zu erhalten: 60 × 20 = 1.200 kommt näher an das tatsächliche Ergebnis 1.273 als 70 × 20 = 1.400.

> **Tipp**
> Insbesondere bei Multiplikationen vermeiden Sie zu große Abweichungen, wenn Sie nicht ausschließlich auf- oder abrunden. Wer dies trotzdem tut und zum Ausgleich das Ergebnis in die Gegenrichtung runden möchte, braucht ein gutes Zahlengefühl, um die Fehlergröße richtig einzuschätzen.

Zu 3c) 154 × 32 ≈ 150 × 30 = 4.500

Zu 3d) 5.897 ÷ 12 ≈ 6.000 ÷ 10 = 600

Zu 3e) 145.632 ÷ 289 ≈ 150.000 ÷ 300 = 500

Aufgabenblock 4

Zu 4a) 7.619 + 8.426 + 3.812 ≈ 8.000 + 8.000 + 4.000 = 20.000

Zu 4b) 6.213 + 7.387 + 2.474 ≈ 6.200 + 7.400 + 2.500 = 16.100

Zu 4c) 337 × 4 + 662 × 4 ≈ 300 × 4 + 700 × 4 = 1.000 × 4 = 4.000

Zu 4d) 148.260 ÷ 2 − 27.988 ÷ 2 ≈ (148.000 − 28.000) ÷ 2 = 120.000 ÷ 2 = 60.000

Zu 4e) 22.482 × 2 − 22.482 ÷ 2 ≈ 22.500 × 2 − 22.500 ÷ 2 = 45.000 − 11.250 = 33.750

Aufgabe 5

91.134 − 6.856 × 3 ≈ 91.000 − 7.000 × 3 = 91.000 − 21.000 = 70.000

Die 91.134 lässt sich auf 91.000 und die 6.856 auf 7.000 runden. Beide Abweichungen sind recht klein, sodass man dem exakten Ergebnis 70.566 nahe kommt. Wer ein gutes Gespür für Zahlenverhältnisse hat, erkennt, dass das Runden den Ergebniswert verringert, und schlägt nachträglich auf 500er auf (70.500).

Aufgabe 6

Vollständige Rechnung: 1,54 × 0,21 × 3,6 = 1,16424

Bei der Multiplikation von Kommazahlen hat das Ergebnis immer genau so viele Nachkommastellen wie alle Faktoren zusammen. Ausnahme: Wenn sich am Ende Nullstellen ergeben, fallen diese weg.

Aufgabe 7

Vollständige Rechnung: 1.347 × 8.965 = 12.075.855 (per Überschlag: 1.500 × 9.000 = 13.500.000)

Wer mit 1.000 × 9.000 überschlägt, erhält nur eine siebenstellige Zahl (9.000.000). Das Aufrunden von 8.965 auf 9.000 gleicht das Abrunden von 1.347 auf 1.000 nicht aus.

Aufgabe 8

Vollständige Rechnung: 5.612 + 8.326 + 2.714 = 16.652

Da alle Summanden gerade sind, muss auch die Lösung gerade sein, somit kommen nur B oder E infrage. Wenn Sie nur die Endziffern betrachten, erkennen Sie, dass die Endziffer des Ergebnisses 2 lauten muss: 2 + 6 + 4 = 12. Antwort B stimmt.

Aufgabe 9

Vollständige Rechnung: $227 \times 5 + 36 \times 5 + 879 \times 5 - 412 \times 5 = 3.650$

Multipliziert man eine ganze Zahl mit 5, trägt das Ergebnis zwangsläufig die Endziffer 5 oder 0. In dieser Aufgabe enden daher beide Summanden und der Subtrahend auf 5 oder 0 – und damit auch das Ergebnis. Antwort A stimmt.

Aufgabe 10

Vollständige Rechnung: $6.215 + 15.235 + 245 + 85 = 21.780$

Alle vier Summanden enden auf 5, also muss das Ergebnis die Endziffer 0 haben (5 + 5 + 5 + 5 = 20). Allerdings kommen nun immer noch zwei Vorschläge infrage, nämlich B und E. Sie müssen also einen Schritt weiter gehen und die beiden letzten Ziffern der Summanden betrachten: 15 + 35 + 45 + 85 = 180. Das Ergebnis endet auf 80, Antwort E stimmt.

Aufgabe 11

Vollständige Rechnung: $8.365 + 5.545 + 1.140 - 15.641 = 15.050 - 15.641 = -591$

Der Überschlag mit auf Hunderter gerundeten Summanden ergibt 8.400 + 5.500 + 1.100 = 15.000. Da alle Rundungen im 10er-Bereich liegen, kann die tatsächliche Summe nicht stark davon abweichen, was zwei Rückschlüsse erlaubt: Zum einen muss die Lösung negativ sein, weil der Subtrahend 15.641 größer ist als die Summe der Summanden. Zum anderen kann er jedoch nicht so viel größer sein, dass die Differenz vierstellig würde. Somit kommen nur noch die Antworten D (–x91) und E (–x89) infrage. Wenn Sie nun die Endziffern der Operanden betrachten, erkennen Sie, dass das Ergebnis auf 9 enden muss: 5 + 5 + 0 – 1 = 9. Die richtige Antwort ist D.

Aufgabe 12

Vollständige Rechnung: $7.125 \times 5 = 35.625$

Betrachtet man nur die Endziffer des ersten Faktors, ergibt sich: $5 \times 5 = 25$. Das Ergebnis endet also auf 5. Per Überschlag mit gerundeten Werten zeigt sich außerdem, dass die Lösung zwischen 35.000 (7.000 × 5) und 36.000 (7.200 × 5) liegen muss. Somit kann nur Vorschlag D stimmen.

Aufgabe 13

Vollständige Rechnung: 6.483 × 22 = 142.626

Diese Aufgabe zeigt: Das Abrunden des kleinen Faktors wird durch das Aufrunden des großen Faktors bei weitem nicht aufgewogen. Multipliziert man den Faktor 6.483 statt mit 22 nur mit 20, mindert man das Ergebnis um fast 13.000 (2 × 6.483). Die Erhöhung von 6.483 auf 6.500 bringt dagegen nur ein Plus von 340 (17 × 20). Daher sollten Sie hier nur den großen Faktor runden:

6.500 × 22 = 20 × 6.500 + 2 × 6.500 = 130.000 + 13.000 = 143.000

Aufgabe 14

Vollständige Rechnung: 58 × 39 = 2.262

Anhand der Endziffern können Sie überschlagen, dass das Ergebnis auf 2 enden muss (9 × 8 = 72). Die Multiplikation mit gerundeten Werten zeigt, in welcher Größenordnung die Lösung liegt: nämlich zwischen 60 × 40 = 2.400 und 50 × 40 = 2.000. Antwort B stimmt.

Aufgabe 15

Vollständige Rechnung: 658.322 ÷ 197 ≈ 3.341,736

Wenn Sie auf 660.000 und 200 runden, kommen Sie dem Ergebnis bereits ausreichend nahe: 660.000 ÷ 200 = 3.300.

> **Tipp**
> Bei Divisionen ist es meist am besten, Dividend und Divisor in die gleiche Richtung zu runden, um die Proportionen annähernd beizubehalten.

Aufgabe 16

Vollständige Rechnung: $3{,}2^2 = 10{,}24$

Wenn Sie 3,2 durch 3 ersetzen, erhalten Sie das Ergebnis 9, das Sie zum Ausgleich großzügig aufrunden können. Der Vorschlag 9,06 liegt zu nahe an der abgerundeten 9, um eine realistische Lösung für $3,2^2$ zu sein. Eine plausiblere Lösung wäre 10,24, was durch die Betrachtung der Endziffern (2 × 2 = 4) bestätigt wird. Der nächstgrößere Vorschlag mit der Endziffer 4 – nämlich B (12,4) – liegt viel zu hoch.

Aufgabe 17

Vollständige Rechnung: $255^2 = 65.025$

Prüfen Sie zunächst, in welcher Größenordnung die Lösung liegt. Ist sie vier-, fünf- oder sechsstellig? Durch Überschlagen mit gerundeten Werten können Sie den Ergebnisbereich auf die fünfstelligen Zahlen begrenzen (200 × 300 = 60.000). Die Betrachtung der Endziffern (5 × 5 = 25) zeigt außerdem, dass das Ergebnis auf 5 enden muss. Somit kommt nur Antwort C infrage.

Aufgabe 18

Vollständige Rechnung: $2,9^3 = 24,389$

Da 3^3 bereits 27 ergibt, scheiden alle Zahlen über 27 von vornherein aus. Als nächstes betrachten Sie die Endziffer. Die Potenz 9^3 müssen Sie dafür nicht vollständig ausrechnen: Es reicht, wenn Sie erkennen, dass das Ergebnis auf 9 enden muss (9 × 9 = 81 und 9 × 81 = XX9). Somit kann nur Antwort A stimmen.

Aufgabe 19

Vollständige Rechnung: 152 % von 736 = 1.118,72

Rechnen Sie mit den gerundeten Werten 150 % und 740. Die Lösung beträgt demnach ungefähr das Anderthalbfache von 740, also 740 plus die Hälfte von 740 (740 + 370 = 1.110). Damit kommen Sie dem exakten Ergebnis 1.118,72 ausreichend nahe.

Aufgabe 20

Vollständige Rechnung: 26 % von 497 = 129,22

Rechnen Sie mit den gerundeten Werten 25 % (¼) und 500. Die Lösung beträgt demnach ungefähr ein Viertel von 500 (¼ × 500 = 125). Damit kommen Sie dem exakten Ergebnis 129,22 ausreichend nahe.

Aufgabe 21

Vollständige Rechnung: 39 % von 23.961 = 9.344,79

Rechnen Sie mit den gerundeten Werten 40 % und 24.000. Am leichtesten geht dies mit einem Zwischenschritt: Bestimmen Sie zunächst 10 % von 24.000 (2.400) und multiplizieren Sie das Ergebnis mit 4 (= 9.600). Ein Lösungsvorschlag, der dazu auch nur annähernd passen würde, findet sich nicht; richtig ist daher Antwort E.

Aufgabe 22

Vollständige Rechnung: 56,96 × 2,9 = 165,184

Rechnen Sie mit den gerundeten Werten 55 und 3. Die Lösung beträgt demnach ungefähr 55 × 3 = 165; damit kommen Sie dem exakten Ergebnis 165,184 ausreichend nahe. Eine Überprüfung der Endziffern (9 × 6 = 54) unterstützt diesen Antwortvorschlag.

Aufgabe 23

Vollständige Rechnung: 1,93 × 3,21 × 1,08 = 6,690924

Die Rechnung mit gerundeten ganzen Zahlen (2 × 3 × 1 = 6) deutet auf eine Lösung im weiteren Umfeld der 6 hin. Die Betrachtung der Endziffern zeigt außerdem, dass das Ergebnis auf 4 enden muss (3 × 1 × 8 = 24). Somit kann nur Antwort C stimmen.

Aufgabe 24

Vollständige Rechnung: $14{,}6^2 - 1{,}5^2 = 210{,}91$

Hier hilft das Runden nicht weiter: Der Fehler würde über die Potenzierung zu groß werden. Obendrein liegen die Lösungsvorschläge zu nahe beieinander, als dass man eine grobe Abschätzung nach Größenverhältnissen vornehmen könnte. Allerdings trägt jeder Vorschlag eine andere Endziffer, und welche davon stimmt, lässt sich leicht erkennen: Die erste Potenz endet auf 6 (6 × 6 = 36), die zweite auf 5 (5 × 5 = 25) – und das Ergebnis demnach auf 1 (6 – 5 = 1). Somit kann nur Antwort E stimmen.

Aufgabe 25

Vollständige Rechnung: $17{,}5 + 3{,}13 + {}^{49}/_{5} \times {}^{5}/_{7} - 1 \div 2 = 27{,}13$

Die Rechnung sieht kompliziert aus, lässt sich aber relativ einfach überschlagen, wenn man die Operanden geschickt zusammenfasst: Die letzte Teilrechnung 1 ÷ 2 ergibt den Wert 0,5, den Sie direkt vom ersten Summanden 17,5 abziehen können. Den zweiten Summanden 3,13 – abgerundet auf 3 – hinzugezählt, erhält man das praktische Zwischenergebnis 20. Nun bleiben noch die Brüche: Die beiden 5en streichen sich gegeneinander weg, die 49 im Zähler lässt sich mit der 7 im Nenner kürzen, und man erhält das nächste Teilergebnis 7. Die Endrechnung liefert 20 + 7 = 27, was ausreichend nahe an der exakten Lösung 27,13 liegt.

Aufgabe 26

Vollständige Rechnung: $\sqrt{2.480{,}04} + 6.939{,}73 = 6.989{,}53$

In welcher Größenordnung die Quadratwurzel liegt, erkennen Sie schnell, wenn Sie die Zahl in der Wurzel (den Radikand) auf 2.500 – das Quadrat von 50 – runden. Löst man die Wurzel auf und addiert die erhaltene 50 zum Summanden 6.939,73 (gerundet 6.950), so ergibt sich ungefähr 7.000. Damit kommen Sie dem exakten Ergebnis ausreichend nahe; Antwort D stimmt.

Aufgabe 27

48,45 % von 39,75 % ergibt gerundet 20 %.

Runden Sie 48,45 % auf 50 % und 39,75 % auf 40 %. Nun suchen Sie nach 50 % von 40 %, also der Hälfte von 40 % – als richtige Antwort kommt nur Vorschlag C (20 %) infrage. Möglich ist auch der Weg über die Brüche: 50 % von 40 % entspricht ½ von ⅖. Da sich die 2en im Zähler und Nenner wegkürzen, erhält man schließlich ⅕ (= 0,2 oder 20 %).

Aufgabe 28

Vollständige Rechnung: $(-16{,}2)^2 + 24{,}6^2 = 867{,}6$

Hier kommen Sie über das Runden am schnellsten zum Ergebnis: $16 \times 16 = 256$ und $25 \times 25 = 625$. In der Summe ergibt sich 881, was sehr nahe an der exakten Lösung 867,6 liegt.

Wer beide Summanden auf 20 rundet – in der Annahme, das Auf- und Abrunden gleiche sich aus – geht zu grob vor: Als Ergebnis erhält man dann 800, was die falsche Lösung A (812,0) nahelegt.

Aufgabenblock 29

Zu 29a) $29 + 16 \bigcirc 26 + 37 \Rightarrow 30 + 15 \bigcirc 25 + 35 \Rightarrow 45 < 60$

Zu 29b) $52 + 14 \bigcirc 19 + 48 \Rightarrow 50 + 15 \bigcirc 20 + 50 \Rightarrow 65 < 70$

Zu 29c) $15 \times 5 \bigcirc 54 + 31 \Rightarrow 15 \times 5 \bigcirc 55 + 30 \Rightarrow 75 < 85$

Zu 29d) $214 \div 3 \bigcirc 5 \times 13 - 10 \Rightarrow 210 \div 3 \bigcirc 65 - 10 \Rightarrow 70 > 55$

Zu 29e) $^{12}/_4 \times 11 \bigcirc -9 + 120 \div 2 \Rightarrow 3 \times 10 \bigcirc -10 + 60 \Rightarrow 30 < 50$

Aufgabenblock 30

Zu 30a) $28 + 26 \bigcirc 14 + 37 \Rightarrow 30 + 25 \bigcirc 15 + 35 \Rightarrow 55 > 50$

Zu 30b) $117 - 28 \bigcirc 10 \times 8{,}1 \Rightarrow 115 - 30 \bigcirc 10 \times 8 \Rightarrow 85 > 80$

Zu 30c) $227 \div 5 \bigcirc 1.332 - 1.281 \Rightarrow 230 \div 5 \bigcirc 1.330 - 1.280 \Rightarrow 46 < 50$

Zu 30d) $333 \div {}^1/_3 \bigcirc 11 \times 33 \Rightarrow 1.000 \bigcirc 10 \times 35 \Rightarrow 1.000 > 350$

Zu 30e) $^{15}/_3 - (-18) \bigcirc {}^{79}/_4 - 9 \Rightarrow 5 + 20 \bigcirc 20 - 10 \Rightarrow 25 > 10$

Kapitel 13: Geometrie

Die Geometrie beschäftigt sich mit Flächenformen in der zweidimensionalen Ebene (Kreis, Dreieck, Trapez, Quadrat ...) und mit Körpern im dreidimensionalen Raum (Kugel, Quader, Würfel, Zylinder ...). Jede geometrische Form besitzt bestimmte Eigenschaften, die sich mit speziellen Formeln beschreiben und berechnen lassen.

Von Fläche bis Volumen: Geometrische Größen und ihre Definition

Größe	Formelzeichen	Bedeutung
Fläche	A	Der Flächeninhalt, der von einer zweidimensionalen Form eingeschlossen wird
Umfang	U	Die Gesamtlänge der Begrenzungslinien einer ebenen Fläche (bei Vielecken: die Summe der Seitenlängen)
Höhe	h	Flächen: Der Abstand zwischen einer Seite und der ihr gegenüberliegenden Seite bzw. Ecke Körper: Der Abstand von der Grundfläche zur gegenüberliegenden Deckfläche bzw. Spitze
Oberfläche	O	Die gesamte Fläche, die einen dreidimensionalen Körper umschließt; gelegentlich unterteilt in Grund-, Mantel- und ggf. Deckfläche
Grundfläche	G	Die Fläche, von der aus ein dreidimensionaler Körper konstruiert wird (z. B. Grundfläche des Kegels = Kreis)
Mantelfläche	M	Der Teil der Oberfläche eines dreidimensionalen Körpers, der nicht zur Grundfläche (und ggf. Deckfläche) zählt – typischerweise die Summe der Seitenflächen
Volumen	V	Der Rauminhalt, der von einem dreidimensionalen Körper eingeschlossen wird

Die Seiten einer geometrischen Form kennzeichnet man fortlaufend mit lateinischen Buchstaben: a, b, c, d ... Winkel benennt man nach den Buchstaben des griechischen Alphabets: α (Alpha), β (Beta), γ (Gamma), δ (Delta) ...

Von Kreis bis Pyramide: Geometrische Formen und Formeln

Normalerweise muss man im Einstellungstest nicht sämtliche Formeln auswendig parat haben: Auf Trapeze, Ellipsen oder Prismen beispielsweise trifft man nur äußerst selten. Dreiecke, Vierecke, Kreise, Kegel und alle Arten von Quadern kommen wiederum relativ häufig vor. Auf jeden Fall sollten Sie zumindest in der Lage sein, die richtige Formel schnell in einer Formelsammlung zu erkennen.

- Kreis

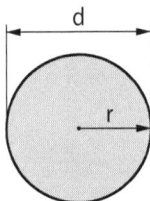

Ein Kreis ist durch seinen **Radius (r)** definiert, der dem halben **Durchmesser (d)** entspricht. Bei der Kreisberechnung kommt häufig die **Kreiszahl Pi (π)** ins Spiel: eine unendliche Dezimalzahl, die meist auf 3,14 gerundet wird.

Durchmesser: $d = 2 \times r$

Umfang: $U = 2 \times r \times \pi = d \times \pi$

Fläche: $A = r^2 \times \pi$

- Dreieck

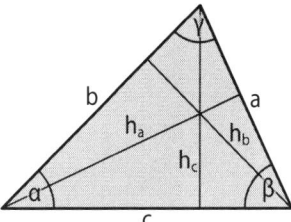

Ein Dreieck hat drei Seiten (a, b, c), drei Ecken (Innenwinkel α, β, γ) und drei Höhen (h_a, h_b, h_c). Bei einem **gleichschenkligen Dreieck** sind zwei Seiten und zwei Winkel gleich. Ein **gleichseitiges Dreieck** verfügt über drei gleiche Seiten und drei gleiche Winkel (jeweils 60°).

Umfang: $U = a + b + c$

Fläche: $A = a \times h_a \times \frac{1}{2} = b \times h_b \times \frac{1}{2} = c \times h_c \times \frac{1}{2}$

Winkelsumme: $α + β + γ = 180°$

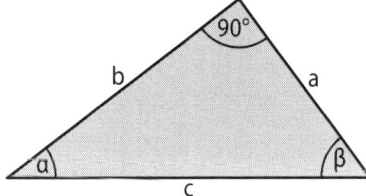

Ein **rechtwinkliges Dreieck** hat einen 90°-Winkel; die ihm gegenüberliegende Seite heißt Hypotenuse, die beiden anliegenden Seiten nennt man Ankathete und Gegenkathete. Jede Kathete stellt zugleich die Höhe der anderen Kathete dar. Im rechtwinkligen Dreieck – und nur hier – gilt der **Satz des Pythagoras**.

Fläche: $A = a \times b \times \frac{1}{2}$

Satz des Pythagoras: $a^2 + b^2 = c^2$

- Viereck

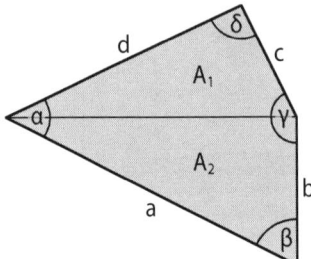

Zur Gruppe der Vierecke gehören unter anderem Parallelogramme und Trapeze. Passt ein Viereck nicht in diese Unterkategorien, handelt es sich um ein unregelmäßiges Viereck mit vier verschiedenen Seiten und Winkeln. Der Umfang ergibt sich aus der Addition der vier Seiten, die Fläche errechnet sich aus den Flächen der Teildreiecke A_1 und A_2, die durch eine Diagonale gebildet werden.

Umfang: $U = a + b + c + d$
Fläche: $A = A_1 + A_2$
Winkelsumme: $\alpha + \beta + \gamma + \delta = 360°$

- Parallelogramm

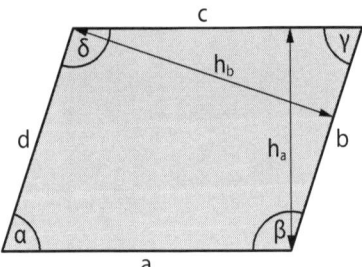

Ein Parallelogramm ist eine Sonderform des Vierecks: Gegenüberliegende Seiten sind parallel und gleich lang, gegenüberliegende Winkel sind gleich groß.

Umfang: $U = 2a + 2b$
Fläche: $A = a \times h_a = b \times h_b$

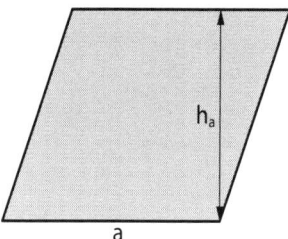

Wenn alle vier Seiten gleich lang sind, ist das Parallelogramm eine **Raute**.

Umfang: $U = 4 \times a$
Fläche: $A = a \times h_a$

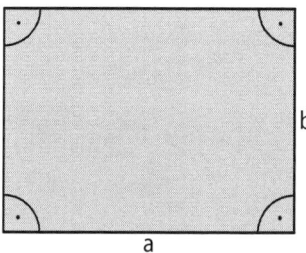

Wenn alle vier Winkel gleich groß sind (90°), hat man ein **Rechteck** vor sich.

Umfang: $U = 2 \times a + 2 \times b = 2 \times (a + b)$
Fläche: $A = a \times b$

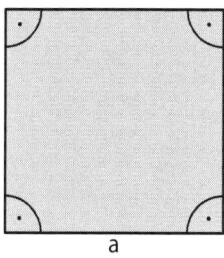

Wenn alle vier Seiten und alle vier Winkel gleich groß sind, handelt es sich um ein **Quadrat**.

Umfang: U = 4 × a
Fläche: A = a × a = a²

- Trapez

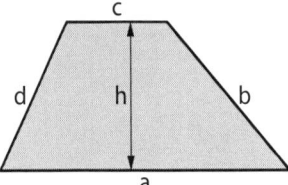

Das Trapez ist ebenfalls eine Sonderform des Vierecks. Es hat zwei parallele, verschieden lange Seiten, die sogenannten Grundseiten. Die beiden anderen Seiten – die Schenkel – liegen nicht parallel. Falls die Schenkel gleich lang sind, spricht man von einem **gleichschenkligen Trapez**.

Umfang: U = a + b + c + d
Fläche: A = ½ × (a + c) × h

- Ellipse

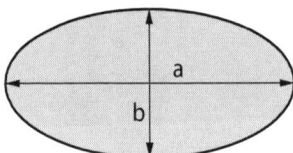

Eine Ellipse ist ein Oval, das durch die senkrecht zueinander stehenden Halbachsen a und b definiert wird. Ellipsen kommen im Einstellungstest nur sehr selten vor. Insbesondere die Berechnung ihres Umfangs ist ein Kapitel für sich.

Fläche: A = a × b × π

Kugel

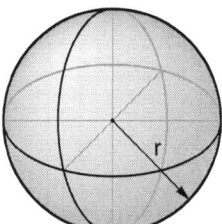

Eine Kugel ist ein dreidimensionaler runder Körper, dessen Querschnitt einen Kreis darstellt. Um die Kugeloberfläche, den Kugelumfang und das Kugelvolumen zu bestimmen, verwendet man die Kreiszahl π.

Umfang: $U = 2 \times r \times \pi = d \times \pi$
Oberfläche: $O = 4 \times r^2 \times \pi = d^2 \times \pi$
Volumen: $V = r^3 \times 4/3 \times \pi = d^3 \times 1/6 \times \pi$

Zylinder

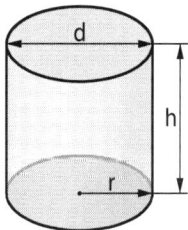

Ein Zylinder wird begrenzt von zwei identischen kreisförmigen Flächen (Grund- und Deckfläche) sowie der Mantelfläche. Wickelt man die Mantelfläche ab, erhält man ein Rechteck, dessen Seiten der Zylinderhöhe und dem Umfang der Grund- bzw. Deckfläche entsprechen.

Mantelfläche: $M = U \times h = 2 \times r \times \pi \times h = d \times \pi \times h$
Oberfläche: $O = 2 \times G + M = 2 \times r^2 \times \pi + 2 \times r \times \pi \times h = 2 \times r \times \pi \times (r + h)$
Volumen: $V = G \times h = r^2 \times \pi \times h$

- Prisma

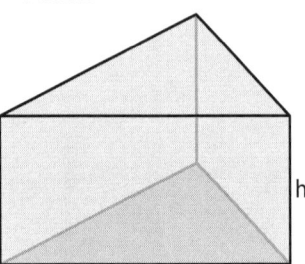

Ein Prisma hat ein Vieleck als Grundfläche, dem ein identisches Vieleck als Deckfläche gegenüberliegt. Die Seitenkanten des Prismas sind parallel. Ein Spezialfall des Prismas ist der Quader.

Mantelfläche: $M = U \times h$
Oberfläche: $O = 2 \times G + M = 2 \times G + U \times h$
Volumen: $V = G \times h$

- Quader

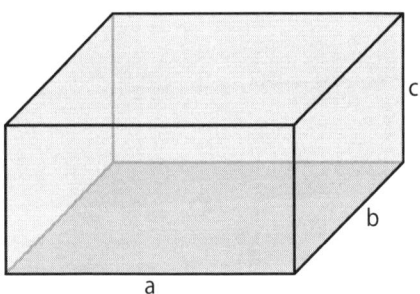

Ein Quader ist ein dreidimensionaler Körper mit 8 rechtwinkligen Ecken. Die 12 Kanten des Quaders bilden 6 rechteckige Seitenflächen; gegenüberliegende Flächen sind identisch.

Oberfläche: $O = 2 \times (a \times b + a \times c + b \times c)$
Volumen: $V = a \times b \times c$

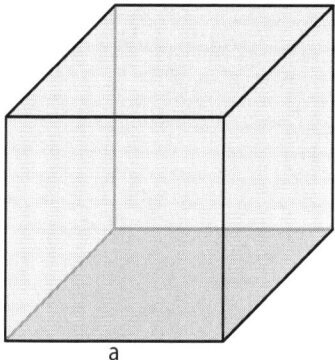

Der **Würfel** ist ein Spezialfall eines Quaders mit 12 gleichlangen Kanten. Die Würfeloberfläche setzt sich entsprechend aus 6 gleichen Quadraten zusammen.

Oberfläche: $O = 6 \times a^2$
Volumen: $V = a \times a \times a = a^3$

- Pyramide

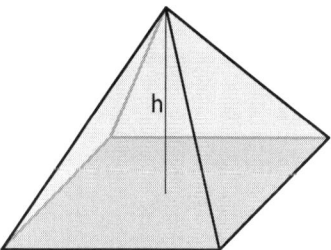

Die Grundfläche der Pyramide ist ein Vieleck, häufig ein Dreieck oder Viereck. Die Kanten der Pyramide laufen gleichmäßig nach oben hin zu und treffen in der Spitze aufeinander, sodass sich die Mantelfläche in Dreiecke unterteilt. Die Höhe h entspricht der Senkrechten von der Grundflächenmitte zur Spitze.

Mantelfläche: $M = A_{Teildreieck} \times$ Anzahl der Teildreiecke
Oberfläche: $O = G + M$
Volumen: $V = \frac{1}{3} \times G \times h$

- Kegel

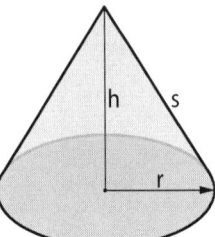

Meist ist mit „Kegel" die Spezialform des **geraden Kreiskegels** gemeint, der auf einer kreisförmigen Grundfläche wie eine Pyramide konstruiert wird. Die abgewickelte Mantelfläche entspricht einem Kreisausschnitt. Die Mantellinie s ist eine Gerade von der Kegelspitze zu einem beliebigen Punkt des Grundkreises.

> Mantelfläche (gerader Kreiskegel): $M = r \times s \times \pi$
> Oberfläche (gerader Kreiskegel): $O = G + M = r^2 \times \pi + r \times s \times \pi$
> $= r \times \pi \times (r + s)$
> Volumen: $V = \frac{1}{3} \times G \times h = \frac{1}{3} \times r^2 \times \pi \times h$

Die Rechenaufgaben

Lösen Sie die folgenden Aufgaben ohne Taschenrechner. Für die Zahl π verwenden Sie den Näherungswert 3,14.

Berechnen Sie die Fläche und den Umfang der Rechtecke.

- **1a)** a = 5 cm; b = 3 cm
- **1b)** a = 4 cm; b = 12 cm
- **1c)** a = 0,6 cm; b = 14,8 cm
- **1d)** a = 32 cm; b = 2 m
- **1e)** a = 4,9 cm; b = 12,3 dm

Berechnen Sie die Fläche der Dreiecke.

- **2a)** a = 2 cm; h_a = 3 cm
- **2b)** a = 7,5 mm; h_a = 6 mm
- **2c)** a = 0,5 dm; h_a = 0,5 m
- **2d)** a = 145 cm; h_a = 0,145 m
- **2e)** a = 0,3 mm; h_a = 0,3 m

Berechnen Sie die Fläche und den Umfang der Kreise.

- **3a)** r = 2 cm
- **3b)** r = 5,5 cm
- **3c)** r = 6,8 dm
- **3d)** r = 134,2 dm
- **3e)** r = 0,4 km

Berechnen Sie das Volumen und die Oberfläche der Quader.

- **4a)** a = 2 cm; b = 5 cm; c = 3 cm
- **4b)** a = 16 cm; b = 18 cm; c = 22 cm
- **4c)** a = 56,4 mm; b = 2,5 mm; c = 2 cm
- **4d)** a = 2,32 km; b = 0,4 km; c = 280 m
- **4e)** a = 2,4 dm; b = 24 cm; c = 0,24 m

Berechnen Sie das Volumen der Zylinder.

- **5a)** r = 5 cm; h = 4 cm
- **5b)** r = 7 cm; h = 16,5 cm
- **5c)** r = 2,5 mm; h = 0,4 dm
- **5d)** r = ¾ cm; h = 0,5 cm
- **5e)** r = ⅞ cm; h = ½ m

Berechnen Sie das Volumen und die Oberfläche der Kugeln.

- **6a)** r = 2 cm
- **6b)** r = 2,5 mm
- **6c)** r = 6 dm
- **6d)** d = 1,5 m
- **6e)** d = 3 cm

Berechnen Sie …

7a) das Volumen des zylinderförmigen Fasses mit h = 6 cm, r = 5 cm.

7b) das Volumen und die Oberfläche des Würfels mit der Kantenlänge a = ⅔ cm.

7c) das Volumen und die Oberfläche der Schachtel mit a = 2 mm, b = ¹⁶⁄₄₀ cm, c = 0,34 m.

7d) die Oberfläche der Perle mit r = 0,3 cm.

7e) die Mantelfläche des zylinderförmigen Turms mit d = 6 m, h = 20 m.

Berechnen Sie …

8a) den Umfang eines Trapezes mit a = 2 cm, b = 4,5 cm, c = 3 cm, d = 5 cm.

8b) den Winkel γ an der Spitze eines gleichschenkligen Dreiecks mit α = 35°.

8c) die restlichen Winkel eines Parallelogramms mit α = 15°.

8d) den Winkel β in einem rechtwinkligen Dreieck mit α = 37,5° und a = 4,4 cm.

8e) den Umfang und die restlichen Winkel eines Papierdrachens mit a = 30 cm, b = 50,2 cm, α = 90°, γ = 50°.

Papierdrachen:

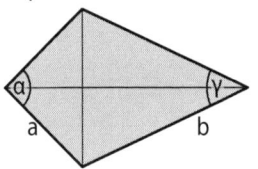

9. Welche Größen können Sie berechnen, wenn Sie in einem gleichseitigen Dreieck die Seite a kennen?

A. Den Umfang
B. Den Umfang und die Fläche
C. Den Umfang und 3 Winkel
D. Die Fläche, den Umfang und 3 Winkel
E. Mit nur einer Seitenangabe lassen sich weder Umfang noch Fläche oder Winkel bestimmen.

10. Wie viele Liter Flüssigkeit passen in eine Dose mit d = 8 cm und h = 15 cm?

A. 0,7563 Liter
B. 0,7 Liter
C. 0,7536 Liter
D. 0,7777 Liter
E. Keine Antwort ist richtig.

11. Die Diagonale eines Quadrats beträgt 4 cm. Wie lang sind seine Seiten?

A. Rund 2,74 cm
B. Rund 2,47 cm
C. Rund 2,83 cm
D. Rund 2,38 cm
E. Keine Antwort ist richtig.

12. Wie viele Hektoliter Luft fasst eine 150 Meter hohe Pyramide mit quadratischer Grundfläche und 200 Metern Seitenlänge, wenn die Pyramide zu 20 Prozent aus Hohlräumen besteht?

A. 400.000 hl
B. 2.000.000 hl
C. 200.000 hl
D. 40.000.000 hl
E. Keine Antwort ist richtig.

Lösungen

1 a) A = 15 cm²; U = 16 cm   b) A = 48 cm²; U = 32 cm
c) A = 8,88 cm²; U = 30,8 cm
d) A = 6.400 cm² (0,64 m²); U = 464 cm (4,64 m)
e) A = 602,7 cm² (6,027 dm²); U = 25,58 dm (255,8 cm)

2 a) A = 3 cm²   b) A = 22,5 mm²   c) A = 0,0125 m² (1,25 dm²)
d) A = 1.051,25 cm² (0,105125 m²)   e) A = 0,045 m² (45 mm²)

3 a) A = 12,56 cm²; U = 12,56 cm   b) A = 94,985 cm²; U = 34,54 cm
c) A = 145,1936 dm²; U = 42,704 dm   d) A = 565,50269 m²; U = 84,2776 m
e) A = 0,5024 km²; U = 2,512 km

4 a) V = 30 cm³; O = 62 cm²   b) V = 6.336 cm³; O = 2.072 cm²
c) V = 2,82 cm³; O = 26,38 cm²   d) V = 0,25984 km³; O = 3,3792 km²
e) V = 13,824 dm³; O = 34,56 dm²

5 a) V = 314 cm³   b) V = 2.538,69 cm³   c) V = 785 mm³ (0,785 cm³)
d) V = 0,883125 cm³   e) V = 120,203125 cm³

6 a) V = 33,49$\overline{3}$ cm³; O = 50,24 cm²   b) V = 65,41$\overline{6}$ mm³; O = 78,5 mm²
c) V = 904,32 dm³; O = 452,16 dm²   d) V = 1,76625 m³; O = 7,065 m²
e) V = 14,13 cm³; O = 28,26 cm²

7 a) V = 471 cm³   b) V = 0,$\overline{296}$ cm³; O = 2,$\overline{6}$ cm²
c) V = 2,72 cm³; O = 40,96 cm²   d) O = 1,1304 cm²   e) M = 376,8 m²

8 a) U = 14,5 cm   b) γ = 110°   c) α = γ = 15°; β = δ = 165°
d) β = 52,5°   e) U = 160,4 cm; β = δ = 110°

9 D) Fläche, Umfang und 3 Winkel

10 C) 0,7536 Liter

11 C) Rund 2,83 cm

12 E) Keine Antwort ist richtig.

Aufgabenblock 1

Fläche Rechteck: A = a × b

Umfang Rechteck: U = 2 × (a + b)

Zu 1a) A = 5 cm × 3 cm = 15 cm²; U = 2 × (5 cm + 3 cm) = 16 cm

Zu 1b) A = 4 cm × 12 cm = 48 cm²; U = 2 × (4 cm + 12 cm) = 32 cm

Zu 1c) A = 0,6 cm × 14,8 cm = 8,88 cm²; U = 2 × (0,6 cm + 14,8 cm) = 30,8 cm

Zu 1d) A = 0,32 m × 2 m = 0,64 m²; U = 2 × (0,32 m + 2 m) = 4,64 m

Hier wurde die Seitenlänge a in Meter umgewandelt (32 cm = 0,32 m). Sie können natürlich auch in Zentimeter umrechnen, erhalten dann allerdings unübersichtlichere Zahlen.

Zu 1e) A = 0,49 dm × 12,3 dm = 6,027 dm²; U = 2 × (0,49 dm + 12,3 dm) = 25,58 dm

(a = 4,9 cm = 0,49 dm)

Aufgabenblock 2

Fläche Dreieck: A = a × h_a × 0,5

Zu 2a) A = 2 cm × 3 cm × 0,5 = 3 cm²

Zu 2b) A = 7,5 mm × 6 mm × 0,5 = 22,5 mm²

Zu 2c) A = 0,5 dm × 5 dm × 0,5 = 1,25 dm²

(h_a = 0,5 m = 5 dm)

Zu 2d) A = 145 cm × 14,5 cm × 0,5 = 1.051,25 cm²

(h_a = 0,145 m = 14,5 cm)

Zu 2e) A = 0,3 mm × 300 mm × 0,5 = 45 mm²

(h_a = 0,3 m = 300 mm)

Aufgabenblock 3

Kreisfläche: $A = r^2 \times \pi$

Kreisumfang: $U = 2 \times r \times \pi$

Zu 3a) $A = (2\text{ cm})^2 \times 3{,}14 = 12{,}56\text{ cm}^2$

$U = 2 \times 2\text{ cm} \times 3{,}14 = 12{,}56\text{ cm}$

Zu 3b) $A = (5{,}5\text{ cm})^2 \times 3{,}14 = 94{,}985\text{ cm}^2$

$U = 2 \times 5{,}5\text{ cm} \times 3{,}14 = 34{,}54\text{ cm}$

Zu 3c) $A = (6{,}8\text{ dm})^2 \times 3{,}14 = 145{,}1936\text{ dm}^2$

$U = 2 \times 6{,}8\text{ dm} \times 3{,}14 = 42{,}704\text{ dm}$

Zu 3d) $A = (13{,}42\text{ m})^2 \times 3{,}14 = 565{,}502696\text{ m}^2$

$U = 2 \times 13{,}42\text{ m} \times 3{,}14 = 84{,}2776\text{ m}$ (r = 134,2 dm = 13,42 m)

Zu 3e) $A = (0{,}4\text{ km})^2 \times 3{,}14 = 0{,}5024\text{ km}^2$

$U = 2 \times 0{,}4\text{ km} \times 3{,}14 = 2{,}512\text{ km}$

Aufgabenblock 4

Volumen Quader: $V = a \times b \times c$

Oberfläche Quader: $O = 2 \times (a \times b + a \times c + b \times c)$

Zu 4a) $V = 2\text{ cm} \times 5\text{ cm} \times 3\text{ cm} = 30\text{ cm}^3$

$O = 2 \times (2\text{ cm} \times 5\text{ cm} + 2\text{ cm} \times 3\text{ cm} + 5\text{ cm} \times 3\text{ cm}) = 62\text{ cm}^2$

Zu 4b) $V = 16\text{ cm} \times 18\text{ cm} \times 22\text{ cm} = 6.336\text{ cm}^3$

$O = 2 \times (16\text{ cm} \times 18\text{ cm} + 16\text{ cm} \times 22\text{ cm} + 18\text{ cm} \times 22\text{ cm}) = 2.072\text{ cm}^2$

Zu 4c) $V = 5{,}64\text{ cm} \times 0{,}25\text{ cm} \times 2\text{ cm} = 2{,}82\text{ cm}^3$

$O = 2 \times (5{,}64\text{ cm} \times 0{,}25\text{ cm} + 5{,}64\text{ cm} \times 2\text{ cm} + 0{,}25\text{ cm} \times 2\text{ cm}) = 26{,}38\text{ cm}^2$

(a = 56,4 mm = 5,64 cm; b = 2,5 mm = 0,25 cm)

Zu 4d) $V = 2{,}32\text{ km} \times 0{,}4\text{ km} \times 0{,}28\text{ km} = 0{,}25984\text{ km}^3$

$O = 2 \times (2{,}32\text{ km} \times 0{,}4\text{ km} + 2{,}32\text{ km} \times 0{,}28\text{ km} + 0{,}4\text{ km} \times 0{,}28\text{ km})$
$= 3{,}3792\text{ km}^2$

$(c = 280\ m = 0{,}28\ km)$

Zu 4e) Da alle drei Seiten gleich lang sind, ist dieser Quader ein Würfel. In Dezimetern ergibt sich:

$V = a^3 = (2{,}4\ dm)^3 = 13{,}824\ dm^3$

$O = 6 \times a^2 = 6 \times (2{,}4\ dm)^2 = 34{,}56\ dm^2$

Aufgabenblock 5

Volumen Zylinder: $V = \pi \times h \times r^2$

Zu 5a) $V = 3{,}14 \times 4\ cm \times (5\ cm)^2 = 314\ cm^3$

Zu 5b) $V = 3{,}14 \times 16{,}5\ cm \times (7\ cm)^2 = 2.538{,}69\ cm^3$

Zu 5c) $V = 3{,}14 \times 40\ mm \times (2{,}5\ mm)^2 = 785\ mm^3$

$(h = 0{,}4\ dm = 40\ mm)$

Zu 5d) $3{,}14 \times 0{,}5\ cm \times (\frac{3}{4}\ cm)^2 = 0{,}883125\ cm^3$

Hier sollten Sie zuerst den Bruch $\frac{3}{4}$ in eine Dezimalzahl umwandeln (0,75) – oder die Dezimalzahl 0,5 in einen Bruch ($\frac{1}{2}$).

Zu 5e) $V = 3{,}14 \times 50\ cm \times (0{,}875\ cm)^2 = 120{,}203125\ cm^3$

Bei dieser Aufgabe bietet es sich an, die Brüche in Dezimalzahlen und die Einheiten auf Zentimeter umzurechnen ($r = \frac{7}{8}\ cm = 0{,}875\ cm$; $h = \frac{1}{2}\ m = 50\ cm$).

Aufgabenblock 6

Kugeloberfläche: $O = 4 \times r^2 \times \pi = d^2 \times \pi$

Kugelvolumen: $V = r^3 \times \pi \times \frac{4}{3} = d^3 \times \pi \times \frac{1}{6} = d^2 \times \pi \times d \times \frac{1}{6} = O \times d \times \frac{1}{6}$

Wenn Sie eine Größe (V oder O) berechnet haben, erhalten Sie die andere blitzschnell: Die Formeln unterscheiden sich nur um den Faktor $d \times \frac{1}{6}$. Durch ein geschicktes Vorgehen erhalten Sie beide Werte mit einer einzigen Rechnung.

Zu 6a) $V = d^2 \times \pi \times d \times \frac{1}{6} = (2 \times 2\ cm)^2 \times 3{,}14 \times (2 \times 2\ cm) \times \frac{1}{6} = 16\ cm^2 \times 3{,}14 \times 4\ cm \times \frac{1}{6} = 50{,}24\ cm^2 \times \frac{2}{3}\ cm = 33{,}49\overline{3}\ cm^3$ (mit $O = 50{,}24\ cm^2$)

Zu 6b) $V = d^2 \times \pi \times d \times \frac{1}{6} = (2 \times 2{,}5 \text{ mm})^2 \times 3{,}14 \times (2 \times 2{,}5 \text{ mm}) \times \frac{1}{6} = 25 \text{ mm}^2 \times 3{,}14 \times 5 \text{ mm} \times \frac{1}{6} = 78{,}5 \text{ mm}^2 \times \frac{5}{6} \text{ mm} = 65{,}41\overline{6} \text{ mm}^3$ (mit O = 78,5 mm²)

Zu 6c) $V = d^2 \times \pi \times d \times \frac{1}{6} = (2 \times 6 \text{ dm})^2 \times 3{,}14 \times (2 \times 6 \text{ dm}) \times \frac{1}{6} = 144 \text{ dm}^2 \times 3{,}14 \times 12 \text{ dm} \times \frac{1}{6} = 452{,}16 \text{ dm}^2 \times 2 \text{ dm} = 904{,}32 \text{ dm}^3$ (mit O = 452,16 dm²)

Zu 6d) $V = d^2 \times \pi \times d \times \frac{1}{6} = (1{,}5 \text{ m})^2 \times 3{,}14 \times 1{,}5 \text{ m} \times \frac{1}{6} = 2{,}25 \text{ m}^2 \times 3{,}14 \times \frac{1{,}5}{6}$ m = 7,065 m² × 0,25 m = 1,76625 m³ (mit O = 7,065 m²)

Zu 6e) $V = d^2 \times \pi \times d \times \frac{1}{6} = (3 \text{ cm})^2 \times 3{,}14 \times 3 \text{ cm} \times \frac{1}{6} = 9 \text{ cm}^2 \times 3{,}14 \times \frac{3}{6}$ cm = 28,26 cm² × 0,5 cm = 14,13 cm³ (mit O = 28,26 cm²)

> **Tipp**
> Falls sich – wie hier – mehrere Rechnungen auf dieselben Werte beziehen: Prüfen Sie, ob Sie ein Teilergebnis mehrmals verwenden können.

Aufgabenblock 7

Zu 7a) Da das Fass die Form eines Zylinders hat, berechnet sich sein Volumen wie folgt:

$V = h \times r^2 \times \pi = 6 \text{ cm} \times (5 \text{ cm})^2 \times 3{,}14 = 471 \text{ cm}^3$

Zu 7b) Der Würfel ist eine Sonderform des Quaders. Durch die allseitig gleiche Kantenlänge vereinfachen sich die Formeln für Volumen und Oberfläche:

$V = a^3 = (\frac{2}{3} \text{ cm})^3 = \frac{8}{27} \text{ cm}^3 = 0{,}\overline{296} \text{ cm}^3$

$O = 6 \times a^2 = 6 \times (\frac{2}{3} \text{ cm})^2 = 6 \times \frac{4}{9} \text{ cm}^2 = 2{,}\overline{6} \text{ cm}^2$

Zu 7c) Vorab sollten Sie auf einheitliche Maße umrechnen, in diesem Fall sinnvollerweise auf Zentimeter: a = 2 mm = 0,2 cm; b = $\frac{16}{40}$ cm = $\frac{2}{5}$ cm = 0,4 cm; c = 0,34 m = 34 cm. Da eine Schachtel quaderförmig ist, berechnen sich ihr Volumen und ihre Oberfläche wie folgt:

$V = a \times b \times c = 0{,}2 \text{ cm} \times 0{,}4 \text{ cm} \times 34 \text{ cm} = 2{,}72 \text{ cm}^3$

$O = 2 \times (a \times b + a \times c + b \times c) = 2 \times (0{,}2 \text{ cm} \times 0{,}4 \text{ cm} + 0{,}2 \text{ cm} \times 34 \text{ cm} + 0{,}4 \text{ cm} \times 34 \text{ cm}) = 40{,}96 \text{ cm}^2$

Zu 7d) Eine Perle ist eine Kugel, ihre Oberfläche berechnet sich wie folgt:

$O = 4 \times r^2 \times \pi = 4 \times (0{,}3 \text{ cm})^2 \times 3{,}14 = 1{,}1304 \text{ cm}^2$

Zu 7e) Die Mantelfläche des zylinderförmigen Turms berechnet sich wie folgt:
$M = d \times \pi \times h = 6 \text{ m} \times 3{,}14 \times 20 \text{ m} = 376{,}8 \text{ m}^2$

Aufgabenblock 8

Zu 8a) Ein Trapez ist ein Viereck. Sein Umfang berechnet sich aus der Addition der vier Seiten: $U = a + b + c + d = 2 \text{ cm} + 4{,}5 \text{ cm} + 3 \text{ cm} + 5 \text{ cm} = 14{,}5 \text{ cm}$.

Zu 8b) In einem gleichschenkligen Dreieck sind die an der Basis anliegenden Winkel (α und β) gleich. Da die Winkelsumme 180° beträgt, lässt sich der Winkel γ an der Spitze leicht berechnen: γ = 180° − (2 × 35°) = 110°.

Zu 8c) Ein Parallelogramm ist ein Viereck, in dem sich paarweise je zwei gleiche Winkel gegenüberliegen. Die Winkelsumme beträgt (wie in jedem Viereck) 360°. Wenn ein Winkel bekannt ist, lassen sich die übrigen Winkel eindeutig bestimmen. Im vorliegenden Fall beträgt α 15° – demnach muss auch der gegenüberliegende Winkel γ 15° betragen. Die zwei verbleibenden Winkel β und δ ergeben zusammen 360° − 30° = 330°. Da sie ebenfalls gleich sind, hat jeder von ihnen 330° ÷ 2 = 165°.

Zu 8d) Im rechtwinkligen Dreieck beträgt ein Winkel 90°. Da der Winkel α bekannt ist (37,5°), kann β aus der Winkelsumme bestimmt werden: β = 180° − 90° − 37,5° = 52,5°. Die Angabe der Seite a ist überflüssig.

Zu 8e) Der abgebildete Papierdrachen entspricht der geometrischen Form des Drachenvierecks, das durch zwei Paare gleich langer benachbarter Seiten charakterisiert wird: a = d und b = c. Da zugleich die gegenüberliegenden Winkel β und δ identisch sind, ergibt sich:
$U = 2 \times (a + b) = 2 \times (30 \text{ cm} + 50{,}2 \text{ cm}) = 160{,}4 \text{ cm}$
β = δ = (360° − α − γ) ÷ 2 = (360° − 90° − 50°) ÷ 2 = 220° ÷ 2 = 110°

Aufgabe 9

Sie können die Fläche, den Umfang und alle Winkel berechnen.

In einem gleichseitigen Dreieck sind alle Seiten gleich: Wenn Sie a kennen, kennen Sie demnach auch b und c und somit den Umfang (U = 3 × a). Die Winkel sind in einem gleichseitigen Dreieck ebenfalls gleich und betragen daher immer $180° \div 3 = 60°$.

Nun zur Fläche. Die passende Formel lautet $A = a \times h_a \times \frac{1}{2}$. Zur Berechnung fehlt Ihnen noch die Höhe h_a – die erhalten Sie mithilfe folgender Überlegungen: Weil h_a senkrecht in der Mitte der Seite a ansetzt und bis zur gegenüberliegenden Ecke reicht, teilt sie das gleichseitige Ursprungsdreieck in zwei identische rechtwinklige Teildreiecke. Von diesen Teildreiecken kennen Sie die Hypotenuse (eine Seite des Ursprungsdreiecks) und eine Kathete (die Hälfte der Seite a). Die andere Kathete ist die gesuchte Höhe h_a, die Sie leicht über den Satz des Pythagoras bestimmen können:

$a^2 + b^2 = c^2 \Rightarrow$ übertragen auf das Teildreieck: $(a/2)^2 + h_a^2 = b^2$

Nun können Sie nach h_a auflösen:

$h_a = \sqrt{b^2 - (a/2)^2}$

Für die Fläche ergibt sich schließlich:

$A = a \times h_a \times \frac{1}{2} = a \times \sqrt{b^2 - (a/2)^2} \times \frac{1}{2}$

Aufgabe 10

In die Dose passen 0,7536 Liter Flüssigkeit.

Gesucht ist das Volumen der Dose. Da Dosen zylinderförmig sind, berechnet sich der Rauminhalt wie folgt:

$V = h \times r^2 \times \pi = h \times (d/2)^2 \times \pi = 15 \text{ cm} \times (4 \text{ cm})^2 \times 3{,}14 = 753{,}6 \text{ cm}^3$

Umgerechnet auf Liter: $753{,}6 \text{ cm}^3 = 0{,}7536 \text{ l}$ ($1 \text{ l} = 1.000 \text{ cm}^3$).

Aufgabe 11

Die Seiten des Quadrats sind rund 2,83 cm lang.

Die Diagonale eines Quadrats bildet mit zwei Quadratseiten ein rechtwinkliges Dreieck, in dem sie die Hypotenuse ist. Da alle Seiten eines Quadrats gleich lang sind, ergibt sich über den Satz des Pythagoras folgende Beziehung:

$a^2 + a^2 = c^2 \Rightarrow 2a^2 = c^2 \Rightarrow a^2 = c^2 \div 2 \Rightarrow a = \sqrt{c^2 \div 2}$

Durch Einsetzen erhält man: $a = \sqrt{16 \text{ cm}^2 \div 2} = \sqrt{8 \text{ cm}^2} = \sqrt{8} \text{ cm} \approx 2{,}83 \text{ cm}$.

Aufgabe 12

Die Pyramide würde 4.000.000 Hektoliter Luft fassen.

Zuerst müssen Sie das Gesamtvolumen der Pyramide berechnen. Die Grundfläche G ist gemäß Aufgabenstellung ein Quadrat mit der Seitenlänge 200 Metern:

$V = ⅓\, G \times h = ⅓ \times 200\,m \times 200\,m \times 150\,m = 2.000.000\,m^3$

20 Prozent davon sind: $2.000.000\,m^3 \times 0{,}2 = 400.000\,m^3 = 4.000.000\,hl$
($1\,m^3 = 10\,hl$)

Kapitel 14: Textaufgaben und Datenanalyse, Rechnen mit Dreisatz

Das Schwierige an Textaufgaben ist oft nicht die Rechnung an sich: Die häufigsten Probleme bestehen darin, die benötigten Angaben herauszufinden und sie in eine korrekte mathematische Operation umzusetzen.

Schritt für Schritt zur richtigen Lösung

- Schritt 1: Das Fragenziel bestimmen

Wonach wird gefragt, was wird gesucht? Manchmal reicht es nicht, den Aufgabentext nur ein einziges Mal durchzulesen, um ihn zu verstehen. Wenn etwas unklar ist: Versuchen Sie, die Fragestellung in eigenen Worten wiederzugeben – so merken Sie schnell, wo es noch hakt.

- Schritt 2: Die Angaben herausziehen

Prüfen Sie, welche Angaben Sie brauchen, um die Frage zu beantworten. Manche Textaufgaben enthalten mehr Informationen als nötig. Helfen kann es, wichtige Abschnitte und Begriffe zu unterstreichen. Achten Sie auf spezielle „Rechenwörter", die Ihnen Hinweise zur Rechenoperation geben: größer, erhöhen, später, insgesamt (=Addition); kleiner, vermindern, abziehen, früher (=Subtraktion); doppelt, je, mal (=Multiplikation); die Hälfte, durchschnittlich, Einzelpreis (=Division) …

- Schritt 3: Die Rechnung aufstellen

Bringen Sie die relevanten Angaben in eine sinnvolle Beziehung und formulieren Sie eine Rechnung – beziehungsweise mehrere Rechnungen: Viele Textaufgaben lassen sich leichter überblicken und schneller lösen, wenn man Zwischenschritte einbaut.

- Schritt 4: Die Frage beantworten

Lösen Sie die Rechnung und formulieren Sie einen Antwortsatz, der zur Fragestellung passt.

Die Dreisatz-Methode

Die Dreisatzrechnung ist ein mathematisches Verfahren, das es ermöglicht, aus drei gegebenen Werten einen unbekannten vierten Wert zu berechnen. Voraussetzung ist, dass alle Größen in einem bekannten Verhältnis zueinander stehen; Dreisatzaufgaben heißen daher auch Verhältnisgleichungen. In den vorangegangenen Kapiteln sind solche Rechnungen bereits an verschiedenen Stellen aufgetaucht. Oft ermöglicht der Dreisatz einen eingängigeren, leichter nachvollziehbaren Lösungsweg als die jeweiligen Formeln.

Damit Sie das Dreisatzverfahren nutzen können, müssen Sie die im Text enthaltenen Angaben entsprechend aufbereiten. Ein Beispiel: „Wie viel Gramm sind 10 Prozent von 40 Gramm?" Die Frage scheint auf den ersten Blick nur zwei Werte zu liefern; der Dreisatz erfordert jedoch drei. Dass die Aufgabe dreisatztauglich ist, zeigt sich, wenn man sie umformuliert: „40 Gramm entsprechen 100 Prozent, wie viel Gramm entsprechen 10 Prozent?" Nun können Sie mathematische Bezüge herstellen und eine Rechnung bilden (der gesuchte Wert entspricht der Variablen x):

„40 Gramm verhalten sich zu 100 Prozent wie der gesuchte Wert zu 10 Prozent"

$$\Rightarrow \frac{40}{100} = \frac{x}{10}$$

Oder

„Der gesuchte Wert verhält sich zu 40 Gramm wie 10 Prozent zu 100 Prozent"

$$\Rightarrow \frac{x}{40} = \frac{10}{100}$$

Oder

„100 Prozent verhalten sich zu 40 Gramm wie 10 Prozent zum gesuchten Wert"

$$\Rightarrow \frac{100}{40} = \frac{10}{x}$$

Oder

„40 Gramm verhalten sich zum gesuchten Wert wie 100 Prozent zu 10 Prozent"

$$\Rightarrow \frac{40}{x} = \frac{100}{10}$$

Wenn Sie die Gleichungen nach x auflösen, erhalten Sie jedes Mal:

$$x = 40 \times \frac{10}{100} = 4$$

Die Rechenaufgaben

Bitte lösen Sie die folgenden Aufgaben ohne Taschenrechner.

1a) Wie viel beträgt die Summe aus 53 und dem Doppelten davon?

1b) Wie lautet die Differenz zwischen 3.627 und 2.163?

1c) Wie viel ist 17 im Quadrat?

1d) Was ist der sechste Teil von 125,4?

1e) Welche Zahl müssen Sie durch 12,5 dividieren, um 67,34 zu erhalten?

2a) Jan und Lukas fahren nach Italien und halten sich genau 5 Wochen, 3 Tage und 12 Stunden an der Adria auf. Wie viele Tage sind sie dort?

2b) Gärtnerlehrling Alexander hat im Herbst 150 Blumenzwiebeln gesetzt. Im Frühjahr soll diese Sorte 3 Blüten pro Pflanze tragen. Über den Winter rechnet er jedoch mit einem Verlust von 10 Prozent der Zwiebeln. Wie viele Blüten kann Alexander im Frühjahr erwarten?

2c) Herr Schmidt fährt mit einem Lkw, der unbeladen 1,8 Tonnen wiegt, zu einer Baustelle. Dort lädt er 0,468 Tonnen Bauschutt auf, auf einer zweiten Baustelle nochmals 130 Kilogramm Steine. An einem beschrankten Bahnübergang ist die Überfahrt für Fahrzeuge über 2,4 Tonnen verboten. Darf Herr Schmidt mit dem Lkw die Gleise passieren?

2d) Max fährt um 10:33 Uhr mit dem Zug von Frankfurt am Main nach Berlin ab. Die fahrplanmäßige Ankunftszeit ist 14:58 Uhr, doch der Zug verspätet sich um 29 Minuten. Wie lange ist Max unterwegs?

2e) Nele hat 139,67 Euro in ihrem Geldbeutel. 680 Euro hat sie vor einem Jahr auf einem Sparbuch mit 1,5 Prozent Verzinsung angelegt. 1.400 Euro hat sie seit einem halben Jahr zu einem Zinssatz von 2,7 Prozent für 5 Jahre fest angelegt. Ihre Freundin Lisa schuldet ihr noch 25 Euro. Nun möchte sich Nele einen Fernseher kaufen, der 929 Euro kostet. Bei Barzahlung gibt es 10 Prozent Rabatt. Kann Nele das Barzahlungsangebot für den Fernseher annehmen? Muss Lisa ihr dafür einen Teil der Schulden zurückzahlen? Wenn ja, wie viel?

Familie Meyer besucht ein Kunstmuseum, das 32 Minuten Autofahrt von ihrer Wohnung entfernt liegt. Im Museum kaufen sie eine Familien-Tageskarte für 12,80 Euro und starten dann den Rundgang, der sie durch 23 Säle mit nach Epochen geordneten Kunstwerken führen soll. Allerdings sind die Säle 5, 6 und 7 wegen Umbauarbeiten geschlossen, und die Säle 21 und 22 werden gerade für eine Ausstellung hergerichtet. Daraufhin verlangt Frau Meyer einen Rabatt auf die Eintrittskarte und kann 5 Prozent Ermäßigung aushandeln. Die 16-jährige Lena sammelt von den Kunstwerken, die ihr am besten gefallen, Kunstkarten zum Stückpreis von 20 Cent. Die Karten muss sie von ihrem Taschengeld bezahlen. Dem 12-jährigen Daniel ist bald langweilig. Er setzt sich in Saal 9 auf eine Bank und liest 35 Minuten in einem mitgebrachten Detektivroman. Nach eineinhalb Stunden – die Meyers haben gerade Saal 12 passiert – stellt sich heraus, dass Saal 13 kein Ausstellungsraum, sondern eine Cafeteria ist. Dort legt die Familie eine Pause ein. Nach 45 Minuten bezahlt Herr Meyer die Rechnung von 28,40 Euro. Danach nehmen sich die Meyers weniger Zeit, für jeden folgenden Saal brauchen sie im Schnitt 7 Minuten. Auf der Heimfahrt machen die Meyers 12 Minuten Rast an einer Tankstelle und geben dabei 83,87 Euro aus. Um 18:33 Uhr kommt die Familie zu Hause an. Lena besitzt nun insgesamt 45 Karten zeitgenössischer Kunstwerke, das entspricht 75 Prozent ihrer Kunstkartensammlung, die sie bei mittlerweile drei Museumsbesuchen aufgebaut hat.

3a) Wie viele Ausstellungsräume hat Familie Meyer besichtigt?

3b) Wie viel Zeit hat Familie Meyer vor der Kaffeepause durchschnittlich in jedem Ausstellungsraum verbracht?

3c) Wie viele Kunstkarten hat Lena im Museum gesammelt?

3d) Wie viel Geld hat Familie Meyer im Museum ausgegeben – abgesehen von Lenas Kunstkarten?

3e) Wann ist Familie Meyer von zu Hause losgefahren?

4a) Tischlerlehrling Nico kauft im Auftrag seines Chefs für 2.400 Euro Material ein. Darauf werden ihm 6 Prozent Rabatt gegeben. Weil er die Summe bar bezahlt, erhält er weitere 3 Prozent Skonto auf den ursprünglichen Preis. Welchen Betrag muss Nico zahlen?

4b) Tim, Anna und Niklas haben bei einem Gewinnspiel den ersten, zweiten und dritten Platz belegt. Die Gewinnsumme beträgt 240 Euro. Davon erhält Tim die Hälfte und Anna ein Sechstel. Wie viel Geld bekommt Niklas und welchen Platz hat er belegt?

4c) Finn erwartet zu seiner Party 17 Gäste, für die er Limonade bereitstellen will. Wie viele Flaschen à 0,75 Liter muss Finn besorgen, damit jeder Gast 0,5 Liter Limonade trinken kann?

4d) Elif mixt einen Drink aus $3/20$ Litern Mangosaft, $1/10$ Litern Apfelsaft und $2/100$ Litern Holunderblütensirup. Wie viel Liter Flüssigkeit erhält sie? Sind es mehr oder weniger als $1/4$ Liter?

4e) Jonas, Laura und Felix besitzen zusammen 280 Euro Bargeld. Wie viel Geld hat jeder für sich, wenn Felix doppelt so viel hat wie Jonas, aber nur halb so viel wie Laura?

5) Frau Müller hat ihr Haus renovieren lassen; nun treffen die Rechnungen der Handwerker ein. Bei Zahlung innerhalb von 10 Tagen bekommt sie Skonto: Der Tapezierer verlangt 9.000 Euro mit 4 Prozent Skonto, der Fliesenleger 20.000 Euro mit 1 Prozent Skonto, der Dachdecker 30.000 Euro mit 3 Prozent Skonto und der Schreiner 40.000 Euro mit 2 Prozent Skonto. Allerdings hat Frau Müller den Betrag, den sie ohne Skonto zur Begleichung der Rechnungen gebraucht hätte, bereits gewinnbringend angelegt: Für 2 Monate erhält sie 6 Prozent Zinsen. Wird die Anlage vorzeitig aufgelöst, gibt es keine Zinsen.

Welche Variante – Skonto oder Zinsen – ist für Frau Müller günstiger? Um wie viel Euro ist sie günstiger?

6. Um welchen Faktor ändert sich das Volumen eines Würfels, wenn man alle Seitenlängen verdoppelt?
A. 4
B. 2
C. 8
D. 6
E. Keine Antwort ist richtig.

7. Paul möchte sein Zimmer tapezieren. Die Wand ist 2,40 Meter hoch und 3,75 Meter breit. Die Tapetenrolle misst 10,05 × 0,53 Meter. Wie viele Rollen muss er kaufen?
A. 1 Rolle
B. 3 Rollen
C. 4 Rollen
D. 2 Rollen
E. Keine Antwort ist richtig.

8. Eine Würfelform mit 0,6 Metern Kantenlänge ist vollständig mit Maschinenöl gefüllt. Nun soll das Öl in einen 40 Zentimeter hohen Quader umgefüllt werden. Wie groß ist die Bodenfläche dieses Quaders, wenn er mit dem Öl ebenfalls vollständig gefüllt wäre?
A. 0,52 m²
B. 0,54 m²
C. 50 cm²
D. 520 cm²
E. Keine Antwort ist richtig.

9. Ein Autobahnabschnitt soll innerhalb von 180 Tagen repariert werden. Dafür müssten 15 Arbeiter pro Arbeitstag 8 Stunden arbeiten. Nach 10 Tagen werden 2 der 15 Arbeiter krank; sie fallen für 21 Tage aus. Nach 30 Tagen werden 5 Arbeiter dauerhaft zu einer anderen Baustelle abgeordnet. Um wie viele Tage verzögert sich die Fertigstellung, wenn jeder verfügbare Arbeiter weiterhin 8 Stunden täglich arbeitet?

A. 260 Tage
B. 82 Tage
C. 78 Tage
D. 259 Tage
E. Keine Antwort ist richtig.

10. Lea hat mit ihrem Auto bisher auf 120 Kilometern 8 Liter Benzin verbraucht. Nachdem sie einen Kurs für kraftstoffsparende Fahrweise absolviert hat, spart sie 0,5 Liter Benzin pro 30 Kilometer. Wie viel Kilometer weiter – im Vergleich zur alten Fahrweise – kommt Lea mit einer Tankfüllung von 60 Litern?

A. 300 Kilometer
B. 200 Kilometer
C. 150 Kilometer
D. 350 Kilometer
E. Keine Antwort ist richtig.

11. Sarah und Leon sammeln 4 Kilogramm Frischpilze aus dem Wald. Die Pilze bestehen zu 5 Prozent aus Trockenmasse, der Rest ist Wasser. Wenn die Pilze luftgetrocknet werden, schrumpft der Wasseranteil um 15 Prozentpunkte. Wie viel Kilogramm Trockenmasse mehr enthalten 4 Kilogramm luftgetrocknete Pilze im Vergleich zu 4 Kilogramm Frischpilzen?

A. 0,2 Kilogramm

B. 0,4 Kilogramm

C. 0,6 Kilogramm

D. 0,8 Kilogramm

E. Keine Antwort ist richtig.

12. Philipp hat sich ein Motorrad gekauft, um schneller zur Berufsschule zu kommen. Bisher hat er die 6 Kilometer – einfache Strecke – mit dem Fahrrad zurückgelegt. Philipps Durchschnittsgeschwindigkeit betrug dabei 15 Kilometer pro Stunde. Mit dem Motorrad schafft er nun eine Durchschnittsgeschwindigkeit von 60 Kilometern pro Stunde. Allerdings verlängert sich sein Fahrweg um 1,5 Kilometer – er kann eine Abkürzung für Fahrradfahrer nicht mehr nehmen. Wie viel Zeit spart Philipp täglich durch das Motorrad ein?

A. 20 Minuten

B. 25 Minuten

C. 30 Minuten

D. 35 Minuten

E. Keine Antwort ist richtig.

Textaufgaben mit Datenanalyse I

Eine Umfrage unter Schülern zu ihren Lieblingssportarten ergab folgendes Bild: Tennis 3 Prozent, Volleyball 27 Prozent, Fußball 36 Prozent, Handball 17 Prozent. Basketball war die fünfte Sportart, die genannt wurde.

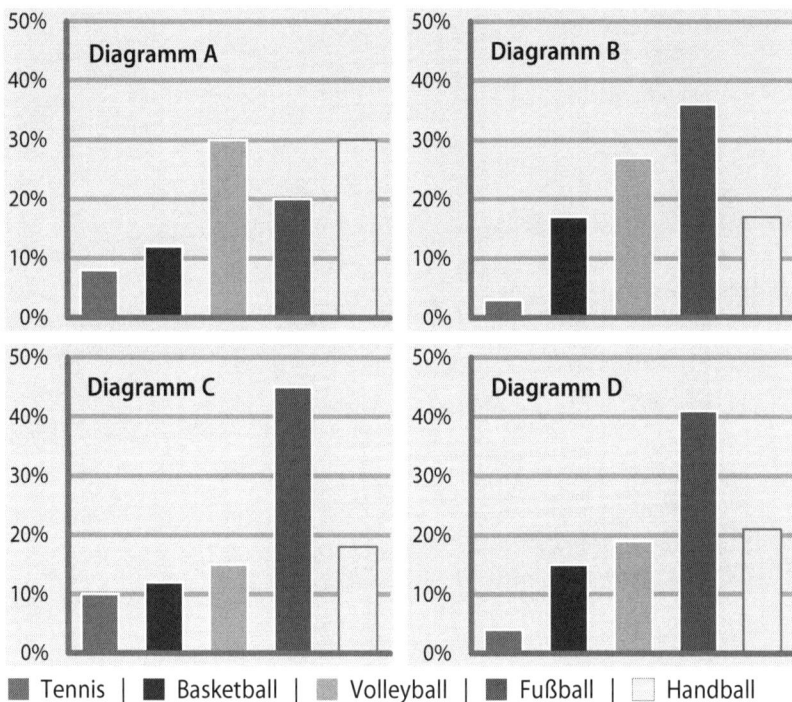

■ Tennis | ■ Basketball | ▨ Volleyball | ■ Fußball | ☐ Handball

13a) Wie viel Prozent der Schüler haben Basketball als Lieblingssportart gewählt?

13b) Welches der Diagramme – A, B, C, oder D – passt zu den im Text genannten Zahlen?

13c) Nach welchem Diagramm hätten sich für Volleyball und Handball gleich viele Schüler entschieden?

13d) Nach welchem Diagramm würde Tennis von 8 % der Schüler favorisiert?

13e) Nach welchem Diagramm hätten sich 19 % der Schüler für Volleyball entschieden?

Textaufgaben mit Datenanalyse II

Die Weltbevölkerung stieg vom Jahr 1800 bis zum Jahr 2000 von ca. 978 Millionen auf knapp 6,2 Milliarden. In der gleichen Zeit wuchs die Bevölkerung Europas von 203 Millionen auf 730 Millionen.

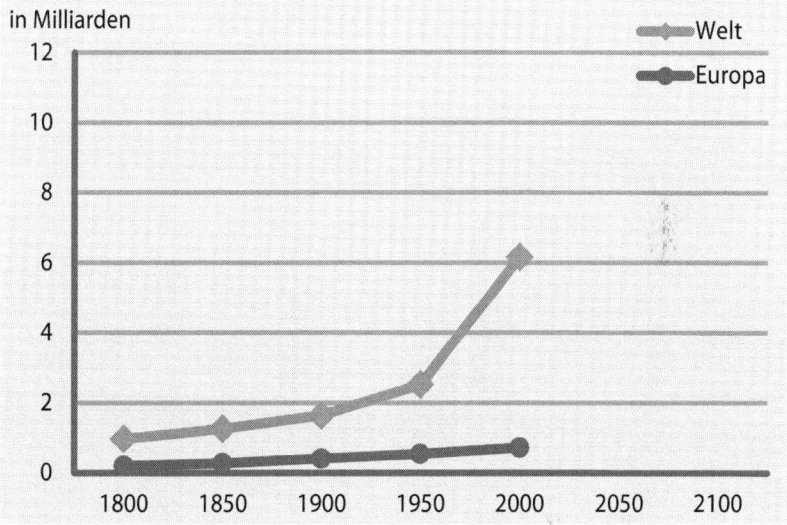

14a) Welcher Bevölkerungsanstieg verlief schneller?

14b) In welchem Jahr und bei welcher Bevölkerung ist die größte Änderung eingetreten?

14c) Führen Sie die Kurve der Weltbevölkerung mit dem Anstieg weiter, den sie seit 1950 einnimmt: Wie hoch wäre die Weltbevölkerung im Jahre 2050?

14d) Kann die europäische Bevölkerung bis zum Jahr 2100 die 2-Milliarden-Marke übersteigen, wenn sie im gleichen Maße wächst wie zuletzt?

14e) Wo hätte die europäische Bevölkerung im Jahr 2000 gestanden, wenn sie ab 1950 im gleichen Maße gestiegen wäre wie die Weltbevölkerung?

Textaufgaben mit Datenanalyse III

Das folgende Diagramm zeigt die amtlichen Endergebnisse (in Prozent) der Landtagswahlen in Schleswig-Holstein von 2009 und 2012.

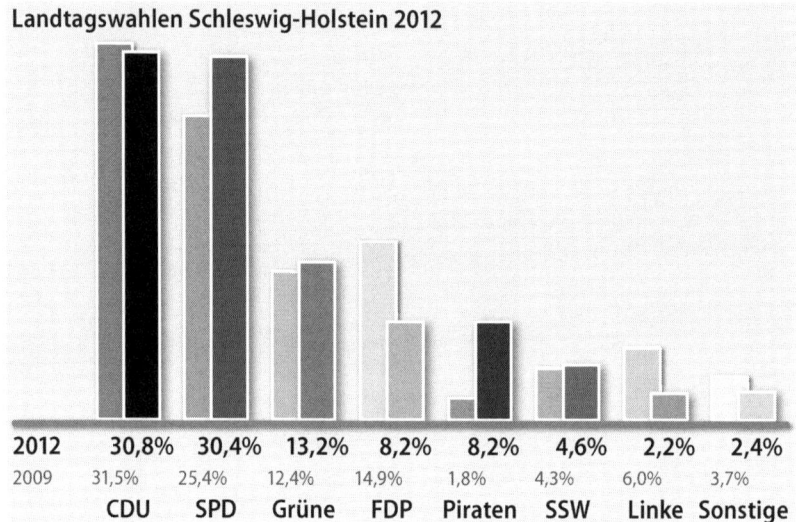

Quelle: Statistisches Amt für Hamburg und Schleswig-Holstein

15a) Wie viele Parteien haben seit 2009 dazugewonnen?

15b) Wie viele Parteien haben 2012 den Sprung in den Landtag geschafft? Berücksichtigen Sie die 5-Prozent-Hürde, die jedoch nicht für die Regionalpartei SSW gilt.

15c) Welche theoretischen Koalitionen mit absoluter Mehrheit ergeben sich aus dem Wahlergebnis 2012? Nehmen Sie an, dass immer nur so viele Parteien an einer Koalition teilnehmen, wie es zum Erreichen der absoluten Mehrheit nötig ist. Für die Regionalpartei SSW gilt dasselbe wie unter 15b).

15d) Welche Partei hat am wenigsten dazugewonnen?

15e) Welche Parteien mussten aufgrund der 5-Prozent-Hürde aus dem Landtag ausscheiden?

Lösungen

1. a) 159   b) 1.464   c) 289   d) 20,9   e) 841,75

2. a) 38,5 Tage   b) 405 Blüten   c) Ja, er darf passieren.
   d) 294 min (4 h 54 min)   e) Ja; Lisa muss 6,23 Euro zurückzahlen.

3. a) 17 Räume   b) 10 Minuten   c) Keine Lösung möglich
   d) 40,56 €   e) 14:06 Uhr

4. a) 2.184 €   b) 80 € / 2. Platz   c) 12 Flaschen   d) 0,27 l > ¼ l
   e) Felix: 80 €; Jonas: 40 €; Laura: 160 €

5. Zinsen; 3.680 €

6. C) 8

7. D) 2 Rollen

8. B) 0,54 m²

9. E) Keine Antwort ist richtig.

10. A) 300 km

11. C) 0,6 Kilogramm

12. E) Keine Antwort ist richtig.

13. a) 17 %   b) Diagramm B   c) Diagramm A   d) Diagramm A
    e) Diagramm D

14. a) Weltbevölkerung   b) Weltbevölkerung 1950
    c) Ca. 9,5 Milliarden   d) Nein   e) Ca. 4 Milliarden

15. a) 4 Parteien   b) 6 Parteien   c) 7 Koalitionen
    d) SSW   e) Die Linke

Aufgabenblock 1

Zu 1a) $53 + 53 \times 2 = 53 + 106 = 159$

Zu 1b) $3.627 - 2.163 = 1.464$

Zu 1c) $17^2 = 289$

Zu 1d) $125{,}4 \div 6 = 20{,}9$

Zu 1e) $x \div 12{,}5 = 67{,}34 \Rightarrow x = 12{,}5 \times 67{,}34 = 841{,}75$

Aufgabenblock 2

Zu 2a) Jan und Lukas sind 38,5 Tage an der Adria geblieben.

Da nach Tagen gefragt ist, müssen Sie anderslautende Zeitangaben umrechnen: 5 Wochen = 5 × 7 Tage = 35 Tage; 12 Stunden = 0,5 Tage. Somit ergibt sich: 5 × 7 + 3 + 0,5 = 38,5.

Zu 2b) Alexander kann im Frühjahr 405 Blüten erwarten.

Von 150 Blumenzwiebeln bleiben nach 10 Prozent Verlust im Winter 135 Zwiebeln übrig: 0,9 × 150 = 135. Jede verbliebene Blumenzwiebel trägt drei Blüten: 3 × 135 = 405. Natürlich können Sie auch zuerst die Blütenzahl für 150 Blumen ausrechnen und dann den Verlust berücksichtigen: 150 × 3 × 0,9 = 405.

Zu 2c) Herr Schmidt darf mit dem Lkw den Bahnübergang befahren. Gesamtgewicht des Lkw: 1,8 t + 0,468 t + 0,13 t = 2,398 t.

Zu 2d) Max ist 294 Minuten (4 Stunden und 54 Minuten) unterwegs.

Die fahrplanmäßige Fahrzeit ist die Differenz zwischen 10:33 Uhr und 14:58 Uhr, die man in drei Etappen aufteilen kann: Von 10:33 Uhr bis 11:00 Uhr sind es 27 Minuten, von 11:00 Uhr bis 14:00 Uhr 3 Stunden bzw. 180 Minuten und von 14:00 Uhr bis 14:58 Uhr 58 Minuten. Hinzu kommen 29 Minuten Verspätung.

Tatsächliche Fahrzeit: 27 + 180 + 58 + 29 = 294 (Minuten)

Zu 2e) Nele kann den Fernseher kaufen, wenn Lisa ihr wenigstens 6,23 Euro zurückzahlt.

Das festangelegte Geld steht Nele nicht zur Verfügung und ist in dieser Aufgabe irrelevant. Nele kann nur auf das Bargeld und den Betrag auf ihrem Sparbuch

zurückgreifen, bei dem die Zinsen berücksichtigt werden müssen. Am einfachsten geht das mithilfe des Zinsfaktors: $K_1 = K_0 \times q = 680\,€ \times 1{,}015 = 690{,}20\,€$.
Insgesamt stehen Nele somit 139,67 € + 690,20 € = 829,87 € zur Verfügung.

Der Fernseher kostet bei Barzahlung 929 € abzüglich 10 % Rabatt, also 929 € − 92,90 € = 836,10 €.

Die Differenz, die Nele von Lisa einfordern muss, beträgt 836,10 € − 829,87 € = 6,23 €.

Aufgabe 3

Der Aufgabentext enthält viele wichtige Angaben, aber auch etliche unnötige: etwa das Alter der Kinder, die Tankkosten, die Details zu den Kunstkarten, die Informationen zu Daniels Buchlektüre oder die Tatsache, dass die Kunstwerke nach Epochen sortiert sind. Prüfen Sie bei jeder Frage, welche Informationen Sie zur Beantwortung wirklich brauchen.

Zu 3a) Familie Meyer hat insgesamt 17 Ausstellungsräume besichtigt.

Besichtigt werden können die Ausstellungssäle 1–4, 8–12, 14–20 und 23, also 4 + 5 + 7 + 1 = 17 Räume.

Alternativ können Sie von der Gesamtzahl von 23 Sälen diejenigen Räume abziehen, in denen keine Kunstwerke betrachtet werden können, nämlich die Säle 5–7 (Umbau), 13 (Cafeteria), 21 und 22 (Herrichtung für neue Ausstellung): 23 − (3 + 1 + 2) = 23 − 6 = 17.

Zu 3b) Vor der Kaffeepause hat Familie Meyer in jedem Ausstellungsraum durchschnittlich 10 Minuten verbracht.

Vor der Kaffeepause sind die Meyers bis zum Ende von Saal 12 gekommen. Da 3 Säle umbaubedingt geschlossen waren, hat die Familie 9 Räume passiert, wofür sie laut Text eineinhalb Stunden gebraucht haben. Pro Saal ergibt das einen Schnitt von 90 Minuten ÷ 9 = 10 Minuten.

Zu 3c) Diese Frage kann nicht beantwortet werden, denn man weiß nur, wie viele Karten Lena in 3 Museen zusammen gesammelt hat (45 zu zeitgenössischer Kunst, 60 insgesamt).

Zu 3d) Familie Meyer hat im Museum 40,56 Euro ausgegeben.

Abgesehen von Lenas Kunstkarten haben die Meyers im Museum zweimal Geld ausgegeben: einmal für den Eintritt (12,80 €) – darauf konnte Frau Meyer 5 % Rabatt aushandeln – und einmal in der Cafeteria (28,40 €).

Die Gesamtausgaben betragen: 12,80 € − 0,05 × 12,80 € + 28,40 € = 12,16 € + 28,40 € = 40,56 €.

Zu 3e) Familie Meyer ist um 14:06 Uhr von zu Hause aufgebrochen.

Die einzige Uhrzeitangabe bezieht sich auf die Rückkehr der Meyers um 18:33 Uhr. Man muss also den gesamten zeitlichen Ablauf des Ausflugs lückenlos erfassen, damit man von der Ankunfts- auf die Abfahrtszeit schließen kann.

Für die Hin- und Rückfahrt erhält man eine Fahrtzeit von 2 × 32 Minuten. Zusammen mit dem Tankstellenstopp (12 Minuten) kommt man auf 76 Minuten.

Der Aufenthalt im Museum unterteilt sich in die Zeit vor der Kaffeepause (90 Minuten), die Kaffeepause (45 Minuten) und die Zeit, die Familie Meyer nach der Kaffeepause in den Räumen 14–20 und 23 zugebracht hat. Dafür liefert der Text einen Durchschnittswert für 7 Minuten pro Raum, was bei 8 Räumen 56 Minuten ergibt. Insgesamt war Familie Meyer demnach 90 + 45 + 56 = 191 Minuten lang im Museum.

Addiert man die 76 Minuten Fahrtzeit und die 191 Minuten Museumsaufenthalt, erhält man eine Gesamtdauer des Ausflugs von 267 Minuten. Familie Meyer ist demnach 4 Stunden und 27 Minuten vor 18:33 Uhr von zu Hause losgefahren – also um 14:06 Uhr.

Aufgabenblock 4

Zu 4a) Nico muss 2.184 Euro zahlen.

Da sowohl die 6 % Rabatt als auch die 3 % Skonto vom ursprünglichen Preis abgezogen werden, kann man beide Werte addieren und mit 9 % Gesamtermäßigung rechnen: 2.400 − 0,09 × 2.400 = 2.400 − 216 = 2.184.

Zu 4b) Niklas erhält 80 Euro und hat den zweiten Platz belegt.

Niklas erhält, was übrig bleibt, wenn man Tims und Annas Anteil von den 240 € Gesamtgewinn abzieht: 240 − ½ × 240 − ⅙ × 240 = 240 − 120 − 40 = 80.

Niklas erhält weniger als Tim, aber mehr als Anna und hat demnach den zweiten Platz belegt.

Zu 4c) Finn muss insgesamt 12 Flaschen Limonade kaufen.

Damit jeder Gast 0,5 Liter Limonade trinken kann, müssen insgesamt 17 × 0,5 = 8,5 Liter Limonade bereitgestellt werden. Geteilt durch den Flascheninhalt von 0,75 Litern, ergibt sich die Anzahl der benötigten Flaschen: 8,5 ÷ 0,75 = 11⅓.

Da man nur ganze Flaschen kaufen kann, muss auf 12 Flaschen aufgerundet werden.

Zu 4d) Elifs Drink besteht aus 0,27 Litern Flüssigkeit, das sind mehr als ¼ (0,25) Liter.

Am besten rechnen Sie alle Angaben in Dezimalzahlen um und bilden daraus die Gesamtsumme: ³⁄₂₀ + ¹⁄₁₀ + ²⁄₁₀₀ = 0,15 + 0,1 + 0,02 = 0,27.

Zu 4e) Felix besitzt 80 Euro, Jonas 40 Euro und Laura 160 Euro.

Definiert man Felix' Barvermögen als Bezugsgröße x, dann hat Jonas davon die Hälfte (0,5x) und Laura doppelt so viel (2x). Daraus ergibt sich die Rechnung:

$x + 0,5x + 2x = 280 \Rightarrow 3,5x = 280 \Rightarrow x = 80$

Aufgabe 5

Für Frau Müller ist es um 3.680 Euro günstiger, die Rechnung erst nach zwei Monaten zu bezahlen.

Nach zwei Monaten entfällt zwar der Skontovorteil, dafür profitiert Frau Müller von den Zinsen. Um herauszufinden, welche Variante günstiger ist, muss man beide Möglichkeiten durchrechnen.

Die Skonto-Abzüge würden sich auf 2.260 € summieren: 9.000 € × 0,04 + 20.000 € × 0,01 + 30.000 € × 0,03 + 40.000 € × 0,02 = 360 € + 200 € + 900 € + 800 € = 2.260 €.

Zur Zinsberechnung braucht man den Anlagebetrag, der der Summe der unverminderten Rechnungsbeträge entspricht: 9.000 € + 20.000 € + 30.000 € + 40.000 € = 99.000 €. Bei einem Zinssatz von 6 % ergäben sich Zinsen in Höhe von 99.000 € × 0,06 = 5.940 €.

Die Differenz zwischen Zinsen und Skonto beläuft sich auf 5.940 € − 2.260 € = 3.680 €.

Aufgabe 6

Wenn sich die Seitenlänge des Würfels verdoppelt, verachtfacht sich dessen Volumen. Um darauf zu kommen, brauchen Sie die exakte Seitenlänge nicht. Es reicht, den Faktor zu betrachten, um den die Seiten verlängert werden.

Volumen des Würfels: $V = a \times a \times a = a^3$

Mit verdoppelten Seitenlängen: $V = (a \times 2) \times (a \times 2) \times (a \times 2) = (a \times 2)^3 = a^3 \times 2^3 = a^3 \times 8$

Aufgabe 7

Paul braucht 8 Tapetenbahnen und muss demnach 2 Rollen Tapete kaufen.

Die Tapetenrolle muss in Bahnen geschnitten werden, deren Länge der Raumhöhe entspricht (2,40 m). Aus einer 10,05 Meter langen Rolle gewinnt Paul 4 ganze Bahnen: $10{,}05 \div 2{,}40 = 4{,}1875$ (abgerundet 4).

Wie viele Bahnen Paul insgesamt benötigt, ergibt sich aus der Division von Wandbreite durch Tapetenbreite: $3{,}75 \div 0{,}53 = 7{,}07$ (aufgerundet 8).

Aufgabe 8

Da beide Formen durch dieselbe Ölmenge komplett ausgefüllt werden, müssen sie den gleichen Rauminhalt haben. Das Würfelvolumen berechnet sich anhand der angegebenen Seitenlänge:

$V_{Würfel} = 0{,}6 \text{ m} \times 0{,}6 \text{ m} \times 0{,}6 \text{ m} = 0{,}216 \text{ m}^3$

Somit kennen Sie auch das Volumen des Quaders und können dessen Bodenfläche (A) bestimmen:

$V_{Quader} = A \times h \Rightarrow A = V_{Quader} \div h$

$A = 0{,}216 \text{ m}^3 \div 0{,}4 \text{ m} = 0{,}54 \text{ m}^2$

Aufgabe 9

Die Reparatur verzögert sich um 79,2 Tage.

Der eleganteste Lösungsweg führt über die Anzahl der 8-Stunden-Arbeitstage, die insgesamt ausfallen. Da 2 Arbeiter 21 Tage lang krankheitsbedingt fehlen und 5 Arbeiter statt der vorgesehenen 180 nur 30 Tage lang mithelfen, entfallen insgesamt 792 Arbeitstage:

2 × 21 + 5 × (180 − 30) = 42 + 5 × 150 = 792

Die Arbeitsmenge von 792 ausgefallenen Arbeitstagen verteilt sich auf die Schultern von 10 Arbeitern. Um das Pensum abzuarbeiten, brauchen sie insgesamt 792 ÷ 10 = 79,2 Tage.

Aufgabe 10

Dank der neuen Fahrweise kann Lea mit einer Tankfüllung von 60 Litern 300 Kilometer weiter fahren.

Reichweite alte Fahrweise: $120 \text{ km} \times \dfrac{60 \text{ l}}{8 \text{ l}} = 900 \text{ km}$

Reichweite neue Fahrweise: $120 \text{ km} \times \dfrac{60 \text{ l}}{(8 \text{ l} - 4 \times 0,5 \text{ l})} = 1.200 \text{ km}$

(0,5 l weniger auf 30 km entspricht 2 l weniger auf 120 km)

Aufgabe 11

4 Kilogramm luftgetrocknete Pilze enthalten 0,6 Kilogramm mehr Trockenmasse als 4 Kilogramm Frischpilze.

Trockenmasse der Frischpilze: 5 % von 4 kg ⇒ 4 kg × 0,05 = 0,2 kg

Wenn der Wasseranteil beim Trocknen um 15 Prozentpunkte sinkt, muss der Anteil der Trockenmasse im Gegenzug um 15 Prozentpunkte steigen und beträgt dann 20 %. Bei 4 Kilogramm entspricht das: 4 kg × 0,2 = 0,8 kg.

Differenz der Trockenmassen: 0,8 kg − 0,2 kg = 0,6 kg

Aufgabe 12

Philipp spart mit dem Motorrad täglich 0,55 Stunden (33 Minuten) ein.

Fahrzeit (hin und zurück) mit dem Fahrrad: 2 × 6 km ÷ 15 km/h = 0,8 h (48 min)

Fahrzeit (hin und zurück) mit dem Motorrad: 2 × 7,5 km ÷ 60 km/h = 0,25 h (15 min)

Zeitersparnis: 48 min − 15 min = 33 min

Aufgabenblock 13

Zu 13a) 17 % der Schüler favorisieren Basketball. Diese Zahl erhalten Sie, indem Sie die Prozentwerte der übrigen Sportarten von 100 % abziehen: 100 % – 3 % – 27 % – 36 % – 17 % = 17 %.

Zu 13b) Diagramm B passt: Vergleichen Sie die Balkenhöhen in den verschiedenen Diagrammen.

Zu 13c) Das wäre nach Diagramm A der Fall – hier sind die Balken für Volleyball und Handball gleich hoch.

Zu 13d) Das ergäbe sich ebenfalls aus Diagramm A, in dem der Tennis-Balken einen Wert zwischen 5 % und 10 % repräsentiert.

Zu 13e) Nach Diagramm D: Nur hier steht der Volleyball-Balken für einen Wert knapp unter der 20-%-Marke.

Aufgabenblock 14

Zu 14a) Der Anstieg der Weltbevölkerung verlief schneller, wie der deutlich steilere Graph zeigt.

Zu 14b) Die stärkste Änderung zeigt sich in der Kurve der Weltbevölkerung beim Jahr 1950: Hier gibt es einen deutlichen Knick, nach dem der Graph sprunghaft ansteigt.

Zu 14c) Wenn sie so weiter wächst wie seit 1950, läge die Weltbevölkerung im Jahr 2050 bei ca. 9,5 Milliarden. Das erkennen Sie, indem Sie den Kurvenverlauf fortzeichnen oder ein Hilfsmittel (Lineal, Seitenrand) anlegen.

Zu 14d) Nein, die europäische Bevölkerung kann die 2-Milliarden-Marke bis zum Jahr 2100 nicht übersteigen, wenn sie im gleichen Maße weiter wächst wie zuletzt. Auch das sehen Sie sofort, wenn Sie den Kurvenverlauf im Kopf weiterführen oder mit Stift und Lineal verlängern.

Zu 14e) Wenn die europäische Bevölkerung ab 1950 im gleichen Maße gestiegen wäre wie die Weltbevölkerung, hätte sie im Jahr 2000 bei ca. 4 Milliarden gestanden. Das können Sie herausfinden, indem Sie zum Beispiel ein Lineal so an den Ausgangspunkt (europäische Bevölkerung 1950) anlegen, dass es parallel zur Weltbevölkerungs-Kurve ab 1950 liegt.

Aufgabenblock 15

Zu 15a) 4 Parteien haben dazugewonnen, wie die im Vergleich zu 2009 höheren Balken zeigen: SPD, Grüne, SSW und Piraten. Da Sie keine weiteren Angaben zu den sonstigen Parteien haben, können Sie aus deren Zahlen keine weiteren Schlüsse ziehen.

Zu 15b) 6 Parteien haben den Sprung in den Landtag geschafft: CDU, SPD, FDP, Grüne, SSW, Piraten.

Zu 15c) Eine absolute Mehrheit hätte jede Koalition, deren Parteien zusammen über 50 % des Stimmenanteils repräsentieren. Bei der genannten Einschränkung sind theoretisch 7 Koalitionen möglich: CDU–SPD, CDU–FDP–Grüne, SPD–FDP–Grüne, CDU–Grüne–Piraten, SPD–Grüne–Piraten, CDU–FDP–Piraten–SSW und SPD–FDP–Piraten–SSW.

Zu 15d) Die geringsten Zugewinne verzeichnete der SSW mit einem Plus von 0,3 %.

Zu 15e) Die Linke musste aufgrund der 5-Prozent-Hürde ausscheiden. Der SSW ist aufgrund der erwähnten Sonderregelung immer im Landtag vertreten.

Kapitel 15: Zahlenreihen, Symbolrechnen und ähnlich Kniffliges

Dieses Kapitel konfrontiert Sie mit Denksport- und Knobelaufgaben, die Ihr logisches Denkvermögen herausfordern. Die Rechenverfahren, die Sie dazu brauchen, sind Ihnen bereits wohlbekannt. Aber finden Sie auch unter widrigen Umständen zur richtigen Lösung?

Die Rechenaufgaben

Lösen Sie die Aufgaben ohne Taschenrechner.

Zahlenreihen

Erkennen Sie die Bildungsregel und ergänzen Sie die fehlende Zahl.

1a) | 1 | 3 | 5 | 7 | 9 | ? |

1b) | 0 | 1 | 1 | 2 | 3 | 5 | 8 | ? |

1c) | 2 | 4 | 8 | 16 | 32 | ? |

1d) | 2 | 4 | 7 | 9 | 12 | ? |

1e) | 50 | 49 | 47 | 44 | 40 | ? |

2a) | 3 | 2 | 6 | 4 | 12 | 8 | 24 | ? |

2b) | 3 | 4 | 8 | 11 | 44 | 49 | ? |

2c) | 1 | 3 | 6 | 11 | 18 | 29 | ? |

2d) | 10 | 11 | 9 | 11 | 9 | 12 | 10 | 14 | 12 | ? |

2e) | 6 – 1 | 8 – 3 | 12 – 7 | 18 – 13 | ? |

3a) | 12 | 6 | 3 | 1,5 | 0,75 | ? |

3b) | 1 | 3 | 6 | 5 | 7 | 14 | 13 | 15 | ? |

3c) | 1 | –1 | 8 | –2 | 64 | –3 | ? |

3d) | 4 | –12 | 36 | –108 | ? |

3e) | ¼ | 4 | ½ | 2 | 1 | 1 | 2 | ? |

Streichen Sie die Zahl, die nicht in die Reihe passt.

4a) | 0 | 1 | 3 | 6 | 10 | 15 | 21 | 28 | 36 | 40 | 55 |

4b) | 2 | 6 | 11 | 15 | 18 | 24 | 29 | 33 | 38 | 42 | 47 |

4c) | 20 | 17 | 19 | 16 | 18 | 15 | 13 | 14 | 16 | 13 | 15 |

4d) | 512 | 384 | 128 | 64 | 32 | 16 | 8 | 4 | 2 | 1 | ½ |

4e) | 108 | 36 | 33 | 99 | 33 | 30 | 68 | 30 | 27 | 81 | 27 |

Erstellen Sie Zahlenreihen nach den vorgegebenen Bildungsregeln.

5a) Die Zahlenreihe startet bei 5 und soll sich über 8 Zahlen erstrecken. Jede Zahl der Reihe ist um 2 größer als die Hälfte der direkt folgenden Zahl.

5b) Die Zahlenreihe startet bei 106 und soll sich über 16 Zahlen erstrecken. Die Bildungsregel lautet: Gerade Zahlen werden halbiert, ungerade Zahlen werden verdreifacht und um 1 erhöht.

5c) Die Zahlenreihe besteht aus den Elementen 1, 1, 2, 2, 3, 3, 4, 4. Jede Zahl gibt den Abstand zu ihrer Zwillingszahl in der Reihe an.

5d) Die Reihe startet bei 4 und soll sich über 6 Zahlen erstrecken. Alle Zahlen werden mit ihrer Hälfte multipliziert.

5e) Die Reihe startet mit 59. Bei jedem Schritt addieren Sie die jeweilige Ausgangszahl mit ihrer Spiegelzahl (Umkehrzahl), bei der die Ziffern in umgekehrter Reihenfolge stehen. Führen Sie die Reihe so lange fort, bis Zahl und Spiegelzahl identisch sind. Bilden Sie anschließend nach derselben Regel eine weitere Reihe mit der Startzahl 69.

Ergänzen Sie in den Kettenrechnungen die Operatoren, sodass das Ergebnis stimmt. Die Punkt-vor-Strich-Regel gilt hier nicht.

6a) 1 ◯ 2 ◯ 8 ◯ 8 = 24

6b) 5 ◯ 3 ◯ 1 ◯ 8 = 24

6c) 8 ◯ 1 ◯ 6 ◯ 9 = 24

6d) 6 ◯ 3 ◯ 6 ◯ 8 = 24

6e) 6 ◯ 2 ◯ 3 ◯ 4 = 24

Symbolrechnen

In den folgenden Aufgabenblöcken 7–9 wurden die Zahlen 0–9 durch Symbole ersetzt. Innerhalb einer Einzelaufgabe bedeuten gleiche Symbole gleiche Zahlen. Jedes Symbol steht für eine einstellige Zahl.

Ersetzen Sie die Symbole durch die richtigen Zahlen, damit die Rechnung stimmt. Manchmal gibt es mehrere Lösungen – Sie müssen jedoch immer nur eine angeben.

7a) $\Delta + \Delta + \Delta + \Delta = \Pi$
7b) $\Lambda - \Pi = \Pi$
7c) $\Delta \times \Delta = \Psi$
7d) $\Delta + \Psi + \theta + \Lambda + \Pi = \Delta\Pi$
7e) $(\Pi + \Pi) \div \Pi = \Pi$

8a) $1\Lambda \div \Lambda = \Psi$
8b) $\Pi\Pi \times \Psi\Psi = \Psi\Delta\Psi$
8c) $\Pi\Delta \times \Delta = \Delta\theta$
8d) $\Delta\Psi + \Delta\Psi = 9\Delta$
8e) $\Pi\Delta \times \Delta \times \Psi = \theta\Delta$

Für welche Zahl steht das Symbol Π?

9a) $\Delta 5 - 1\Delta = \Pi 9$
9b) $\Pi + \Pi = \Psi^3$
9c) $(\Delta - \theta)^2 \times \Pi = \Pi$
9d) $\sqrt{\Psi\theta\Pi} = \theta + \Pi$
9e) $1\Pi \times \Delta - \Pi \times 1\Delta - (1\Pi \times \Delta - \Pi \times 1\Delta) = \Pi$

Finden Sie den bzw. die Fehler.

10a) $(0{,}5)^4 \times 0{,}1^2 = 0{,}00625$

10b) $123 - 213 + (132 \times 231 - 213) = 123 + (30.492 - 213) - 213$
$= 123 + 30.492 + 213 - 213 = 30.615$

10c) $\dfrac{4}{5} + \dfrac{3}{4} - \dfrac{1}{2} = \dfrac{4+3-1}{5+4-2} = \dfrac{6}{7}$

10d) $0{,}24 \div 4 \times (0{,}42 \times 2) - 0{,}12 \times 2 = {}^{0{,}24}/_4 \times 0{,}84 - 0{,}24$
$= 0{,}24 \times {}^{0{,}48}/_4 - 0{,}24 = 0{,}24 \times 0{,}12 - 0{,}24 \times 1 = 0{,}24 \times (0{,}12 - 1)$
$= 0{,}24 \times (-0{,}88) = -0{,}2112$

10e) $\dfrac{1}{3} \div \dfrac{3}{8} \times \dfrac{3}{4} \div \dfrac{2}{3} = 1 \div \dfrac{3}{3} \div 8 \times 3 \div \dfrac{2}{4} \div 3 = \dfrac{1}{8} \times \dfrac{2}{4} = \dfrac{1}{8} \times \dfrac{1}{2} = \dfrac{1}{4}$

11a) Eine antike Flasche kostet mit Korken 11 Euro. Die Flasche ist 10 Euro teurer als der Korken. Was kostet der Korken?

11b) Wie viele Möglichkeiten finden Sie, die Zahl 100 rechnerisch darzustellen, wenn Sie nur die Ziffer 9 verwenden dürfen und diese genau sechs Mal vorkommen soll? Erlaubt sind alle Rechenarten, es gilt die Punkt-vor-Strich-Regel.

11c) Wie viele Möglichkeiten finden Sie, die Zahl 999 zu den gleichen Bedingungen wie unter 11b) darzustellen?

11d) Ordnen Sie die folgenden Elemente unter Beachtung der Punkt-vor-Strich-Regel so, dass eine Rechnung mit dem Ergebnis 50 herauskommt: 30, =, 9, ×, 50, ÷, −, 5, 4.

11e) In einen Teich wird eine Seerose gesetzt, die ihre Größe täglich verdoppelt. Nach 14 Tagen bedeckt sie den gesamten Teich. Wie schnell wäre der Teich mit zwei Seerosen zugewachsen?

12a) Durch welche Zahl müssen Sie 333 dividieren, um 55,5 zu erhalten?

12b) Welche Zahl müssen Sie verdoppeln, um zusammen mit 34 das Ergebnis 100 zu erhalten?

12c) Wenn Sie das Doppelte, das Dreifache und das Sechsfache der gesuchten Zahl addieren, erhalten Sie als Summe eine Zahl, die von 293 abgezogen 238 ergibt. Wie lautet die gesuchte Zahl?

12d) Wie lautet die Quersumme der Zahl, die sich aus der Addition der folgenden Zahlenreihe ergibt: Begonnen bei 73 werden 5 Zahlen (die 73 eingerechnet) in absteigender Folge aufgenommen?

12e) Wie lautet die dritte Potenz von 5?

13a) Wenn Sie die gesuchte Zahl auf das 7,8-fache erhöhen, erhalten Sie 62,4. Wie heißt die gesuchte Zahl?

13b) Wenn Sie eine Zahl mit sich selbst multiplizieren, erhalten Sie eine Zahl, die um 25 kleiner ist als das Quadrat von 13. Welche Zahl wird gesucht?

13c) Wenn Sie eine Zahl durch das Viertel von 448 dividieren, erhalten Sie 2. Wie heißt die gesuchte Zahl?

13d) Das Dreifache einer Zahl ist um 47,5 kleiner als das Achtfache der Zahl. Wie lautet die Zahl?

13e) Wenn Sie eine Zahl durch 1,5 dividieren, erhalten Sie ⅙ von 49,8. Welche Zahl ist gemeint?

14a) Teilen Sie die unbekannte Zahl durch 6. Wenn Sie zum Ergebnis 6 addieren, ergibt sich wiederum die unbekannte Zahl. Wie heißt sie?

14b) Wie lautet die Quadratzahl der Wurzel aus 1.225?

14c) Wenn Sie die Quadratzahl einer Zahl halbieren, erhalten Sie die gesuchte Zahl. Wie heißt sie?

14d) Wie lautet die Quersumme von 7377677637637766737763713773777773?

14e) Wenn Sie zu einer Zahl ihre Hälfte addieren und das Ergebnis verdoppeln, erhalten Sie das Dreifache der gesuchten Zahl. Wie heißt sie?

15. Der vierte Teil einer Zahl x ergibt mit dem Dreifachen der Zahl y die Summe 32. Der vierte Teil der Zahl x ist gleichzeitig das Produkt von x und y. Wie lauten die gesuchten Zahlen?

A. $x = 120$ und $y = 0,5$

B. $x = 130$ und $y = 0,5$

C. $x = 125$ und $y = 0,75$

D. $x = 125$ und $y = 0,25$

E. Keine Antwort ist richtig.

16. Welche Zahl ergänzt die Zahlenmatrix sinnvoll?

1	3	5
9	11	13
17	?	21

A. 19
B. 22
C. 21
D. 18
E. Keine Antwort ist richtig.

17. Welche Zahl ergänzt die Zahlenmatrix sinnvoll?

5	8	3	2	10
4	1	9	7	6
8	9	?	4	3
10	5	7	6	2

A. 6
B. 1
C. 3
D. 2
E. Keine Antwort ist richtig.

Ergänzen Sie die folgenden Zahlenpyramiden sinnvoll.

18a) Welche Zahlen gehören in die freien Felder?

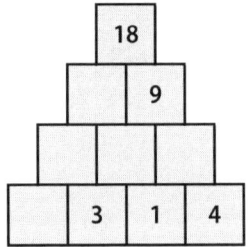

18b) Welche Zahlen gehören in die freien Felder?

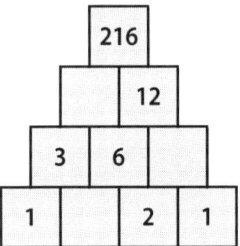

18c) Verteilen Sie die folgenden Zahlen so in die Felder der Zahlenpyramide, dass sie rechnerisch sinnvoll nach einer festen Regel aufgestellt ist: 17, 40, 29, 93, 58, 35, 43, 18. Zwei Zahlen bleiben übrig.

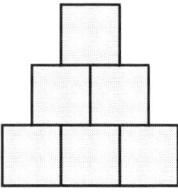

18d) Welche Zahl muss für das Fragezeichen eingesetzt werden?

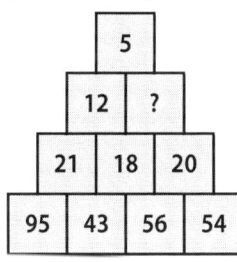

18e) Welche Zahl muss für das Fragezeichen eingesetzt werden?

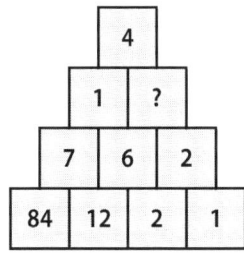

19) Füllen Sie das Zahlendiagramm nach folgenden Regeln:

¬ In den hellgrauen Feldern dürfen nur Zahlen von 1 bis 4 stehen.

¬ Eine Zeile darf nur aus gleichen Zahlen und der Zahl 0 bestehen.

¬ Eine Zahl darf nur in einer Zeile vorkommen.

¬ Jede Zahl gibt an, wie oft sie vorkommt; die Zahl N erscheint also genau N-mal. Die unterste Zeile wird dabei nicht berücksichtigt.

¬ Die Zahlen der untersten Zeile entsprechen der Summe der Zahlen darüber (in der jeweiligen Spalte).

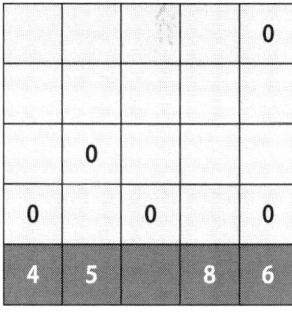

Zu guter Letzt: ein paar verblüffende Kniffe, die Ihr mathematisches Gespür auf die Probe stellen.

20a) Multiplizieren Sie die Zahl 142.857 jeweils mit 2, 3, 4, 5 und 6. Was stellen Sie fest?

20b) Multiplizieren Sie die Zahl 37.037 mit einer beliebigen Zahl zwischen 3 und 27. Was stellen Sie fest?

20c) Multiplizieren Sie eine beliebige einstellige Zahl kettenrechnend nacheinander mit 3, 7, 11, 13 und 37. Was stellen Sie fest?

20d) Dividieren Sie eine sechsstellige, nach dem Muster abcabc gebildete Zahl kettenrechnend nacheinander durch 7, 11 und 13. Was stellen Sie fest?

20e) Denken Sie sich eine Zahl zwischen 500 und 1.000 aus. Addieren Sie 871. Streichen Sie die Tausenderziffer und addieren Sie diese zur Einerziffer. Ziehen Sie das Ergebnis von Ihrer gedachten Zahl ab. Was stellen Sie fest, nachdem Sie das Verfahren mit mehreren Zahlen ausprobiert haben?

Lösungen

1 a) 11   b) 13   c) 64   d) 14   e) 35

2 a) 16   b) 294   c) 42   d) 17   e) 26 – 21

3 a) 0,375   b) 30   c) 512   d) 324   e) ½

4 a) 40   b) 18   c) 13   d) 384   e) 68

5 Siehe Erklärung

6 a) $1 \times 2 \times 8 + 8 = 24$ b) $5 \times 3 + 1 + 8 = 24$ c) $8 + 1 + 6 + 9 = 24$
   d) $6 + 3 - 6 \times 8 = 24$ e) $6 \div 2 + 3 \times 4 = 24$

7 a) $1 + 1 + 1 + 1 = 4; 2 + 2 + 2 + 2 = 8$
   b) $2 - 1 = 1; 4 - 2 = 2; 6 - 3 = 3; 8 - 4 = 4$ c) $2 \times 2 = 4; 3 \times 3 = 9$
   d) Diverse Lösungsmöglichkeiten (siehe Erklärung)   e) $(2 + 2) \div 2 = 2$

8 a) $12 \div 2 = 6; 15 \div 5 = 3$ b) $11 \times 22 = 242; 11 \times 33 = 363; 11 \times 44 = 484$
   c) $12 \times 2 = 24; 13 \times 3 = 39$ d) $47 + 47 = 94$ e) $12 \times 2 \times 3 = 72$

9 a) $\Pi = 4$ b) $\Pi = 4$ c) $\Pi = 0\text{–}9$ d) $\Pi = 9$ e) $\Pi = 0$

10 a) Eine Null fehlt: 0,000.625   b) Ein Minus wurde zu Plus
   c) Kein Hauptnenner   d) Zahlendreher $0{,}84 \Rightarrow 0{,}48$
   d) Falsch dividiert, gekürzt und multipliziert

11 a) 0,50 €   b) z. B.: $100 = 99 + 99 \div 99$ c) z. B.: $999 = 9 \times 99 + 9 + 99$
   d) $30 \div 5 \times 9 - 4 = 50$ e) 13 Tage

12 a) $x = 6$ b) $x = 33$ c) $x = 5$ d) 13   e) 125

13 a) $x = 8$ b) $x_1 = 12; x_2 = -12$ c) $x = 224$ d) $x = 9{,}5$ e) $x = 12{,}45$

14 a) $x = 7{,}2$ b) 1.225   c) $x = 2$ d) 187   e) $L = \{\mathbb{R}\}$

15 D) $x = 125$ und $y = 0{,}25$

Kapitel 15: Zahlenreihen, Symbolrechnen und ähnlich Kniffliges

16	A) 19
17	B) 1
18	Siehe Erklärung
19	Siehe Erklärung
20	Siehe Erklärung

Aufgabenblock 1

Zu 1a) | 1 | 3 | 5 | 7 | 9 | 11 |

Die Reihe besteht aus den ungeraden Zahlen in aufsteigender Folge.

Zu 1b) | 0 | 1 | 1 | 2 | 3 | 5 | 8 | 13 |

Hier handelt es sich um die sogenannte Fibonacci-Folge. Dabei ergibt sich jede folgende Zahl aus der Addition der beiden vorherigen Zahlen.

Letzter Schritt: 5 + 8 = 13

Zu 1c) | 2 | 4 | 8 | 16 | 32 | 64 |

Bei jedem Schritt wird verdoppelt.

Letzter Schritt: 32 × 2 = 64

Zu 1d) | 2 | 4 | 7 | 9 | 12 | 14 |

Man addiert abwechselnd 2 und 3.

Letzter Schritt: 12 + 2 = 14

Zu 1e) | 50 | 49 | 47 | 44 | 40 | 35 |

Nacheinander werden 1, 2, 3, 4 und 5 subtrahiert.

Letzter Schritt: 40 − 5 = 35

Aufgabenblock 2

Zu 2a) | 3 | 2 | 6 | 4 | 12 | 8 | 24 | 16 |

Hier wechseln sich zwei Zahlenreihen ab, in denen bei jedem Schritt verdoppelt wird: 3 | 6 | 12 | 24 und 2 | 4 | 8 | 16.

Zu 2b) | 3 | 4 | 8 | 11 | 44 | 49 | **294** |

Es wird abwechselnd addiert und multipliziert, wobei sich der Operand mit jedem Schritt um eins erhöht: + 1 × 2 + 3 × 4 + 5 × 6.
Letzter Schritt: 49 × 6 = 294

Zu 2c) | 1 | 3 | 6 | 11 | 18 | 29 | **42** |

Hier addiert man in aufsteigender Folge die Primzahlen: + 2 + 3 + 5 + 7 + 11 + 13 (letzter Schritt: 29 + 13 = 42).

Zu 2d) | 10 | 11 | 9 | 11 | 9 | 12 | 10 | 14 | 12 | **17** |

Es wird abwechselnd addiert und subtrahiert. Der Subtrahend ist immer 2, der Summand erhöht sich mit jedem Schritt um 1: + 1 – 2 + 2 – 2 + 3 – 2 + 4 – 2 + 5.
Letzter Schritt: 12 + 5 = 17

Zu 2e) | 6 – 1 | 8 – 3 | 12 – 7 | 18 – 13 | **26 – 21** |

Die Reihe besteht aus Subtraktionen mit dem Ergebnis 5. Bei jedem Schritt erhöhen sich die Operanden um das jeweils nächsthöhere Vielfache von 2 (+ 2 + 4 + 6 + 8).

Aufgabenblock 3

Zu 3a) | 12 | 6 | 3 | 1,5 | 0,75 | **0,375** |

Die Zahlen werden fortlaufend halbiert.
Letzter Schritt: 0,75 ÷ 2 = 0,375

Zu 3b) | 1 | 3 | 6 | 5 | 7 | 14 | 13 | 15 | 30 |

In dieser Reihe wiederholen sich die Operationen + 2 × 2 – 1.
Letzter Schritt: 2 × 15 = 30

Zu 3c) | 1 | –1 | 8 | –2 | 64 | –3 | 512 |

Hier wechseln sich zwei Zahlenreihen ab. In Reihe 1 wird bei jedem Schritt mit 8 multipliziert, in Reihe 2 wird immer 1 subtrahiert: 1 | 8 | 64 | 512 und –1 | –2 | –3.

Zu 3d) | 4 | –12 | 36 | –108 | 324 |

Bei jedem Schritt wird mit –3 multipliziert.
Letzter Schritt: –108 × –3 = 324

Zu 3e) | ¼ | 4 | ½ | 2 | 1 | 1 | 2 | ½ |

Hier wechseln sich zwei Zahlenreihen ab. In Reihe 1 wird jeweils mit 2 multipliziert, in Reihe 2 durch 2 dividiert: ¼ | ½ | 1 | 2 und 4 | 2 | 1 | ½.

Aufgabenblock 4

Zu 4a) | 0 | 1 | 3 | 6 | 10 | 15 | 21 | 28 | 36 | ~~40~~ | 55 |

Man addiert konstant wachsende Summanden: + 1 + 2 + 3 + 4 + 5 + 6 + 7 + 8 + 9 + 10.
Anstelle der 40 müsste hier die 45 stehen.

Zu 4b) | 2 | 6 | 11 | 15 | ~~18~~ | 24 | 29 | 33 | 38 | 42 | 47 |

Man addiert abwechselnd 4 und 5: + 4 + 5 + 4 + 5.
Anstelle der 18 müsste hier die 20 stehen.

Zu 4c) | 20 | 17 | 19 | 16 | 18 | 15 | ~~13~~ | 14 | 16 | 13 | 15 |

Hier wird abwechselnd 3 subtrahiert und 2 addiert: – 3 + 2 – 3 + 2.
Anstelle der 13 müsste hier die 17 stehen.

Zu 4d) | 512 | **384** | 128 | 64 | 32 | 16 | 8 | 4 | 2 | 1 | ½ |

Bei jedem Schritt wird halbiert. Anstelle der 384 müsste hier die 256 stehen.

Zu 4e) | 108 | 36 | 33 | 99 | 33 | 30 | **68** | 30 | 27 | 81 | 37 |

Hier wiederholen sich die Operationen ÷ 3 – 3 × 3.
Anstelle der 68 müsste hier die 90 stehen.

Aufgabenblock 5

Zu 5a) | 5 | 6 | 8 | 12 | 20 | 36 | 68 | 132 |

Aus der Vorgabe, dass jede Zahl (x) um 2 größer ist als die Hälfte der folgenden Zahl (y), ergibt sich der mathematische Bezug: $x = \frac{1}{2} y + 2 \Rightarrow y = 2x - 4$. Die zweite Zahl lautet also 2 × 5 – 4 = 6, die dritte 2 × 6 – 4 = 8 usw.

Zu 5b) | 106 | 53 | 160 | 80 | 40 | 20 | 10 | 5 | 16 | 8 |
| 4 | 2 | 1 | 4 | 2 | 1 |

Am Ende erhalten Sie die sich stets wiederholende Folge 4 | 2 | 1.

Zu 5c) Die beiden Einsen müssen laut Vorgabe direkt nebeneinander stehen. Zwischen den Zweien muss eine andere Zahl stehen, zwischen den Dreien zwei andere Zahlen und zwischen den Vieren drei andere Zahlen. Insgesamt gibt es drei Lösungen, die zusätzlich gespiegelt werden können:

1 | 1 | 3 | 4 | 2 | 3 | 2 | 4 oder gespiegelt 4 | 2 | 3 | 2 | 4 | 3 | 1 | 1

3 | 4 | 2 | 3 | 2 | 4 | 1 | 1 oder gespiegelt 1 | 1 | 4 | 2 | 3 | 2 | 4 | 3

2 | 3 | 2 | 4 | 3 | 1 | 1 | 4 oder gespiegelt 4 | 1 | 1 | 3 | 4 | 2 | 3 | 2

Systematisch erhalten Sie die Lösungen gut, indem Sie zuerst die Vieren an den infrage kommenden Stellen platzieren und die freien Stellen regelgerecht auffüllen.

Zu 5d) | 4 | 8 | 32 | 512 | 131.072 | 8.589.934.592 |

Mathematische Beziehung von Vorgänger (x) und Nachfolger (y):

y = x × ½ x = ½ x²

Durch die Potenz erreichen Sie schnell schwindelnde Zahlenhöhen.

Zu 5e) | 59 | 154 | 605 | 1.111 | und | 69 | 165 | 726 | 1.353 | 4.884 |

Egal, welche Zahl Sie wählen: Früher oder später landen Sie stets bei einem Palindrom, also bei einer Zahl, die von vorne und hinten betrachtet identisch ist.

Aufgabenblock 6

Zu 6a) 1 × 2 × 8 + 8 = 24

Zu 6b) 5 × 3 + 1 + 8 = 24

Zu 6c) 8 + 1 + 6 + 9 = 24

Zu 6d) 6 + 3 − 6 × 8 = 24

Zu 6e) 6 ÷ 2 + 3 × 4 = 24

Aufgabenblock 7

Zu 7a) 2 Lösungen: 1 + 1 + 1 + 1 = 4; 2 + 2 + 2 + 2 = 8

Das Vierfache der gesuchten Zahl ergibt ein einstelliges Ergebnis, das von der gesuchten Zahl abweicht: Dafür kommen nur 1 oder 2 infrage. Setzt man 0 ein, wäre auch das Ergebnis 0.

Zu 7b) 4 Lösungen: 2 − 1 = 1; 4 − 2 = 2; 6 − 3 = 3; 8 − 4 = 4

Damit das Ergebnis dem Subtrahenden entspricht, muss der Minuend das Doppelte des Subtrahenden betragen. Da alle Werte einstellig sind, ergeben sich vier Lösungsmöglichkeiten.

Zu 7c) 2 Lösungen: 2 × 2 = 4; 3 × 3 = 9

Das Ergebnis ist eine einstellige Quadratzahl, die vom quadrierten − mit sich selbst multiplizierten − Wert verschieden ist. Damit scheiden 0 × 0 = 0 und 1 × 1 = 1 aus, und 2 Lösungsmöglichkeiten bleiben übrig.

Zu 7d) Die Rechnung in Textform: Fünf einstellige, voneinander verschiedene Summanden ergeben ein zweistelliges Ergebnis, dessen erste bzw. letzte Ziffer dem ersten bzw. letzten Summanden entspricht. Dafür gibt es eine große Menge an Lösungen. Eine kleine Auswahl:

1 + 2 + 3 + 4 + 5 = 15; 1 + 2 + 4 + 3 + 5 = 15; 1 + 3 + 2 + 4 + 5 = 15;
1 + 3 + 4 + 2 + 5 = 15; 1 + 4 + 2 + 3 + 5 = 15; 1 + 4 + 3 + 2 + 5 = 15;
2 + 5 + 6 + 7 + 9 = 29; 2 + 5 + 6 + 7 + 8 = 28; 2 + 4 + 6 + 8 + 7 = 27

Zu 7e) Für diese Aufgabe gibt es nur eine Lösung: (2 + 2) ÷ 2 = 2.

Betrachten Sie ∏ als Variable und lösen Sie die Gleichung auf:

(∏ + ∏) ÷ ∏ = ∏

2∏ ÷ ∏ = ∏

2 = ∏

Aufgabenblock 8

Zu 8a) 2 Lösungen: 12 ÷ 2 = 6; 15 ÷ 5 = 3

Wegen der vorgegebenen Zehnerstelle kommen nur Zahlen von 10–19 als Dividend infrage. Da dessen Endziffer zugleich dem Divisor entspricht, lassen sich die falschen (z. B. 13 ÷ 3) und richtigen Möglichkeiten schnell erkennen.

Zu 8b) 3 Lösungen: 11 × 22 = 242; 11 × 33 = 363; 11 × 44 = 484

Lautet der kleinere Faktor mindestens 33, ergibt jede mögliche Multiplikation ein vierstelliges Ergebnis. Lautet der kleinere Faktor 22, sind zwei Multiplikationen mit dreistelligen Ergebnissen möglich: 22 × 33 = 726 und 22 × 44 = 968. Allerdings unterscheiden sich hier, entgegen der Vorgabe, die Hunderter- und Einerstellen. Als kleinerer Faktor kommt somit nur die 11 infrage, die schließlich zu drei passenden Multiplikationen führt.

Zu 8c) 2 Lösungen: 12 × 2 = 24; 13 × 3 = 39

Nur wenn der erste Faktor die Zehnerstelle 1 hat, führt die Multiplikation mit Δ zu einem Ergebnis mit der Zehnerstelle Δ. Allerdings kann der erste Faktor weder 10 noch 11 heißen: Im ersten Fall wäre auch der Faktor Δ und somit das Produkt gleich 0; Im zweiten Fall wären Einer- und Zehnerstelle gleich. Die infrage kommenden Zahlen können Sie nun einfach durchrechnen.

Zu 8d) 1 Lösung: $47 + 47 = 94$

Durch die vorgegebene 9 wissen Sie: Das Zweifache von $\Delta\Psi$ ergibt eine Zahl zwischen 90 und 99, demnach muss $\Delta\Psi$ zwischen 45 und 49 liegen. Folgerichtig kann Δ nur für 4 stehen, was das Ergebnis 94 zum Vorschein bringt. Geteilt durch 2, erhält man schließlich die beiden identischen Summanden.

Zu 8e) 1 Lösung: $12 \times 2 \times 3 = 72$

Die Faktoren Δ und Ψ dürfen als Produkt höchstens 9 ergeben, sonst würde ihre Multiplikation mit dem zweistelligen Ausgangswert zu einem mindestens dreistelligen Ergebnis führen. Diese Bedingung erfüllen nur die Multiplikationen mit 1 ($1 \times 2, 1 \times 3 \ldots 1 \times 9$), sowie 2×3 und 2×4 (bzw. 3×2 und 4×2).

Alle 1er-Multiplikationen lassen sich jedoch ausschließen: Mit $\Delta = 1$ hieße der erste Faktor $\Pi 1$, und die Multiplikation mit Ψ würde zu einem Ergebnis mit der Endziffer Ψ führen. Mit $\Psi = 1$ müsste Δ für 5 oder 6 stehen, da nur diese Werte nach Multiplikation mit sich selbst als Endziffer im Ergebnis erhalten blieben. Dann jedoch wäre das Ergebnis dreistellig – da die 1 durch Ψ besetzt wäre, müsste der Ausganswert $\Pi\Delta$ mindestens 23 sein.

Der Ausdruck $\Delta \times \Psi$ kann also nur für 2×3 oder 2×4 (bzw. 3×2 oder 4×2) stehen. Damit das Ergebnis zweistellig bleibt, darf der Ausgangswert $\Pi\Delta$ höchstens 16 sein. Das Symbol Π muss also für 1 stehen. Setzt man nun für Δ und Ψ die verbliebenen infrage kommenden Werte probeweise ein, erhält man die richtige Lösung.

Aufgabenblock 9

Zu 9a) $\Pi = 4$

Δ muss für 6 stehen, da nur so im Ergebnis eine 9 als Endziffer entsteht. Damit lautet der Minuend 65 und die vollständige Rechnung $65 - 16 = 49$.

Zu 9b) $\Pi = 4$

Das Doppelte einer einstelligen Zahl kann höchstens 18 betragen. Im Zahlenraum von 1–18 gibt es nur zwei Kubikzahlen, nämlich 1 ($= 1^3$) und 8 ($= 2^3$). Da sich die 1 nicht als Summe zweier gleicher ganzer Zahlen darstellen lässt, muss Ψ für 2 stehen, und die Rechnung lautet $4 + 4 = 2^3$.

Zu 9c) Das Symbol ∏ kann für alle Zahlen von 0 bis 9 stehen.

Unabhängig von dem für ∏ eingesetzten Wert entspricht das Ergebnis immer dann dem Faktor ∏, wenn der andere Faktor 1 ist. Diese Bedingung ist erfüllt, wenn die Differenz Δ – θ gleich 1 (oder –1) ist. Das Symbol ∏ kann also theoretisch für alle möglichen Werte stehen.

Zu 9d) ∏ = 9

Addiert man zwei verschiedene einstellige, positive und ganze Zahlen, liegt das Ergebnis zwischen 1 und 17. Die Wurzel einer dreistelligen Zahl muss zweistellig sein. Führt man diese Überlegungen zusammen, muss ΨθΠ für das Quadrat einer Zahl zwischen 10 und 17 stehen. Allerdings darf dieses Quadrat nicht mehrfach dieselbe Ziffer enthalten: 100 (10^2), 121 (11^2), 144 (12^2) und 255 (15^2) fallen weg, übrig bleiben 169 (13^2) 196 (14^2), 256 (16^2) und 289 (17^2). Aber nur bei der letztgenannten Quadratzahl ergeben die beiden Endziffern addiert die zugehörige Wurzel: $\sqrt{289} = 8 + 9$.

Zu 9e) ∏ = 0

Hier müssen Sie die Symbole nicht mühsam aufschlüsseln: Das Ergebnis (∏) muss 0 lauten, da der Subtrahend in der Klammer dem Minuenden entspricht. Für Δ sind alle Ziffern von 1–9 möglich.

Aufgabenblock 10

Zu 10a) Im Ergebnis fehlt eine Null nach dem Komma: Richtig ist 0,000625.

Zu 10b) Nach dem Auflösen der Klammer wurde ein Minuszeichen zum Pluszeichen, was schließlich zum falschen Ergebnis führte. Richtig ist: 123 + (30.492 – 213) – 213 = 123 + 30.492 – 213 – 213 = 30.189.

Zu 10c) Die Brüche wurden nicht auf einen Hauptnenner gebracht. Richtig ist:
$$\frac{4}{5} + \frac{3}{4} - \frac{1}{2} = \frac{16+15-10}{20} = \frac{21}{20}$$

Zu 10d) Im dritten Rechenschritt wurde der Faktor 0,84 zu 0,48. Richtig ist: $^{0,24}/_4 \times 0,84 - 0,24 = 0,24 \times {}^{0,84}/_4 - 0,24 = 0,24 \times 0,21 - 0,24 = 0,24 \times (0,21 - 1) = 0,24 \times -0,79 = -0,1896$.

Zu 10e) Hier häufen sich die Fehler. Im ersten Schritt wurden die Brüche falsch dividiert und gekürzt: Aus ⅓ ÷ ⅜ wird eigentlich ⅓ × 8/3 (= 8/9), und ¾ ÷ ⅔ wird zu ¾ × 3/2 (= 9/8), korrekt gekürzt ergibt sich schließlich 8/9 × 9/8 = 1. Zum Schluss hat sich noch ein Multiplikationsfehler eingeschlichen: ⅛ × ½ ist nicht ¼, sondern 1/16.

Aufgabenblock 11

Zu 11a) Der Korken kostet 0,50 €, die Flasche 10,50 €.

Aus den Textangaben ergeben sich zwei Gleichungen mit zwei Variablen (Flaschenpreis F und Korkenpreis K):

F + K = 11 € (Flasche und Korken kosten zusammen 11 Euro)

F = 10 € + K (Die Flasche ist 10 Euro teurer als der Korken)

Setzt man den Term für F aus der zweiten Gleichung in die erste Gleichung ein, erhält man:

10 € + K + K = 11 € | − 10 €

2 × K = 1 € | ÷ 2

K = 0,5 €

Zu 11b) Beispiele:

100 = 99 + 99 ÷ 99 oder

100 = 99 ÷ 9 × 9 + 9 ÷ 9 oder

100 = 99 + 9 − 9 + 9 ÷ 9 oder

100 = (9 ÷ 9 + 9) × (9 ÷ 9 + 9)

Zu 11c) Beispiele:

999 = 9 × 99 + 9 + 99 (= 891 + 108) oder für Fortgeschrittene:

999 = 9 × 99 + ($\sqrt{9}$ + 9) × 9 (= 891 + (3 + 9) × 9 = 891 + 12 × 9 = 891 + 108)

Zu 11d) 30 ÷ 5 × 9 − 4 = 50

Die 50 und das Gleichheitszeichen sind festgelegt. Ohne Rest teilen lässt sich bei den verbleibenden Werten nur 30 durch 5, was 6 ergibt. Folgt man dieser Fährte, muss die 6 mit dem hohen Faktor 9 multipliziert werden, um in die gewünschte Größenordnung zu kommen. Übrig bleibt nun noch die Subtraktion von 4 – und die führt schließlich zum richtigen Ergebnis.

Zu 11e) 13 Tage

Wenn die Seerose nach 14 Tagen den kompletten Teich bedeckt, überwuchert sie nach 13 Tagen den halben Teich. Mit zwei Seerosen wäre der Teich zu diesem Zeitpunkt also bereits zugewachsen.

Aufgabenblock 12

Zu 12a) $333 \div x = 55{,}5 \Rightarrow x = 333 \div 55{,}5 = 6$

Zu 12b) $2x + 34 = 100 \Rightarrow 2x = 66 \Rightarrow x = 33$

Zu 12c) $293 - (2x + 3x + 6x) = 238 \Rightarrow 293 - 11x = 238 \Rightarrow 293 - 238 = 11x \Rightarrow x = 5$

Zu 12d) $73 + 72 + 71 + 70 + 69 = 355 \Rightarrow$ Quersumme $3 + 5 + 5 = 13$

Zu 12e) $5^3 = 5 \times 5 \times 5 = 125$

Aufgabenblock 13

Zu 13a) $x \times 7{,}8 = 62{,}4 \Rightarrow x = 62{,}4 \div 7{,}8 = 8$

Zu 13b) $x \times x = 13^2 - 25 \Rightarrow x^2 = 169 - 25 \Rightarrow x^2 = 144 \Rightarrow x_1 = 12$ und $x_2 = -12$

Zu 13c) $x \div {}^{448}\!/_4 = 2 \Rightarrow x \div 112 = 2 \Rightarrow x = 2 \times 112 \Rightarrow x = 224$

Zu 13d) $3x = 8x - 47{,}5 \Rightarrow 47{,}5 = 8x - 3x \Rightarrow x = 47{,}5 \div 5 \Rightarrow x = 9{,}5$

Zu 13e) $x \div 1{,}5 = 49{,}8 \times \frac{1}{6} \Rightarrow x \div 1{,}5 = 8{,}3 \Rightarrow x = 8{,}3 \times 1{,}5 \Rightarrow x = 12{,}45$

Aufgabenblock 14

Zu 14a) $\frac{1}{6}x + 6 = x \Rightarrow 6 = x - \frac{1}{6}x \Rightarrow 6 = \frac{5}{6}x \Rightarrow 7{,}2 = x$

Zu 14b) 1.225: Die Quadratzahl einer Wurzel ist ebendiese Quadratzahl.

Zu 14c) $x^2 \div 2 = x \Rightarrow x^2 = 2x \Rightarrow x \times x \div x = 2 \Rightarrow x = 2$

Zu 14d) Die Quersumme lautet 187. Eine Möglichkeit, den Überblick zu behalten: Teilen Sie die Zahlenfolge – etwa durch Punkte oder Striche – in kleinere Pakete, berechnen Sie die einzelnen Quersummen und addieren Sie diese. Da die gegebene Zahlenreihe aus wenigen unterschiedlichen Ziffern besteht, können Sie die häufigsten Ziffern auch von links nach rechts zählen und ausstreichen: Die 7 kommt 18-mal vor, die 3 8-mal und die 6 6-mal – macht zusammen $7 \times 18 + 8 \times 3 + 6 \times 6 = 186$. Die einzige 1 hinzugezählt, ergibt sich 187.

Zu 14e) $(x + ½ x) \times 2 = 3x \Rightarrow 2x + x = 3x \Rightarrow 3x = 3x \Rightarrow x = x; L = \{\mathbb{R}\}$

Diese Gleichung stimmt immer, egal welcher Wert für x eingesetzt wird. Das x steht für eine beliebige reelle Zahl.

Aufgabenblock 15

Sie erhalten zwei Gleichungen:

(I) $x \div 4 + 3 \times y = 32$

(II) $x \times y = x \div 4$

Mit Gleichung (II) können Sie y berechnen:

$x \times y = x \div 4 \qquad | \div x$

$y = 1 \div 4 = 0{,}25$

Eingesetzt in (I), erhalten Sie x:

$x \div 4 + 3 \times 0{,}25 = 32$

$x \div 4 + 0{,}75 = 32 \qquad | - 0{,}75$

$x \div 4 = 31{,}25 \qquad | \times 4$

$x = 125$

Aufgabe 16

Von Feld zu Feld beträgt die Differenz 2 (waagerecht) bzw. 8 (senkrecht).

Aufgabe 17

In den beiden oberen und den beiden unteren Zeilen sind die Zahlen von 1 bis 10 verteilt. Jede Zahl kommt pro Zeilenpaar genau einmal vor; im unteren fehlt die 1.

Aufgabenblock 18

Zu 18a) Die in einer Reihe benachbarten Zahlen ergeben addiert die jeweils darüber stehende Zahl.

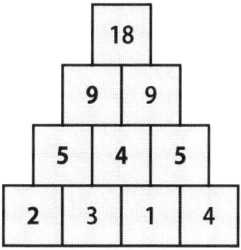

Zu 18b) Die in einer Reihe benachbarten Zahlen ergeben multipliziert die jeweils darüber stehende Zahl.

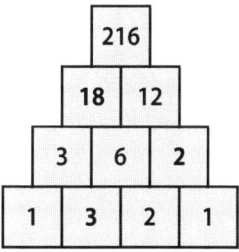

Zu 18c) Die in einer Reihe benachbarten Zahlen ergeben addiert die jeweils darüber stehende Zahl. Die Zahlen 29 und 43 werden nicht benötigt, es gibt zwei Lösungsmöglichkeiten.

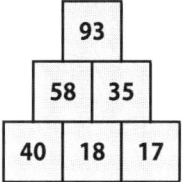 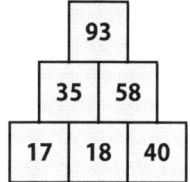

Zu 18d) Für das Fragezeichen muss eine 11 eingesetzt werden. Die Quersummen der in einer Reihe benachbarten Zahlen ergeben addiert die jeweils darüber stehende Zahl.

Beispiel untere Reihe: $9 + 5 + 4 + 3 = 21$; $4 + 3 + 5 + 6 = 18$, $5 + 6 + 5 + 4 = 20$

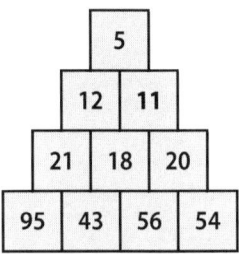

Zu 18e) Für das Fragezeichen muss eine 4 eingesetzt werden. In der zweiten und vierten Reihe von oben führt die Division benachbarter Zahlen zur jeweils darüber stehenden Zahl, wobei die größere Zahl als Dividend und die kleinere als Divisor dient. Von der dritten zur zweiten Reihe kommen Sie, indem Sie die jeweils größere Nachbarzahl von der kleineren abziehen.

2. Reihe von oben: $4 \div 1 = 4$

3. Reihe von oben: $7 - 6 = 1$; $6 - 2 = 4$

Untere Reihe: $84 \div 12 = 7$; $12 \div 2 = 6$; $2 \div 1 = 2$

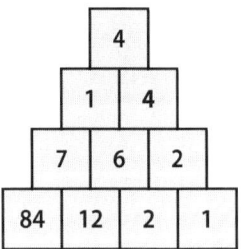

Lösungen

Aufgabe 19

0	3	3	3	0
0	2	0	0	2
4	0	4	4	4
0	0	0	1	0
4	**5**	**7**	**8**	**6**

Geschickterweise beginnen Sie in der rechten Spalte: Die im Ergebnisfeld vermerkte Summe 6 erhält man durch die Addition von 4 plus 2 – 3 und 3 geht nicht, sonst würde die 3 regelwidrig in zwei Reihen auftauchen. Also verteilen sich die Zweien und Vieren auf die mittleren Reihen. Nun kann man in der 4. Reihe nur noch die 1 platzieren, die 1. Reihe belegen folgerichtig die Dreien.

Der genauen Verteilung kommen Sie über die Ergebniszeile auf die Schliche: Die höchste Spaltensumme 8 lässt sich mit den vorhandenen Zahlen nur durch die Addition von 4, 3 und 1 darstellen. Somit ist klar, wo die 1 stehen muss. Für das Ergebnis 5 bleibt nur die Möglichkeit 3 plus 2: Demnach gehören die Zweien in die 2. Reihe, denn die 3. Reihe enthält an der entscheidenden Stelle eine 0. Die restlichen Felder können Sie nun leicht auffüllen.

Aufgabenblock 20

20a) Auch die Ergebnisse bestehen aus den Ziffern 1, 4, 2, 8, 5, 7, und zwar in dieser Abfolge. Nur die jeweilige Anfangsziffer wechselt. Ebenfalls unterhaltsam: die Multiplikationen mit 7, 8 oder 9.

20b) Das Ergebnis ist eine sechsstellige Zahl, die entweder aus zwei identischen dreistelligen Zahlen besteht (z. B. 407.407) oder – bei der Multiplikation mit 3 und ihren Vielfachen – aus nur einer Ziffer (z. B. 111.111).

20c) Das Ergebnis hat sechs Stellen, die alle der gewählten Zahl entsprechen.

20d) Als Ergebnis kommt immer die gewählte Zahlenkombination abc heraus.

20e) Egal, welche Zahl Sie sich ausdenken, das Ergebnis lautet immer 128.

Prüfungssimulationen

Nun können Sie Ihre rechnerische Fitness unter Testbedingungen auf die Probe stellen: Simulieren Sie doch einmal einen mathematischen Einstellungstest in Echtzeit. Zur Auswahl stehen drei Prüfungen, die sich an verschiedenen Themenschwerpunkten und Schwierigkeitsgraden orientieren. Viele Aufgaben haben Sie in den vorangegangenen Kapiteln bereits kennen gelernt. Andere erscheinen, umstrukturiert und umformuliert, in neuem Gewand. Manchmal ist eine Transferleistung erforderlich – dann müssen Sie vorhandenes Wissen auf unvertraute Gebiete übertragen. Mit solchen kleinen Überraschungen ist auch im „richtigen" Auswahltest zu rechnen!

Für jede Prüfung gilt eine feste, vorgegebene Bearbeitungszeit. Nehmen Sie sich am besten eine Uhr zur Hand, damit Sie stets wissen, wie viel Zeit Ihnen noch bleibt. Beachten Sie: Innerhalb eines Tests sind die Aufgaben bunt gemischt – die erste Aufgabe ist also nicht unbedingt die leichteste.

Die Lösungen und Hinweise zur Auswertung finden Sie unmittelbar im Anschluss an den jeweiligen Test.

Erlaubte Hilfsmittel: Stift und Schreibpapier

Verwenden Sie für die Prüfungssimulation bitte keinen Taschenrechner.

Prüfung 1

Niveau: Hauptschulabschluss
(Schwerpunkt handwerkliche Berufe)

Bearbeitungszeit: 25 Minuten

Die nachstehenden Brüche sollen gekürzt werden. Ordnen Sie jedem Bruch das richtige Ergebnis aus folgender Auswahl zu:

$\frac{2}{5} \mid \frac{3}{5} \mid \frac{2}{3} \mid \frac{1}{9} \mid \frac{1}{4}$

1a) $\frac{4}{36} =$

1b) $\frac{9}{15} =$

1c) $\frac{10}{25} =$

1d) $\frac{12}{18} =$

1e) $\frac{5}{20} =$

2. Lara hilft 12 Stunden pro Monat in einer Bäckerei aus. Ihr Monatslohn beträgt 144 Euro. Wie viel Geld bekommt sie, wenn sie die monatliche Stundenzahl auf 32 erhöht?

A. 456 Euro
B. 384 Euro
C. 564 Euro
D. 255 Euro

Ordnen Sie jeder Längenangabe die entsprechende Angabe aus folgender Auswahl zu:
1.000 m | 10 m | 0,01 m | 0,1 m

3a) 100 mm =

3b) 1 km =

3c) 1 cm =

3d) 100 dm =

Ordnen Sie jeder Rechnung das richtige Ergebnis aus folgender Auswahl zu: 6,8 | 1,33 | 0,30 | 3,70

4a) $0,5 \times 0,6 =$

4b) $1,5 + 5,3 =$

4c) $4,5 - 0,8 =$

4d) $\frac{0,8}{0,6} =$

5. Lilly erhält auf ihr Sparguthaben bei einem Zinssatz von 2 Prozent 20 Euro Zinsen. Wie hoch ist nach einem Jahr ihr Guthaben inklusive Zinsen?

A. 1.020 €
B. 1.010 €
C. 990 €

Setzen Sie das fehlende Rechenzeichen ein, sodass die Gleichung stimmt:

6) 4 ⃞ 6 × 3 = 22

7) Simon will mit seiner Freundin Alina nach Frankreich fahren. In den Kraftstofftank passen 90 Liter Benzin. Wie viel Liter sind noch im Tank, wenn er zu ⅖ gefüllt ist?
   A. 36 Liter
   B. 90 Liter
   C. 60 Liter
   D. 30 Liter

Ein quadratischer Würfel hat eine Seitenlänge von 50 Zentimetern. Damit hat er ... (Orden Sie zu: 15.000 cm² | 200 cm | 125.000 cm³ | 86,60 cm)

8a) einen Seitenumfang von _____.

8b) eine Oberfläche von _____.

8c) eine Raumdiagonale von _____.

8d) ein Volumen von _____.

9) Der Orangensaftvorrat eines Restaurants reicht genau 30 Tage, wenn das Restaurant täglich von 120 Gästen aufgesucht wird. Wie lange reicht der Vorrat, wenn täglich 90 Gäste kommen?
   A. 40 Tage
   B. 24 Tage
   C. 36 Tage
   D. 30 Tage
   E. Das Restaurant sollte lieber mehr Werbung machen, um den Laden vollzubekommen.

Sortieren Sie die folgenden Werte nach ihrer Größe. Beginnen Sie dabei mit der kleinsten Zahl:

10) ⅛ | 10 % | 0,3 | ⅖ | ¼

11. Wie groß ist das Volumen einer zylinderförmigen Regentonne, die einen Durchmesser von 70 Zentimetern hat und 1 Meter hoch ist ($V = r^2 \times \pi \times h$)?
A. 483.650 cm³
B. 348.000 cm³
C. 384.650 cm³
D. 438.000 cm³

12. Eine Gruppe von 60 Auszubildenden plant eine zweitätige Busreise, um ein Musical zu besuchen. Die Reise wird pauschal abgerechnet und kostet, wenn alle mitfahren, 90 Euro pro Person. Fällt jemand aus, müssen die anderen die Kosten übernehmen. Am Abreisetag melden sich 6 Personen krank. Wie viel Euro muss nun jeder Teilnehmer zahlen?
A. 100 €
B. 85 €
C. Wer sich erst am Abtreisetag krank meldet, muss selber zahlen.
D. 107 €
E. 95 €
F. 103 €

13. Malerlehrling Lennart soll die Wände und den Boden eines Hotelschwimmbeckens streichen. Die Maßangaben, die er zur Verfügung hat, lauten: Breite 7 m, Höhe 2 m, Wasser-Füllmenge bis zum Rand 210 m³. Wie groß ist die Fläche, die Lennart streichen muss?
A. 193 m²
B. 194 m²
C. 183 m²
D. 319 m²
E. Keine Antwort ist richtig.

14. An der abgebildeten Geraden liegen zwei Winkel α und β an. Winkel α beträgt 30°. Wie groß ist Winkel β?

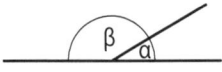

A. 330°
B. 230°
C. 150°
D. 70°
E. 25°

Ordnen Sie den folgenden Rechnungen die richtige Lösung aus folgender Auswahl zu: 90 | 34 | –100 | –4

15a) $38 - 23 \times (2 + 4) =$
15b) $38 - 23 \times 2 + 4 =$
15c) $(38 - 23) \times 2 + 4 =$
15d) $(38 - 23) \times (2 + 4) =$

Lösungen Prüfung 1

Für jede richtig gelöste Aufgabe dürfen Sie sich die angegebene Punktzahl gutschreiben: Um die Prüfung zu bestehen, müssen Sie 60 Prozent der Gesamtpunktzahl von 55 Punkten erreichen, das entspricht **33 Punkten**.

		Ihre Punkte:
1	**a)** $\frac{1}{9}$ (1 Pkt.) **b)** $\frac{3}{5}$ (1 Pkt.) **c)** $\frac{2}{5}$ (1 Pkt.) **d)** $\frac{2}{3}$ (1 Pkt.) **e)** $\frac{1}{4}$ (1 Pkt.)	______
2	**B)** 384 € (2 Pkte.)	______
3	**a)** 0,1 m (1 Pkt.) **b)** 1.000 m (1 Pkt.) **c)** 0,01 m (1 Pkt.) **d)** 10 m (1 Pkt.)	______
4	**a)** 0,30 (1 Pkt.) **b)** 6,8 (1 Pkt.) **c)** 3,70 (1 Pkt.) **d)** 1,33 (1 Pkt.)	______
5	**A)** 1.020 € (2 Pkte.)	______
6	☐ = + (1 Pkt.)	______
7	**A)** 36 Liter (2 Pkte.)	______
8	**a)** 200 cm (1 Pkt.) **b)** 15.000 cm^2 (1 Pkt.) **c)** 86,6 cm (1 Pkt.) **d)** 125.000 cm^3 (1 Pkt.)	______
9	**A)** 40 Tage (4 Pkte.)	______
10	10 % < $\frac{1}{8}$ < $\frac{1}{4}$ < 0,30 < $\frac{2}{6}$ (5 × 1 Pkt.)	______
11	**C)** 384.650 cm^3 (4 Pkte.)	______
12	**A)** 100 € (4 Pkte.)	______
13	**A)** 193 m^2 (6 Pkte.)	______
14	**C)** $\beta = 150°$ (4 Pkte.)	______
15	**a)** –100 (1 Pkt.) **b)** –4 (1 Pkt.) **c)** 34 (1 Pkt.) **d)** 90 (1 Pkt.)	______

Ihre Gesamtpunktzahl: ______

Aufgabenblock 1

Zu1 a) $\dfrac{4}{36} = \dfrac{1}{9}$

Zu 1b) $\dfrac{9}{15} = \dfrac{3}{5}$

Zu 1c) $\dfrac{10}{25} = \dfrac{2}{5}$

Zu 1d) $\dfrac{12}{18} = \dfrac{2}{3}$

Zu 1e) $\dfrac{5}{20} = \dfrac{1}{4}$

Hier kann es helfen, die Nenner der Ergebnisse zu betrachten: Die Ausgangsbrüche müssen Vielfache dieser Nenner enthalten. So kann beispielsweise der Bruch 1/9 nur aus 4/36 oder 12/18 hervorgehen, was die Auswahl stark einschränkt.

Aufgabe 2

Lara verdient pro Stunde 12 Euro. Wenn Sie die Stundenzahl auf 32 erhöht, erhält sie demnach 384 Euro.

Vollständige Rechnung: $(144 \div 12) \times 32 = 384$.

Aufgabenblock 3

Zu 3a) 100 mm = 0,1 m

Zu 3b) 1 km = 1.000 m

Zu 3c) 1 cm = 0,01 m

Zu 3d) 100 dm = 10 m

Aufgabenblock 4

Zu 4a) $0,5 \times 0,6 = 0,30$

Zu 4b) $1,5 + 5,3 = 6,8$

Das richtige Ergebnis offenbart schon ein einfaches Überschlagen: Die Addition von 1,5 und 5,3 führt zu einem Ergebnis größer als 6, wofür nur 6,8 infrage kommt.

Zu 4c) $4,5 - 0,8 = 3,70$

Die Differenz von 4,5 und 0,8 hat eine 3 vor dem Komma, was unter den angegebenen Werten nur für 3,70 zutrifft. Die Endziffer 0 wird bei Dezimalzahlen normalerweise nicht geschrieben (mit Ausnahme von Geldbeträgen), doch im Einstellungstest sind Abweichungen durchaus möglich.

Zu 4d) $\dfrac{0,8}{0,6} = 1,33$

Die Wiedergabe von periodischen Dezimalbrüchen durch unperiodische Dezimalzahlen ist weit verbreitet. Dem Bruch $0,8/0,6$ ist also das Ergebnis 1,33 zuzuordnen ist (exakt wäre $1,\overline{3}$).

Aufgabe 5

Lillys Sparguthaben beträgt nach einem Jahr inklusive Zinsen 1.020 Euro. Das Startkapital berechnen Sie mit der Zinsformel:

$K_0 = Z \times \dfrac{100}{p} \times \dfrac{1}{t} = 20 \times \dfrac{100}{2} = 1.000$ (Laufzeit 1 Jahr $\Rightarrow t = 1$)

Das Endkapital ergibt sich aus dem Anlagebetrag und den Zinsen:

$K_1 = K_0 + Z = 1.000 + 20 = 1.020$

Aufgabe 6

$4 + 6 \times 3 = 22$

Aufgrund der Punkt-vor-Strich-Regel können Sie zuerst $6 \times 3 = 18$ rechnen. Die Zahl 4 muss demzufolge addiert werden, um das Ergebnis 22 zu erreichen.

Aufgabe 7

Es sind noch 36 Liter im Tank, wenn er zu ⅖ gefüllt ist: 90 l × ⅖ = 36 l.

Aufgabenblock 8

Zu 8a) einen Seitenumfang von 200 cm.

Zu 8b) eine Oberfläche von 15.000 cm^2.

Zu 8c) eine Raumdiagonale von 86,6 cm.

Zu 8d) ein Volumen von 125.000 cm^3.

Hier haben Sie leichtes Spiel: In der Auswahl findet sich nur eine einzige Volumenangabe (in cm^3) und nur eine Flächenangabe (in cm^2). Und da der Umfang größer sein muss als die Raumdiagonale, können Sie auch die beiden übrigen Werte leicht zuordnen.

Falls Sie dennoch rechnen wollen: Die geometrischen Formeln finden Sie in Kapitel 13. Die Raumdiagonale (d) eines Würfels berechnet sich aus seiner Seitenlänge multipliziert mit der Quadratwurzel von 3 (rund 1,732): $d = 50 \times \sqrt{3} = 50 \times 1{,}732 = 86{,}6$.

Aufgabe 9

Der Vorrat reicht bei 90 Gästen 40 Tage.

Wenn der Vorrat bei 120 Gästen für 30 Tage reicht, reicht er einem einzigen Gast 120-mal so lang: 30 Tage × 120 = 3.600 Tage. Für 90 Gäste reicht der Vorrat damit 3.600 ÷ 90 = 40 Tage.

Zu E. Lassen Sie sich von kuriosen oder witzig gemeinten Antworten nicht irritieren. Bleiben Sie konzentriert und kreuzen Sie keinen Unsinn an.

Aufgabenblock 10

$10\,\% < \frac{1}{8} < \frac{1}{4} < 0{,}3 < \frac{2}{6}$

Die richtige Reihenfolge lässt sich unschwer erkennen, wenn Sie alle Zahlen in Dezimalform bringen: $10\,\% = 0{,}1$; $\frac{1}{8} = 0{,}125$; $\frac{1}{4} = 0{,}25$; $0{,}3$; $\frac{2}{6} = \frac{1}{3} \approx 0{,}33$

Aufgabe 11

Das Volumen beträgt 384.650 Kubikzentimeter.

Das Volumen der zylinderförmigen Tonne berechnet sich nach der Formel $V = r^2 \times \pi \times h$. Den Radius erhalten Sie über den Durchmesser, die Höhe müssen Sie in Zentimeter umwandeln.

$V = r^2 \times \pi \times h = (d/2)^2 \times \pi \times h = (35\text{ cm})^2 \times 3{,}14 \times 100 = 384.650\text{ cm}^2$

Aufgabe 12

Jeder Teilnehmer muss 100 Euro zahlen.

Die Pauschalreise kostet insgesamt 5.400 Euro (60 × 90 Euro). Bei 6 Kranken verteilt sich diese Summe auf 54 Teilnehmer, macht pro Person genau 100 Euro (5.400 ÷ 54).

Aufgabe 13

Die Fläche, die Lennart streichen muss, beträgt 193 Quadratmeter.

Das Schwimmbecken hat die Form eines Quaders. Dessen Oberfläche berechnet sich anhand der Formel $O = 2 \times (a \times b + a \times c + b \times c)$. Da das Becken keine Decke hat, fließt allerdings nur der Boden in die Kalkulation ein. Für die von Lennart zu streichende Fläche ergibt sich somit:

$O = a \times b + 2 \times (a \times c + b \times c)$

Da Lennart nur die Breite und Höhe kennt, muss er sich die Länge zunächst aus dem Volumen errechnen:

$V = a \times b \times c \Rightarrow a = \dfrac{V}{b \times c} = \dfrac{210\text{ m}^3}{7\text{ m} \times 2\text{ m}} = \dfrac{210\text{ m}^3}{14\text{ m}^2} = 15\text{ m}$

Die Länge des Raumes beträgt 15 Meter und kann nun in die Oberflächenformel eingesetzt werden:

$O = a \times b + 2 \times (a \times c + b \times c) = 15\text{ m} \times 7\text{ m} + 2 \times (15\text{ m} \times 2\text{ m} + 7\text{ m} \times 2\text{ m}) = 105\text{ m}^2 + 2 \times (30\text{ m}^2 + 14\text{ m}^2) = 105\text{ m}^2 + 2 \times 44\text{ m}^2 = 193\text{ m}^2$

Aufgabe 14

Die Winkel liegen an einer Geraden an, ihre Summe muss demnach 180° betragen. Der Winkel β hat folgerichtig 180° − 30° = 150°.

Aufgabenblock 15

Zu 15a) $38 - 23 \times (2 + 4) = -100$

Zu 15b) $38 - 23 \times 2 + 4 = -4$

Zu 15c) $(38 - 23) \times 2 + 4 = 34$

Zu 15d) $(38 - 23) \times (2 + 4) = 90$

Prüfung 2

Niveau: Mittlerer Bildungsabschluss   **Bearbeitungszeit: 35 Minuten**
(Schwerpunkt technische Berufe)

Emma soll im abgebildeten Büroraum einen Teppich verlegen:

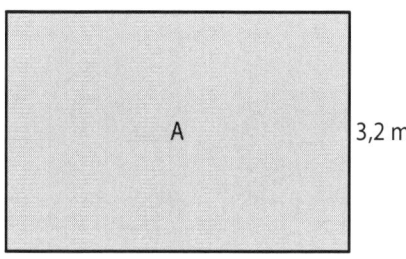

3,2 m

4,7 m

Den gewünschten Teppich gibt es in einer Rollenbreite von 400 Zentimetern. Er kostet 12 Euro pro Quadratmeter.

Bitte beantworten Sie die folgenden Fragen, indem Sie die zur Auswahl stehenden Werte richtig zuordnen:

3,20 Meter | 180,48 € | 4,70 Meter | 15,40 qm | 15,04 qm | 225,60 Euro

1a) Wie viele Quadratmeter hat der Raumboden?

1b) Wie viele laufende Meter Teppichrolle muss Emma kaufen?

1c) Was muss sie insgesamt für den Teppich zahlen?

2. Führen Sie die Zahlenreihe logisch fort:

| 81 | 64 | 48 | 33 | 19 | ? |

A.   11
B.   6
C.   3
D.   15

3. $\dfrac{4}{7} \times \dfrac{5}{7} =$

A. $\dfrac{20}{49}$

B. $\dfrac{20}{7}$

C. $\dfrac{9}{14}$

D. $\dfrac{9}{49}$

E. Keine Antwort ist richtig.

4. Die Ölheizung eines Bürohauses verbraucht pro Jahr 7.200 Liter Öl. Nun reduziert der Firmeninhaber die Zimmertemperatur in der Zeit zwischen 18:00 Uhr und 8:00 Uhr sowie an den Wochenenden und Feiertagen. Nach einem Jahr kann er eine Reduktion des Ölverbrauchs um 8 Prozent messen. Wie viele Liter sind das?

A. 57,6 Liter

B. 570 Liter

C. 576 Liter

D. 675 Liter

E. 567 Liter

Ordnen Sie jeder Maßangabe die entsprechende Angabe aus folgender Auswahl zu: 50 kg | 1.000 g | 500 g | 1.000 ml | 1.000 kg

5a) 1 kg =

5b) 1 t =

5c) 1 Liter =

5d) 1 Pfund =

5e) 1 Zentner =

6. $-5^2 = ?$
A. −10
B. 25
C. −25
D. 5
E. Keine Antwort ist richtig.

Vervollständigen Sie die geometrischen Formeln zur Berechnung rechtwinkliger Dreiecke, indem Sie die Terme aus folgender Auswahl richtig zuordnen:

$p \times c \mid p + q \mid a + b + c \mid \dfrac{a \times b}{2} \mid a^2 + b^2$

7a) Umfang: U =
7b) Fläche: A =
7c) Kathetensatz: $a^2 =$
7d) Satz des Pythagoras: $c^2 =$
7e) Hypotenusenabschnitte: c =

8. Auf dem Dach eines Einfamilienhauses soll eine Solaranlage errichtet werden. 3 Handwerker brauchen dafür 10 Tage. Wie viele Handwerker müssen eingestellt werden, damit die Installation in 6 Tagen abgeschlossen werden kann?
A. 6 Handwerker
B. 5 Handwerker
C. 4 Handwerker
D. 7 Handwerker

Berechnen Sie:
9) $(12 - (4 + 5)) \div 3 = ?$

10. Ein Elektro-Ofen hat eine Leistung von 750 Watt. Wie lange war der Ofen in Betrieb, wenn 6 Kilowattstunden Energie verbraucht wurden?

- **A.** 5 h
- **B.** 6,5 h
- **C.** 7 h 30 min
- **D.** 8 h
- **E.** Keine Antwort ist richtig.

Ordnen Sie jeder Längenangabe die entsprechende Angabe aus folgender Auswahl zu: 0,1 dm | 100.000 cm | 10 dm | 0,001 m | 0,1 m

11a) 1 mm =

11b) 1 m =

11c) 1 cm =

11d) 1 dm =

11e) 1 km =

12. Mehmet hat bei einer Prüfung 50 von 80 Punkten erreicht. Wie viel Prozent der Gesamtpunktzahl entspricht das?

- **A.** 55 %
- **B.** 60,7 %
- **C.** 71 %
- **D.** 62,5 %
- **E.** Keine Antwort ist richtig.

Ordnen Sie jeder Gleichung den Wert der Variable x aus folgender Auswahl zu:
x = 0 | x = 12 | x = –1,2 | x = –3,5 | x = 16

13a) $5x + 6 = 0$

13b) $\frac{1}{3}x + 3 = 3$

13c) $\frac{1}{2}x - 4 = 4$

13d) $-6 + \frac{3}{6}x = 0$

13e) $-7 - 2x = 0$

14. Der neue Transporter der Firma verliert im ersten Jahr 25 Prozent an Wert, was 12.000 Euro entspricht. Wie teuer war der Transporter in der Anschaffung?

A. 43.000 Euro

B. 28.000 Euro

C. 48.000 Euro

D. 52.000 Euro

E. Keine Antwort ist richtig.

Sortieren Sie die folgenden Angaben absteigend nach ihrer Länge.

15) 14.200.100 Mikrometer
    1.425 Zentimeter
    0,0142 Kilometer
    14,3 Meter
    14.234 Millimeter

16. 83.868 ÷ 723 = ?

A. 113

B. 123

C. 116

D. 106

E. Keine Antwort ist richtig.

David mischt weiße mit bunter Farbe. Am Ende soll er 10 Liter Farbe erhalten. Das Mischungsverhältnis lautet: 20 Prozent gelbe, ⅓ grüne und ¼ blaue Farbe. Wie viel Liter je Farbe muss David einrühren? Ordnen Sie den Farben die richtigen Mengenangaben aus folgender Auswahl zu: 3,33 Liter | 2,50 Liter | 2,00 Liter

17a) Blau: _____

17b) Gelb: _____

17c) Grün: _____

18. Luca macht eine Ausbildung bei einem Fliesenleger. Im Auftrag seines Chefs kauft er italienische Fliesen für 1.600 Euro. Bei Barzahlung wird 3 Prozent Rabatt gegeben. Was kosten die Fliesen bei Barzahlung?

A. 1.550 €

B. 1.430 €

C. 1.455 €

D. 1.552 €

E. Keine Antwort ist richtig.

19. Yannick fertigt als Gesellenstück einen 50 Zentimeter hohen, würfelförmigen Tisch an. Welche Werte für Grundfläche, Oberfläche und (eingeschlossenes) Volumen sind richtig?

A. $A = 1.500 \text{ cm}^2, O = 15.000 \text{ cm}^2, V = 120.000 \text{ cm}^3$
B. $A = 2.500 \text{ cm}^2, O = 11.500 \text{ cm}^2, V = 125.000 \text{ cm}^3$
C. $A = 250 \text{ cm}^2, O = 12.000 \text{ cm}^2, V = 105.000 \text{ cm}^3$
D. $A = 1.500 \text{ cm}^2, O = 15.000 \text{ cm}^2, V = 115.000 \text{ cm}^3$
E. $A = 2.000 \text{ cm}^2, O = 10.000 \text{ cm}^2, V = 120.000 \text{ cm}^3$
F. $A = 2.500 \text{ cm}^2, O = 15.000 \text{ cm}^2, V = 125.000 \text{ cm}^3$

20. Schätzen Sie das Ergebnis der folgenden Aufgabe: $13.986 + 297 \times 313 =$

A. 201.579
B. 106.947
C. 181.795
D. 135.945
E. 99.999

21) Marie will für ihren Kosmetiksalon ätherische Öle bestellen, die ein Handelsvertreter zu 150 Euro je 250 Milliliter anbietet. Für ihre Kalkulation errechnet Sie daraus den Grundpreis für 100 Milliliter. Wie hoch ist er?

22) Luis ist Auszubildender bei einer Autowerkstatt. Sein Chef bittet ihn, anhand der Tagesumsätze von einer Woche den durchschnittlichen Tagesumsatz zu berechnen:

Montag:	1.750,00 €
Dienstag:	1.860,00 €
Mittwoch:	1.100,00 €
Donnerstag:	2.340,00 €
Freitag:	1.570,00 €
Samstag:	980,00 €

Lösungen Prüfung 2

Für jede richtig gelöste Aufgabe dürfen Sie sich die angegebene Punktzahl gutschreiben: Um die Prüfung zu bestehen, müssen Sie 60 Prozent der Gesamtpunktzahl von 72 Punkten erreichen, das entspricht rund **43 Punkten**.

Ihre Punkte:

1 a) 15,04 m² (2 Pkte.)   b) 4,70 m (2 Pkte.)   c) 225,60 € (2 Pkte.)

2 B) 6 (1 Pkt.)

3 A) $20/49$ (1 Pkt.)

4 C) 576 Liter (1 Pkt.)

5 a) 1.000 g (1 Pkt.)   b) 1.000 kg (1 Pkt.)   c) 1.000 ml (1 Pkt.)
    d) 500 g (1 Pkt.)   e) 50 kg (1 Pkt.)

6 C) −25 (1 Pkt.)

7 a) $a + b + c$ (1 Pkt.)   b) $a \times b / 2$ (1 Pkt.)   c) $p \times c$ (1 Pkt.)
    d) $a^2 + b^2$ (1 Pkt.)   e) $p + q$ (1 Pkt.)

8 B) 5 Handwerker (4 Pkte.)

9 1 (2 Pkte.)

10 D) 8 h (6 Pkte.)

11 a) 0,001 m (1 Pkt.)   b) 10 dm (1 Pkt.)   c) 0,1 dm (1 Pkt.)
    d) 0,1 m (1 Pkt.)   e) 100.000 cm (1 Pkt.)

12 D) 62,5 % (2 Pkte.)

13 a) $x = -1{,}2$ (1 Pkt.)   b) $x = 0$ (1 Pkt.)   c) $x = 16$ (1 Pkt.)
    d) $x = 12$ (1 Pkt.)   e) $x = -3{,}5$ (1 Pkt.)

14 C) 48.000 € (4 Pkt.)

Lösungen Prüfung 2

15 14,3 m > 1.425 cm > 14.234 mm > 14.200.100 µm > 0,0142 km (5 × 1 Pkt.)

16 C) 116 (2 Pkte.)

17 a) 2,50 Liter (1 Pkt.)   b) 2,00 Liter (1 Pkt.)   c) 3,33 Liter (1 Pkt.)

18 D) 1.552 € (3 Pkte.)

19 F) A = 2.500 cm², O = 15.000 cm², V = 125.000 cm³ (6 Pkte.)

20 B) 106.947 (2 Pkte.)

21 60 € (1 Pkt.)

22 1.600 € (2 Pkte.)

Ihre Gesamtpunktzahl: _____

Aufgabe 1

Zu 1a) Die Bodenfläche misst 15,04 Quadratmeter.

4,7 m × 3,2 m = 15,04 m²

Zu 1b) Emma muss 4,70 Meter Teppichrolle kaufen.

Gekauft werden 4,70 laufende Meter Teppich: Die Rolle wird an die 3,20 Meter lange Breitseite angelegt, nicht an die 4,70 Meter lange Längsseite – das Anstückeln der restlichen 70 Zentimeter würde zu einem unschönen, handwerklich schlechten Ergebnis führen. Daher schneidet man die Rolle auf 3,20 Meter Breite zu und nimmt den Abfall in Kauf. Würde man die handwerkliche Qualität ignorieren und annehmen, dass der Teppich exakt nach Bodenfläche gekauft wird, fände man in der Auswahl keinen passenden Wert.

Zu 1c) Insgesamt muss Emma für den Teppich 225,60 Euro zahlen.

Emma kauft wie berechnet 4,70 laufende Meter Teppich, das entspricht 4 × 4,7 = 18,8 Quadratmetern. Die Kosten betragen 18,8 × 12 Euro = 225,60 Euro.

Aufgabe 2

In der Reihe wird nacheinander 17, 16, 15, 14, 13 subtrahiert. Der nächste Schritt lautet: 19 − 13 = 6.

Aufgabe 3

$\frac{4}{7} \times \frac{5}{7} = \frac{4 \times 5}{7 \times 7} = \frac{20}{49}$

Aufgabe 4

Der Firmeninhaber konnte 576 Liter einsparen: 7.200 × 0,08 = 576.

Aufgabe 5

Zu 5a) 1 kg = 1.000 g

Zu 5b) 1 t = 1.000 kg

Zu 5c) 1 Liter = 1.000 ml

Zu 5d) 1 Pfund = 500 g

Zu 5e) 1 Zentner = 50 kg

Aufgabe 6

$-5^2 = -(5 \times 5) = -25$

Aufgabe 7

Zu 7a) Umfang: $U = a + b + c$

Zu 7b) Fläche: $A = \frac{a \times b}{2}$

Zu 7c) Kathetensatz: $a^2 = p \times c$

Zu 7d) Satz des Pythagoras: $c^2 = a^2 + b^2$

Zu 7e) Hypotenusenabschnitte: $c = p + q$

Die Formeln für Umfang und Fläche sowie den Satz des Pythagoras finden Sie in Kapitel 13 dieses Buchs. Mit ein wenig Überlegung können Sie auch die Hypotenusenabschnitte und den Kathetensatz richtig zuordnen: Zwar enthalten beide infrage kommenden Terme die Hypotenuse c, doch nur einer den Buchstaben a, der eine Kathete bezeichnet. Zur Erläuterung: Im rechtwinkligen Dreieck teilt die Senkrechte vom Winkel γ die Hypotenuse c in die Abschnitte q (liegt an b an) und p (liegt an a an); für die Hypotenusenabschnitte gilt also c = q + p. Der Kathetensatz des Euklid formuliert die Beziehungen $a^2 = p \times c$ und $b^2 = q \times c$.

Aufgabe 8

Wenn 3 Handwerker 10 Tage brauchen, braucht ein Handwerker 30 Tage (3 × 10). In 6 Tagen schaffen es demnach 5 Handwerker (30 ÷ 6 = 5).

Aufgabe 9

$(12 - (4 + 5)) \div 3 = (12 - 9) \div 3 = 3 \div 3 = 1$

Aufgabe 10

Der Ofen war 8 Stunden in Betrieb.

Der Vorsatz „Kilo" bedeutet, dass es sich bei einer Kilowattstunde (kWh) um das Tausendfache einer Wattstunde (Wh) handelt. Die Wattstunde ist wiederum eine Energieeinheit, die sich aus der Leistung (in Watt) und dem Zeitraum (in Stunden), über den diese erbracht wurde, zusammensetzt. Nun können Sie rechnen: Der Ofen hat eine Leistung von 750 Watt oder 0,75 Kilowatt und verbraucht somit in 8 Stunden 6 Kilowattstunden Energie.

Energie = Leistung × Zeit ⇒ Zeit = Energie ÷ Leistung

6 kWh ÷ 0,75 kW = 8 h

Aufgabe 11

Zu 11a) 1 mm = 0,001 m

Zu 11b) 1 m = 10 dm

Zu 11c) 1 cm = 0,1 dm

Zu 11d) 1 dm = 0,1 m

Zu 11e) 1 km = 100.000 cm

Aufgabe 12

Mehmet hat 62,5 Prozent der Gesamtpunktzahl erreicht.

Diese Aufgabe können Sie mit der Prozentformel oder dem Dreisatz lösen.

Prozentformel: $p = \dfrac{W \times 100}{G} = \dfrac{50}{80} \times 100 = 62,5$

Dreisatz (80 Punkte verhalten sich zu 100 % wie 50 Punkte zum gesuchten Prozentanteil):

$\dfrac{80}{100} = \dfrac{50}{x} \Rightarrow x = 50 \times \dfrac{100}{80} = 62,5$

Aufgabenblock 13

Zu 13a) $5x + 6 = 0 \Rightarrow 5x = -6 \Rightarrow x = -1,2$

Zu 13b) $\dfrac{1}{3}x + 3 = 3 \Rightarrow \dfrac{1}{3}x = 0 \Rightarrow x = 0$

Zu 13c) $\dfrac{1}{2}x - 4 = 4 \Rightarrow \dfrac{1}{2}x = 8 \Rightarrow x = 16$

Zu 13d) $-6 + \dfrac{3}{6}x = 0 \Rightarrow \dfrac{3}{6}x = 6 \Rightarrow x = 12$

Zu 13e) $-7 - 2x = 0 \Rightarrow -2x = 7 \Rightarrow x = -3,5$

Aufgabe 14

Der Transporter hat 48.000 Euro gekostet.

Diese Aufgabe können Sie mit der Prozentformel oder dem Dreisatz lösen.

Prozentformel: $G = W \times \dfrac{100}{p} = 12.000 \times \dfrac{100}{25} = 48.000$

Dreisatz (12.000 verhält sich zu 25 % wie der gesuchte Wert zu 100 %):

$$\frac{12.000}{25} = \frac{x}{100} \Rightarrow x = \frac{12.000}{25} \times 100 = 48.000$$

Aufgabe 15

Zu 15) 14,3 Meter > 1.425 Zentimeter > 14.234 Millimeter > 14.200.100 Mikrometer > 0,0142 Kilometer

Aufgabe 16

$83.868 \div 723 = 116$

Aufgabe 17

David braucht 2,5 Liter blaue, 2 Liter gelbe und 3,33 Liter grüne Farbe.

Hier können Sie sich das Rechnen sparen und die Zahlenwerte nach Größenverhältnissen zuordnen: ⅓ ist größer als ¼, und ¼ ist größer als 20 Prozent (= ⅕).
Die Rechnungen lauten: ⅓ × 10 = 3,33 (Grün), ¼ × 10 = 2,5 (Blau) und 20 % von 10 = 10 × 0,2 = 2 (Gelb)

Aufgabe 18

Die Fliesen kosten bei Barzahlung 1.552 Euro.

Die Aufgabe können Sie mithilfe der Prozentformel lösen:

$W = \dfrac{G \times p}{100} = \dfrac{1.600 \times 97}{100} = 1.552$

Aufgabe 19

Die Grundfläche des würfelförmigen Tisches ist ein Quadrat mit folgenden Inhalt: $A = a^2 = (50 \text{ cm})^2 = 2.500 \text{ cm}^2$.

Die Oberfläche des Würfels setzt sich aus sechs gleichen Seitenflächen zusammen, deren Inhalt gerade bestimmt wurde: $O = 6 \times 2.500 \text{ cm}^2 = 15.000 \text{ cm}^2$.

Das Volumen ergibt sich aus der Multiplikation von Länge, Breite und Höhe – beim Würfel sind alle drei Größen gleich: $V = a^3 = (50 \text{ cm})^3 = 125.000 \text{ cm}^3$.

Aufgabe 20

Überschlagen Sie mit gerundeten Werten und berücksichtigen Sie die Punkt-vor-Strich-Regel: 14.000 + 300 × 300 = 104.000. Eine Betrachtung der Endziffern zeigt außerdem, dass das Ergebnis auf 7 enden muss (3 × 7 + 6 = 27).

Aufgabe 21

Der Grundpreis für 100 Milliliter ätherisches Öl beträgt 60 Euro.

Überlegen Sie, wie viel 1 Milliliter kostet (150 ÷ 250 = 0,6) und verhundertfachen Sie diesen Betrag. Sie können dafür auch einen Dreisatz aufstellen:

$$\frac{150}{250} = \frac{x}{100} \Rightarrow x = 100 \times \frac{150}{250} = 60$$

Aufgabe 22

Der durchschnittliche Tagesumsatz des Tischlerbetriebs beträgt 1.600 Euro.

Den durchschnittlichen Tagesumsatz erhält man, indem man die angegebenen Tagesumsätze addiert und die Summe durch die Anzahl der eingeflossenen Tagesumsätze teilt: Gesamtumsatz = (1.750 € + 1.860 € + 1.100 € + 2.340 € + 1.570 € + 980 €) ÷ 6 = 9.600 € ÷ 6 = 1.600 €.

Prüfung 3

Niveau: Mittlerer Bildungsabschluss **Bearbeitungszeit: 50 Minuten**
(Schwerpunkt kaufmännische Berufe)

Ordnen Sie den Aufgaben die richtigen Lösungen aus folgender Auswahl zu:

$\frac{8}{3} \mid \frac{11}{12} \mid \frac{1}{6} \mid \frac{5}{12}$

1a) $\frac{2}{3} \times \frac{1}{4} =$

1b) $\frac{2}{3} \div \frac{1}{4} =$

1c) $\frac{2}{3} + \frac{1}{4} =$

1d) $\frac{2}{3} - \frac{1}{4} =$

2. Um welchen Faktor ändert sich das Volumen eines Zylinders, wenn sein Radius halbiert wird ($V = r^2 \times \pi \times h$)?
A. 4
B. 0,5
C. 2
D. ¼
E. Keine Antwort ist richtig.

3. Welche Terme haben den gleichen Wert wie 31 + 32 + 33?
A. 12 × 8
B. 3 × 31
C. 6 × 16
D. 4 × 19
E. 3 × 32

Vervollständigen Sie die Gleichungen, indem Sie den jeweils fehlenden Wert ergänzen.

4a) $8 \times 15 = 4 \times \square$

4b) $7 \times 12 = 2 \times \square$

4c) $6 \times 28 = 21 \times \square$

4d) $25 \times 12 = 10 \times \square$

5) Hannah, Aylin und Tom werfen einen Spielwürfel jeweils ein Mal. Hannah bekommt 3 Punkte, wenn sie eine 5 würfelt. Aylin erhält 1 Punkt für eine Zahl, die größer als 2 ist. Tom bekommt 2 Punkte, wenn er eine gerade Zahl würfelt. Sortieren Sie die Spieler absteigend nach Gewinnwahrscheinlichkeit.

Setzen Sie die fehlenden Rechenenzeichen ein, sodass die Gleichung stimmt:

6) $4 \square 62 = 22 \square 3$

Berechnen Sie beide Terme und subtrahieren Sie das Ergebnis des zweiten vom Ergebnis des ersten Terms:

7) $16 + 9 - 2 \mid 12 + 3 - 7$

8. Vergleichen Sie die folgenden Prepaid-Tarife für Handys: Ab welcher Minute ist Angebot 2 günstiger als Angebot 1?

Angebot 1: Startgebühr 12 Euro, Minutenpreis 0,08 Euro

Angebot 2: Startgebühr 0 Euro, Minutenpreis 0,14 Euro

A. Ab der 170. Minute

B. Ab der 190. Minute

C. Ab der 210. Minute

D. Ab der 220. Minute

E. Keine Antwort ist richtig.

9. Führen sie die Zahlenreihe logisch fort:

| 3 | 5 | 7 | 11 | 13 | 17 | ? | ? |

A. 23, 27
B. 19, 23
C. 23, 29
D. 19, 21
E. Keine Antwort ist richtig.

Berechnen Sie die jeweiligen Temperaturunterschiede zwischen Tag und Nacht.

10a) −7 Grad nachts und +8 Grad am Tag
10b) −13 Grad nachts und +5 Grad am Tag
10c) +2 Grad am Tag und −17 Grad nachts
10d) −3 Grad nachts und +19 Grad am Tag
10e) +18 Grad am Tag und +3 Grad nachts

Setzen Sie die fehlenden Rechenzeichen ein.

11a) $\dfrac{1}{4} \; \square \; \dfrac{2}{3} = \dfrac{11}{12}$

11b) $\dfrac{2}{4} \; \square \; \dfrac{2}{5} = \dfrac{1}{5}$

11c) $\dfrac{3}{4} \; \square \; \dfrac{1}{2} = \dfrac{1}{4}$

11d) $\dfrac{4}{3} \; \square \; \dfrac{4}{5} = \dfrac{5}{3}$

12. Welchen Flächenanteil eines DIN-A4-Blatts erhalten Sie, wenn Sie es viermal falten?

A. 1/6
B. 1/16
C. 1/4
D. 1/8
E. 1/12

Ein Würfel hat eine Seitenlänge von 5 Zentimetern.

13a) Wie groß ist sein Volumen?

13b) Wie groß ist seine Oberfläche?

13c) Wie groß ist seine Raumdiagonale d ungefähr (± 0,2 cm)?

14) Lina hat auf ihrem Bankkonto ein Guthaben von 600 Euro. Davon hebt sie 150 Euro ab, um sich neue Winterstiefel zu kaufen. Wie viel Prozent vom ursprünglichen Guthaben verbleiben auf ihrem Konto?

15. Wie viel Tonnen sind 40 Kilogramm?

A. 0,4 Tonnen
B. 0,04 Tonnen
C. 0,0004 Tonnen
D. 4,0 Tonnen

Ordnen Sie den Zeitangaben die entsprechenden Angaben aus folgender Auswahl zu: 30 h | 3 Tage | 8h | ¼ Tag | 1,5 Tage

16a) 1/3 Tag

16b) 36 Stunden

16c) 1,25 Tage

16d) 6 Stunden

16e) 72 Stunden

17. $220 \times \dfrac{3}{5} = ?$

A. 123
B. 132
C. 321
D. 231
E. Keine Antwort ist richtig.

18. Berechnen Sie x: $\dfrac{1}{6}x + 6 = 12$.

A. 6
B. 12
C. 36
D. Keine Antwort ist richtig.

19) Das Modehaus Dörnenburg zahlt seinen Auszubildenden im 1. Lehrjahr 650 Euro, im 2. Lehrjahr 728 Euro und im 3. Lehrjahr 820 Euro. Wie viel Prozent beträgt die Lohnerhöhung vom ersten zum zweiten Ausbildungsjahr? Welcher Wert (Grundwert, Prozentwert oder Prozentsatz) wird gesucht?

Ordnen Sie den Zahlen die jeweils passende Primfaktorzerlegung aus folgender Auswahl zu: $3 \times 3 \times 3 \times 5 \mid 2 \times 2 \times 3 \times 3 \times 5 \mid 2 \times 3 \times 5 \times 5 \mid 2 \times 2 \times 2 \times 3 \times 5$

20a) 180
20b) 150
20c) 120
20d) 135

21. Mert kauft auf dem Großmarkt 5 Kilogramm Äpfel für 1,50 €/kg, 3 Kilogramm Birnen für 2,50 €/kg und 11 Kilogramm Bananen für 1,00 €/kg. Was zahlt er durchschnittlich für 1 Kilogramm seiner Obstmischung?
   A. 1,59 €
   B. 1,32 €
   C. 2,14 €
   D. 1,37 €
   E. Keine Antwort ist richtig.

22. Die optimale Kühlschranktemperatur liegt bei 7 Grad Celsius. Häufig wird die Temperatur jedoch zu niedrig eingestellt, was den Energieverbrauch erhöht: Schon eine Reduktion um 2 Grad steigert den Verbrauch um 10 Prozent. Wie viel Energie verbraucht ein Kühlschrank mit einem Jahresverbrauch von 230 Kilowattstunden, wenn man ihn von 7 auf 5 Grad reguliert?
   A. 235 kWh
   B. 240 kWh
   C. 253 kWh
   D. 260 kWh
   E. Keine Antwort ist richtig.

Welche Zahl passt nicht in die Zahlenreihe?

23) | 1 | 4 | 5 | 9 | 16 | 25 |

24. Herr Schneider hat einen Kredit über 25.000 Euro aufgenommen, für den vierteljährlich 8 Prozent Zinsen anfallen. Wie viel Zinsen hat er nach 9 Monaten bezahlt?

A. 990 €
B. 1.200 €
C. 1.500 €
D. 1.850 €
E. Keine Antwort ist richtig.

25) Das folgende Diagramm stellt verschiedene Haushaltsgeräte mit ihrem Prozentanteil am Energieverbrauch im Haushalt gegenüber. Welche Plätze belegen die einzelnen Geräte, absteigend nach Verbrauch sortiert?

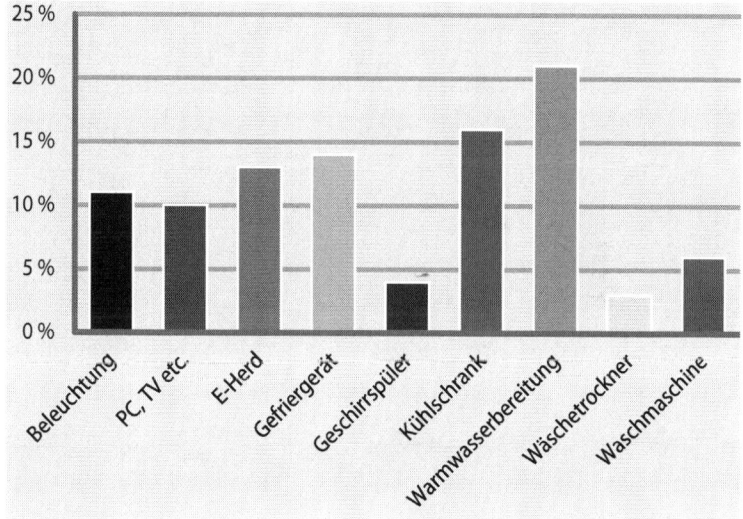

Geschirrspüler:	Platz ___	Warmwasserbereitung:	Platz ___
Beleuchtung:	Platz ___	Wäschetrockner:	Platz ___
Waschmaschine:	Platz ___	E-Herd:	Platz ___
PC, TV etc.:	Platz ___	Gefriergerät:	Platz ___
Kühlschrank:	Platz ___	Sonstige (2 %):	Platz ___

Ordnen Sie den folgenden Termen aus römischen Zahlen jeweils das richtige Ergebnis aus folgender Auswahl zu: XL | VIII | C | XXV | XVI

26a) CXXVIII − CXII =

26b) XCV + V =

26c) XIX − XI =

26d) LII − XII =

26e) CXXV − C =

27. Leonie und Moritz wollen zu einer Show und fahren zeitgleich mit dem Auto los. Leonie muss 72 Kilometer weit fahren und schafft im Berufsverkehr einen Schnitt von 54 Kilometern pro Stunde. Moritz hat nur 39 Kilometer vor sich, gerät aber in einen Stau und fährt deswegen durchschnittlich 30 Kilometer pro Stunde. Welche der folgenden Aussagen sind richtig?

A. Moritz benötigt 84 Minuten, um zum Zielort zu kommen.

B. Leonie und Moritz schaffen es nicht rechtzeitig zum Konzert.

C. Leonie erreicht das Ziel nach 72 Minuten Fahrzeit.

D. Leonie und Moritz kommen zeitgleich an.

E. Moritz braucht 65 Minuten für die Strecke.

F. Leonie ist 1 Stunde und 20 Minuten unterwegs.

G. Moritz fährt genau 80 Minuten.

H. Leonie ist länger unterwegs als Moritz.

I. Moritz kommt vor Leonie an.

J. Keine Antwort trifft zu.

Ordnen Sie den Aufgaben die richtigen Lösungen aus folgender Auswahl zu:
18 | 36 | 11 | 3 | 243

28a) $3 \times 3 \times 3 + 3 \times 3 = ?$
28b) $3 \times 3 \times 3 \times 3 \times 3 = ?$
28c) $(3 \times 3 \times 3) \div (3 \times 3) =$
28d) $3 \times 3 \times 3 - 3 \times 3 = ?$
28e) $3 \times 3 - 3 \div 3 + 3 = ?$

29. $\frac{1}{2}$ geteilt durch $\frac{1}{6} =$

A. ⅓
B. geht nicht
C. ¹⁄₁₂
D. 3
E. Keine Antwort ist richtig.

Die folgende Tabelle gibt die Ergebnisse einer Umfrage wieder: 1.016 Internetnutzer wurden gefragt, welches soziale Netzwerk sie bevorzugen.
Ordnen Sie den Netzwerken die folgenden Prozentangaben zu:
56 % | 16 % | 7 % | 6 % | 9 %. Eine Prozentangabe bleibt übrig – welche?

	Nutzer	Netzwerk	Anteil
30a)	72	XING	___ %
30b)	569	Facebook	___ %
30c)	92	StayFriends	___ %
30d)	61	Google+	___ %

Lösungen Prüfung 3

Für jede richtig gelöste Aufgabe dürfen Sie sich die angegebene Punktzahl gutschreiben. Um die Prüfung zu bestehen, müssen Sie 60 Prozent der Gesamtpunktzahl von 130 Punkten erreichen, das entspricht **78 Punkten**.

Ihre Punkte:

1   a) $1/6$ (1 Pkt.)   b) $8/3$ (1 Pkt.)   c) $11/12$ (1 Pkt.)   d) $5/12$ (1 Pkt.)   ____

2   D) $1/4$ (5 Pkte.)   ____

3   A) 12×8 (1 Pkt.)   C) 6×16 (1 Pkt.)   E) 3×32 (1 Pkt.)   ____

4   a) $\square = 30$ (2 Pkte.)   b) $\square = 42$ (2 Pkte.)   c) $\square = 8$ (2 Pkte.)
    d) $\square = 30$ (2 Pkte.)   ____

5   Aylin: $2/3$; Tom: $1/2$; Hannah: $1/6$ (3 × 2 Pkte.)   ____

6   $4 + 62 = 22 \times 3$ (1 Pkt.)   ____

7   $23 - 8 = 15$ (1 Pkt.)   ____

8   E) Keine Antwort ist richtig. (6 Pkte.)   ____

9   B) 19,23 (2 Pkte.)   ____

10   a) 15 Grad (2 Pkte.)   b) 18 Grad (2 Pkte.)   c) 19 Grad (2 Pkte.)
      d) 22 Grad (2 Pkte.)   e) 15 Grad (2 Pkte.)   ____

11   a) + (1 Pkt.)   b) × (1 Pkt.)   c) − (1 Pkt.)   d) ÷ (1 Pkt.)   ____

12   B) $1/16$ (5 Pkte.)   ____

13   a) 125 cm^3 (2 Pkte.)   b) 150 cm^2 (2 Pkte.)   c) $\sim 8{,}65 \text{ cm}$ (2 Pkte.)   ____

14   75 % (4 Pkte.)   ____

15   B) 0,04 t (1 Pkt.)   ____

Lösungen Prüfung 3

16 a) 8 h (1 Pkt.) b) 1,5 Tage (1 Pkt.) c) 30 h (1 Pkt.)
d) ¼ Tag (1 Pkt.) e) 3 Tage (1 Pkt.)

17 B) 132 (2 Pkte.)

18 C) x = 36 (2 Pkte.)

19 p = 12 (2 Pkte.); Prozentsatz (1 Pkt.)

20 a) $180 = 2 \times 2 \times 3 \times 3 \times 5$ (1 Pkt.) b) $150 = 2 \times 3 \times 5 \times 5$ (1 Pkt.)
c) $120 = 2 \times 2 \times 2 \times 3 \times 5$ (1 Pkt.) d) $135 = 3 \times 3 \times 3 \times 5$ (1 Pkt.)

21 D) 1,37 € (5 Pkte.)

22 C) 253 kWh (2 Pkte.)

23 5 (2 Pkte.)

24 C) 1.500 € (6 Pkte.)

25 1. Warmwasserbereitung, 2. Kühlschrank, 3. Gefriergerät, 4. E-Herd, 5. Beleuchtung, 6. PC und Co., 7. Waschmaschine, 8. Geschirrspüler, 9. Wäschetrockner, 10. Sonstige (10 × 1 Pkt.)

26 a) XVI (1 Pkt.) b) C (1 Pkt.) c) VIII (1 Pkt.) d) XL (1 Pkt.)
e) XXV (1 Pkt.)

27 F) Leonie ist 1 Stunde und 20 Minuten unterwegs. (2 Pkte.)
H) Leonie ist länger unterwegs als Moritz. (2 Pkte.)
I) Moritz kommt vor Leonie an. (2 Pkte.)

28 a) 36 (1 Pkt.) b) 243 (1 Pkt.) c) 3 (1 Pkt.) d) 18 (1 Pkt.)
e) 11 (1 Pkt.)

29 D) 3 (1 Pkt.)

30 XING: 7 % (1 Pkt.); Facebook: 56 % (1 Pkt.); StayFriends: 9% (1 Pkt.); Google+: 6 % (1 Pkt.); 16 % bleibt übrig _____

Ihre Gesamtpunktzahl: _____

Aufgabenblock 1

Zu 1a) $\dfrac{2}{3} \times \dfrac{1}{4} = \dfrac{1}{6}$

Zu 1b) $\dfrac{2}{3} \div \dfrac{1}{4} = \dfrac{8}{3}$

Zu 1c) $\dfrac{2}{3} + \dfrac{1}{4} = \dfrac{11}{12}$

Zu 1d) $\dfrac{2}{3} - \dfrac{1}{4} = \dfrac{5}{12}$

Aufgabe 2

Wenn der Radius eines Zylinders halbiert wird, ändert sich das Volumen um den Faktor ¼. Zu diesem Ergebnis kommt man, indem man den halbierten Radius (½ r) in die Volumenformel ($V = r^2 \times \pi \times h$) einsetzt:

$$V = (\tfrac{1}{2}r)^2 \times \pi \times h = \tfrac{1}{4} r^2 \times \pi \times h$$

Aufgabe 3

A. $12 \times 8 = 96$, **C.** $6 \times 16 = 96$ und **E.** $3 \times 32 = 96$

$31 + 32 + 33 = 96$

Aufgabe 4

Zu 4a) $8 \times 15 = 4 \times \square$ $\quad \Rightarrow \square = 8 \times 15 \div 4 = 30$

Zu 4b) $7 \times 12 = 2 \times \square$ $\quad \Rightarrow \square = 7 \times 12 \div 2 = 42$

Zu 4c) $6 \times 28 = 21 \times \square$ $\quad \Rightarrow \square = 6 \times 28 \div 21 = 8$

Zu 4d) $25 \times 12 = 10 \times \square \Rightarrow \square = 25 \times 12 \div 10 = 30$

Aufgabe 5

1. Aylin (Wahrscheinlichkeit ⅔), 2. Tom (Wahrscheinlichkeit ½), 3. Hannah (Wahrscheinlichkeit ⅙)

Hannah gewinnt nur bei einer von sechs möglichen Zahlen (5), ihre Gewinnwahrscheinlichkeit ist also ⅙. Aylin gewinnt bei vier von sechs möglichen Zahlen (3, 4, 5, 6), was einer Wahrscheinlichkeit von ⁴⁄₆ bzw. ⅔ entspricht. Tom gewinnt bei 3 von 6 Zahlen (2, 4, 6), das heißt mit einer Wahrscheinlichkeit von ³⁄₆ oder ½. Die Punktzahl spielt keine Rolle, da jeder nur einmal würfelt.

Aufgabe 6

$4 + 62 = 22 \times 3$

Aufgabe 7

$(16 + 9 - 2) - (12 + 3 - 7) = 23 - 8 = 15$

Aufgabe 8

Erst ab der 200. Minute ist Angebot 2 günstiger als Angebot 1. Gespart wird ab derjenigen Minute, zu der beide Tarife das gleiche kosten. Dieser Zeitpunkt berechnet sich anhand folgender Gleichung:

$0{,}14\, € \times $ x Minuten $= 12{,}00\, € + 0{,}08\, € \times$ x Minuten

$0{,}14x = 12 + 0{,}08x \quad | - 0{,}08x$

$0{,}06x = 12 \quad | \div 0{,}06$

$x = 200$

Aufgabe 9

| 3 | 5 | 7 | 11 | 13 | 17 | 19 | 23 |

Die Reihe besteht aus Primzahlen in aufsteigender Folge.

Aufgabe 10

Zu 10a) 15 Grad (−7 + 15 = 8)

Zu 10b) 18 Grad (−13 + 18 = 5)

Zu 10c) 19 Grad (2 − 19 = −17)

Zu 10d) 22 Grad (−3 + 22 = 19)

Zu 10e) 15 Grad (18 − 15 = 3)

Aufgabe 11

Zu 11a) $\frac{1}{4} + \frac{2}{3} = \frac{3}{12} + \frac{8}{12} = \frac{11}{12}$

Zu 11b) $\frac{2}{4} \times \frac{2}{5} = \frac{4}{20} = \frac{1}{5}$

Zu 11c) $\frac{3}{4} - \frac{1}{2} = \frac{3}{4} - \frac{2}{4} = \frac{1}{4}$

Zu 11d) $\frac{4}{3} \div \frac{4}{5} = \frac{4}{3} \times \frac{5}{4} = \frac{20}{12} = \frac{5}{3}$

Aufgabe 12

Wenn Sie das DIN-A4-Blatt einmal falten, halbieren Sie die Blattfläche, im zweiten Schritt erhalten Sie die Hälfte der Hälfte usw. Nach viermaligem Falten ergibt sich:

$$\frac{1}{2} \times \frac{1}{2} \times \frac{1}{2} \times \frac{1}{2} = \left(\frac{1}{2}\right)^4 = \frac{1}{16}$$

Aufgabe 13

Zu 13a) $V = a^3 = 125 \text{ cm}^3$

Zu 13b) $O = 6a^2 = 150 \text{ cm}^2$

Zu 13c) $d = a \times \sqrt{3} \approx 5 \text{ cm} \times 1{,}73 \approx 8{,}65 \text{ cm}$

Diese Rechnung ist ziemlich präzise: Die Quadratwurzel von 3 beträgt auf vier Nachkommastellen genau 1,7321. Wer den benötigten Wurzelwert nicht einordnen kann – Taschenrechner dürfen nicht genutzt werden – muss sich dem Wert annähern. Dabei hilft es, die Quadratzahlen zu kennen: 289 ist das Quadrat von 17, dementsprechend ist 2,89 das Quadrat von 1,7 – die Wurzel aus 3 liegt folgerichtig knapp darüber. Nun können Sie folgende Rechnung aufstellen: d ≈ a × 1,7 ≈ 5 cm × 1,7 ≈ 8,5 cm. Um sicherzugehen, dass Sie die vorgegebene Toleranz von ± 2 einhalten, schlagen Sie auf das Ergebnis noch etwas auf.

Aufgabe 14

75 Prozent des Guthabens verbleiben auf Linas Bankkonto.

Auf dem Konto bleibt ein Restguthaben von 600 € – 150 € = 450 €. Den Prozentsatz dieses Betrags erhalten Sie per Prozentformel oder Dreisatz.

Prozentformel: $p = 100 \times \frac{W}{G} = 100 \times \frac{450}{600} = 75$

Dreisatz (100 % verhält sich zu 600 € wie der gesuchte Prozentwert zu 450 €):

$\frac{100}{600} = \frac{x}{450} \Rightarrow x = 450 \times \frac{100}{600} = 75$

Aufgabe 15

40 Kilogramm sind 0,04 Tonnen.

Aufgabe 16

Zu 16a) ⅓ Tag = 8 h

Zu 16b) 36 Stunden = 1,5 Tage

Zu 16c) 1,25 Tage = 30 h

Zu 16d) 6 Stunden = ¼ Tag

Zu 16e) 72 Stunden = 3 Tage

Aufgabe 17

220 × ⅗ = 132

Aufgabe 18

$\frac{1}{6}x + 6 = 12 \quad | -6$

$\frac{1}{6}x = 6 \quad | \times 6$

$x = 36$

Aufgabe 19

Die Lohnerhöhung vom ersten zum zweiten Ausbildungsjahr beträgt 12 Prozent. Gesucht ist der Prozentsatz.

Der Prozentsatz lässt sich mithilfe der Prozentformel ($p = 100 \times W/G$) berechnen. Der benötigte Prozentwert W entspricht der Differenz der Beträge im ersten und zweiten Lehrjahr (728 − 650 = 78). Durch Einsetzen ergibt sich:

$p = 100 \times \dfrac{W}{G} = 100 \times \dfrac{78}{650} = 12$

Aufgabe 20

Zu 20a) $180 = 2 \times 2 \times 3 \times 3 \times 5$

Zu 20b) $150 = 2 \times 3 \times 5 \times 5$

Zu 20c) $120 = 2 \times 2 \times 2 \times 3 \times 5$

Zu 20d) $135 = 3 \times 3 \times 3 \times 5$

Aufgabe 21

Für ein Kilogramm seiner Obstmischung zahlt Mert im Schnitt 1,37 Euro.

Mert hat (5 + 3 + 11 =) 19 Kilogramm Obst gekauft und dafür insgesamt (5 × 1,5 + 3 × 2,5 + 11 × 1 =) 26 Euro ausgegeben. Umgerechnet auf ein Kilogramm:

$26 \div 19 = 1{,}368421053 \approx 1{,}37\ €$

Aufgabe 22

Der jährliche Energieverbrauch steigt auf 253 Kilowattstunden.

Durch die Temperatursenkung um 2 °C steigt der Energieverbrauch des Kühlschranks um 10 Prozent, das entspricht 23 Kilowattstunden. Somit ergibt sich:

230 kWh + 10 % von 230 kWh = 230 kWh + 23 kWh = 253 kWh

Aufgabe 23

| 1 | 4 | 5 | 9 | 16 | 25 |

Die Zahl 5 passt nicht in die Reihe, die aus den Quadratzahlen in aufsteigender Folge besteht: 1 (= 1^2), 4 (= 2^2), 9 (= 3^2), 16 (= 4^2), 25 (= 5^2)

Aufgabe 24

Herr Schneider hat nach 9 Monaten 1.500 Euro Zinsen bezahlt.

Nutzen Sie die Zinsformel:

$Z = K \times \dfrac{p}{100} \times t = 25.000 \times \dfrac{8}{100} \times \dfrac{9}{12} = 25.000 \times \dfrac{2}{25} \times \dfrac{3}{4} = 2000 \times \dfrac{3}{4}$
$= 500 \times 3 = 1.500$

Aufgabe 25

Warmwasserbereitung:	Platz 1	PC und Co.:	Platz 6
Kühlschrank:	Platz 2	Waschmaschine:	Platz 7
Gefriergerät:	Platz 3	Geschirrspüler:	Platz 8
E-Herd:	Platz 4	Wäschetrockner:	Platz 9
Beleuchtung:	Platz 5	Sonstige:	Platz 10

Aufgabe 26

Zu 26a) CXXVIII – CXII = XVI   (128 – 112 = 16)

Zu 26b) XCV + V = C   (95 + 5 = 100)

Zu 26c) XIX – XI = VIII   (19 – 11 = 8)

Zu 26d) LII – XII = XL   (52 – 12 = 40)

Zu 26e) CXXV – C = XXV   (125 – 100 = 25)

Römische Zahlen tauchen zwar nur selten in Auswahltests auf, aber sie zu kennen schadet nicht. Das römische Zahlensystem kennt die Zahlzeichen I (1), V (5),

X (10), L (50), C (100) und M (1.000), durch deren addierende Aneinanderreihung beliebige Zahlen gebildet werden können; dabei notiert man die Zeichen der Größe nach von links nach rechts (z. B. VIII = V + I + I + I = 8). In Aufgabe d) kommt die Subtraktionsregel zum Zuge, die verhindert, dass vier gleiche Zahlzeichen direkt aufeinanderfolgen: Die 40 stellt man dar, indem man dem L (50) ein X (10) voranstellt (50 − 10 = 40).

Aufgabe 27

Richtig sind **F.** „Leonie ist 1 Stunde und 20 Minuten unterwegs.", **H.** „Leonie ist länger unterwegs als Moritz." und **I.** „Moritz kommt vor Leonie an."

Hier muss man die Fahrzeiten herausfinden, die sich anhand der gegebenen Werte für Durchschnittstempo und Strecke wie folgt berechnen lassen:

Strecke ÷ Fahrzeit = Geschwindigkeit ⇒ Fahrzeit = Strecke ÷ Geschwindigkeit

Fahrzeit Leonie: $\dfrac{72\,\text{km}}{54\,\text{km/h}} = \dfrac{4}{3}\,\text{h} = 80\,\text{Minuten}$

Fahrzeit Moritz: $\dfrac{39\,\text{km}}{30\,\text{km/h}} = \dfrac{13}{10}\,\text{h} = 78\,\text{Minuten}$

Aufgabe 28

Zu 28a) $3 \times 3 \times 3 + 3 \times 3 = 36$

Zu 28b) $3 \times 3 \times 3 \times 3 \times 3 = 243$

Zu 28c) $(3 \times 3 \times 3) \div (3 \times 3) = 3$

Zu 28d) $3 \times 3 \times 3 - 3 \times 3 = 18$

Zu 28e) $3 \times 3 - 3 \div 3 + 3 = 11$

Aufgabe 29

$\dfrac{1}{2} \div \dfrac{1}{6} = \dfrac{1}{2} \times 6 = 3$

Aufgabe 30

Mit einem geübten mathematischen Auge können Sie die Werte einfach der Größe nach zuordnen. Glücklicherweise liegt die Gesamtzahl der Teilnehmer nahe bei 1.000, sodass 10 Teilnehmer ungefähr einem Prozent entsprechen. Schnell zeigt sich, dass die 16-Prozent-Angabe übrig bleibt, da kein Befragten-Anteil auch nur annähernd 160 beträgt.

Rechnerisch präzise können Sie mithilfe der Prozentformel jedem Prozentwert einen Prozentsatz oder jedem Prozentsatz einen Prozentwert zuordnen:

Prozentsatz: $p = \dfrac{W \times 100}{G}$

(G = 1.016 Nutzer, W = Prozentwerte der Tabelle)

Prozentwert: $W = \dfrac{G}{100} \times p$

(G = 1.016 Nutzer, p = Prozentangaben der Auswahlliste)

	Nutzer	Netzwerk	Anteil
Zu 30a)	72	XING	7 %
Zu 30b)	569	Facebook	56 %
Zu 30c)	92	StayFriends	9 %
Zu 30d)	61	Google+	6 %

Tabelle: Maße und Einheiten

Einheit	Einheitenzeichen	Umrechnung
Länge		
Kilometer	km	1 km = 1.000 m
Meter	m	1 m = 10 dm = 100 cm
Dezimeter	dm	1 dm = 10 cm = 100 mm
Zentimeter	cm	1 cm = 10 mm
Millimeter	mm	1 mm = 1.000 µm
Mikrometer	µm	
Fläche		
Quadratkilometer	km²	1 km² = 100 ha
Hektar	ha	1 ha = 10.000 m²
Quadratmeter	m²	1 m² = 100 dm²
Quadratdezimeter	dm²	1 dm² = 100 cm²
Quadratzentimeter	cm²	1 cm² = 100 mm²
Quadratmillimeter	mm²	
Volumen		
Kubikkilometer	km³	1 km³ = 1.000.000.000 m³
Kubikmeter	m³	1 m³ = 1.000 dm³
Kubikdezimeter	dm³	1 dm³ = 1.000 cm³
Kubikzentimeter	cm³	1 cm³ = 1.000 mm³
Kubikmillimeter	mm³	
Hektoliter	hl	1 hl = 100 l
Liter	l	1 l = 10 dl
Deziliter	dl	1 dl = 10 cl
Zentiliter	cl	1 cl = 10 ml
Milliliter	ml	1 ml = 1.000 µl
Mikroliter	µl	

Einheit	Einheitenzeichen	Umrechnung
Masse		
Tonne	t	1 t = 20 z = 1.000 kg
Zentner	z	1 z = 50 kg
Kilogramm	kg	1 kg = 1.000 g
Pfund	pf	1 pf = 500 g
Gramm	g	1 g = 1.000 mg
Milligramm	mg	1 mg = 1.000 µg
Mikrogramm	µg	
Zeit		
Jahr	a	1 a = 365 d
Woche	w	1 w = 7 d
Tag	d	1 d = 24 h
Stunde	h	1 h = 60 min
Minute	min	1 min = 60 s
Sekunde	s	1 s = 1.000 ms
Millisekunden	ms	
Geschwindigkeit		
Kilometer pro Stunde	km/h	1 km/h = 0,2778 m/s
Meter pro Sekunde	m/s	1 m/s = 3,6 km/h
Druck		
Bar	bar	1 bar = 100.000 Pa
Pascal	Pa	1 Pa = 0,00001 bar
Temperatur		
Grad Celsius	°C	$T_{Celsius} = T_{Kelvin} - 273,15$
Kelvin	K	$T_{Kelvin} = T_{Celsius} + 273,15$
Kraft		
Newton	N	$1\ N = 1\ kg \times m/s^2$

Ausbildungspark Verlag

Bettinastraße 69 • 63067 Offenbach am Main
Tel. 069-40 56 49 73 • Fax 069-43 05 86 02
E-Mail: kontakt@ausbildungspark.com
Internet: www.ausbildungspark.com

Copyright © 2017 Ausbildungspark Verlag – Gültekin & Mery GbR.
Alle Rechte liegen beim Verlag.

Das Werk, einschließlich aller seiner Teile, ist urheberrechtlich geschützt. Jede Verwertung außerhalb der engen Grenzen des Urheberrechtsgesetzes ist ohne Zustimmung des Verlages unzulässig und strafbar. Das gilt insbesondere für Vervielfältigungen, Übersetzungen, Mikroverfilmungen und die Einspeicherung und Verarbeitung in elektronischen Systemen.